周　期　表

10	11	12	13	14	15	16	17	18
								$_2$He ヘリウム 4.003
			$_5$B ホウ素 10.81	$_6$C 炭素 12.01	$_7$N 窒素 14.01	$_8$O 酸素 16.00	$_9$F フッ素 19.00	$_{10}$Ne ネオン 20.18
			$_{13}$Al アルミニウム 26.98	$_{14}$Si ケイ素 28.09	$_{15}$P リン 30.97	$_{16}$S 硫黄 32.07	$_{17}$Cl 塩素 35.45	$_{18}$Ar アルゴン 39.95
$_{28}$Ni ニッケル 58.69	$_{29}$Cu 銅 63.55	$_{30}$Zn 亜鉛 65.38	$_{31}$Ga ガリウム 69.72	$_{32}$Ge ゲルマニウム 72.63	$_{33}$As ヒ素 74.92	$_{34}$Se セレン 78.97	$_{35}$Br 臭素 79.90	$_{36}$Kr クリプトン 83.80
$_{46}$Pd パラジウム 106.4	$_{47}$Ag 銀 107.9	$_{48}$Cd カドミウム 112.4	$_{49}$In インジウム 114.8	$_{50}$Sn スズ 118.7	$_{51}$Sb アンチモン 121.8	$_{52}$Te テルル 127.6	$_{53}$I ヨウ素 126.9	$_{54}$Xe キセノン 131.3
$_{78}$Pt 白金 195.1	$_{79}$Au 金 197.0	$_{80}$Hg 水銀 200.6	$_{81}$Tl タリウム 204.4	$_{82}$Pb 鉛 207.2	$_{83}$Bi ビスマス 209.0	$_{84}$Po ポロニウム 〔210〕	$_{85}$At アスタチン 〔210〕	$_{86}$Rn ラドン 〔222〕
$_{110}$Ds ダームスタチウム 〔281〕	$_{111}$Rg レントゲニウム 〔280〕	$_{112}$Cn コペルニシウム 〔285〕	$_{113}$Nh ニホニウム 〔278〕	$_{114}$Fl フレロビウム 〔289〕	$_{115}$Mc モスコビウム 〔289〕	$_{116}$Lv リバモリウム 〔293〕	$_{117}$Ts テネシン 〔293〕	$_{118}$Og オガネソン 〔294〕

$_{64}$Gd ガドリニウム 157.3	$_{65}$Tb テルビウム 158.9	$_{66}$Dy ジスプロシウム 162.5	$_{67}$Ho ホルミウム 164.9	$_{68}$Er エルビウム 167.3	$_{69}$Tm ツリウム 168.9	$_{70}$Yb イッテルビウム 173.0	$_{71}$Lu ルテチウム 175.0
$_{96}$Cm キュリウム 〔247〕	$_{97}$Bk バークリウム 〔247〕	$_{98}$Cf カリホルニウム 〔252〕	$_{99}$Es アインスタイニウム 〔252〕	$_{100}$Fm フェルミウム 〔257〕	$_{101}$Md メンデレビウム 〔258〕	$_{102}$No ノーベリウム 〔259〕	$_{103}$Lr ローレンシウム 〔262〕

104番元素以降の諸元素の化学的性質は明らかになっているとはいえない．

有機化学スタンダード

小林啓二・北原　武・木原伸浩　編集

有機反応・合成

小林 進 著

裳 華 房

Organic Reaction and Synthesis

by

Susumu KOBAYASHI   DR. SCI.

SHOKABO

TOKYO

JCOPY 〈㈳出版者著作権管理機構 委託出版物〉

刊 行 趣 旨

　本シリーズは、化学専攻学科のみならず、広く理、工、農、薬、医、各学部で有機化学を学ぶ学生、あるいは高専の化学系学生を対象として、有機化学の2単位相当の教科書・参考書として編まれたものである。

　理系の専門科目あるいは専門基礎科目としての有機化学は、「基礎有機化学」、「有機化学Ⅰ」、「有機化学Ⅱ」などの講義名で行われている例が多いように見受けられる。おおかたは、数ある分厚い"有機化学"の教科書の内容を、上記のようないくつかの講義に分散させたシラバスになっているようである。有機化学といってもその中身はたいへん広く、学部によって重点の置き方は違うのかもしれないが…。一方、裾野の広い有機化学の内容をテーマ（分野）別に学習するというのも、有機化学を学ぶ一つの有効な方法であろう。専門科目ではこのようなカリキュラムも設定されているはずである。専門基礎の教育にあっても、このようなアプローチは可能と思われる。以上のような背景を考慮して、有機化学の専門基礎に相当する必須のテーマ（分野）を選び、それぞれについて、いわばスタンダードとすべき内容を盛って、学生の学びやすさと教科書としての使いやすさを最重点に考えて企画したものが本シリーズである。

　編集委員はそれぞれ、理学、工学、農学の各学部をバックグラウンドとする教育・研究の経験を豊富にもち、大学の初年度教育にも深くかかわってきている。編集委員のあいだで充分議論を重ね、テーマを選んだ。さらに、編集方針として、次の各点に配慮することにした。

1. 対象読者にふさわしくできるだけ平易に、懇切に解説する。
2. 記述内容はできるだけ精選し、網羅的でなく、本質的で重要なものに限定し、それらを充分に理解させるように努める。
3. 全体を15章程度とし、各章を自己完結させる。これにより、15回の講義を進めやすくする。
4. 基礎的概念を充分に理解させるため、各章末に演習問題を設け、また巻末にその解答を載せる。
5. 適宜、内容にふさわしいコラムを挿入し、学習への興味をさらに深めるよう工夫する。

　原稿は編集委員全員が目を通し、執筆者と相談しながら改善に努めた。さいわい、執筆者の方々のご協力により、当初の目的は充分遂げられたものと確信している。

　本シリーズが理系各学部における有機化学の学習に役立ち、学生にとってのよき指針となることを願ってやまない。

「有機化学スタンダード」編集委員会

ま え が き

　AとBを反応させるとCが生成する反応があるとする。この反応の機構を理解すれば、Aと類似したA′とBからはC′が、A′とB′からはC″が生成することを予想できる。同様に、XとYを反応させるとZが生成する反応もある。このように、様々なタイプの反応を反応機構とともに覚えることが「反応」を学ぶことである。

　一方、「合成」を学ぶこととは、ある目的の化合物を得るためには何と何を反応させればよいかを考えることである。例えば、アルコールを得るのにどのような方法があるだろうか。ケトンの還元、アルデヒドに対するグリニャール試薬の付加、アルケンに対する水の付加など様々な反応を思いつく。反応では生成する化合物が一義的に決まるのと異なり、合成では、一つの正解があるわけではない。これが「反応」と「合成」の違いである。

　以前、テレビでこんなCMをみたことがある。日本では算数を 3＋2＝□ の答をださせるような勉強をする。これに対して、イギリスでは □＋□＝5 になる答を考えさせる。答は一つだけでなく、人それぞれの答があるというのがCMの主張であった。「反応」と「合成」は、まさに算数の勉強と同じ関係といえる。

　しかし、イギリス式算数の勉強も、日本式の計算が分かったうえでの話で、いってみれば応用問題の類である。「反応」と「合成」も同様で、反応を覚えたうえで合成を考えるというのが順番といえる。したがって、合成を考えるにあたっては、このような基本的な反応ごとの「引き出し」をつくり、そこから反応を選んで使いこなせるようにならなければならない。合成には一つの正解があるわけではないが、解にはおのずと優劣がある。基本的な「引き出し」を増やすことに加え、優劣を判断できるようになることも必要になる。

　本書は、まず初めに反応の基本を体系的に学ぶ構成とした。すなわち、具体的なイメージをつかみやすいように官能基ごとに反応を学べるように配置した（第2〜11章）。そのうえで、有機化合物の背骨となる炭素骨格の構築法について、保護基の考え方も含めて解説し（第12〜14章）、最後に合成の一つの例として、コーリー博士によるプロスタグランジンの合成を分かりやすく解説した（第15章）。各章末に演習問題を配して習熟度を確認しながら学習を進められるようにし、また、章末コラムで学習意欲を喚起し、学びを深められるようにした。

　反応と合成は車の両輪のようなものである。本書を通して有機反応・合成化学の魅力にふれて貰いたい。

2018 年 4 月

小 林　進

目　次

第1章　有機反応と合成

1・1　有機反応と合成の関係についての概略………1
1・2　有機反応の分類の概略………………………2
1・3　合成の概略……………………………………4

第2章　脂肪族炭化水素の反応

2・1　アルカンの反応………………………………6
　2・1・1　ハロゲン化アルキルの合成……………6
2・2　アルケンの反応………………………………7
　2・2・1　ハロゲン化水素の付加反応・
　　　　　　水の付加反応…………………………7
　2・2・2　ハロゲンの付加反応…………………10
　2・2・3　酸化反応と還元反応…………………12
　2・2・4　共役ジエンの反応……………………15
2・3　アルキンの反応……………………………18
　2・3・1　ハロゲン・ハロゲン化水素・
　　　　　　水の付加反応………………………18
　2・3・2　アルキンの還元反応…………………19
　2・3・3　末端アルキンのアルキル化反応………20
演習問題……………………………………………20

第3章　ベンゼンと芳香族炭化水素の反応（1）―求電子置換反応―

3・1　ベンゼンの置換反応………………………23
3・2　置換ベンゼンへの置換反応………………26
　3・2・1　置換基と反応性………………………26
　3・2・2　置換基と配向性………………………27
3・3　ベンゼンのアルキル化反応とアシル化反応…30
　3・3・1　フリーデル-クラフツ アルキル化反応……30
　3・3・2　フリーデル-クラフツ アシル化反応……31
3・4　ナフタレン・芳香族複素環化合物の置換反応
　　　……………………………………………32
演習問題……………………………………………35

第4章　ベンゼンと芳香族炭化水素の反応（2）―その他の反応―

4・1　芳香族求核置換反応………………………36
4・2　ベンザインの生成と反応…………………37
4・3　芳香族化合物の酸化………………………38
4・4　芳香族化合物の還元………………………39
演習問題……………………………………………41

第5章　ハロゲン化アルキルの反応

5・1　置換反応……………………………………42
　5・1・1　求核置換反応の種類…………………42
　5・1・2　S_N1反応……………………………43
　5・1・3　S_N2反応……………………………45
5・2　脱離反応……………………………………48
　5・2・1　脱離反応の種類………………………48
　5・2・2　E1反応………………………………49
　5・2・3　E2反応………………………………50
　5・2・4　競争反応：S_N1反応 *vs* E1反応、
　　　　　　S_N2反応 *vs* E2反応………………53
　5・2・5　Ei反応………………………………55
5・3　グリニャール試薬の調製と反応……………56
演習問題……………………………………………57

vi 目　次

第6章　アルコール・エポキシドの反応

6・1　アルコールからハロゲン化アルキルへの変換 ……………………………………59
6・2　脱水反応 ………………………………61
6・3　酸化反応 ………………………………63
　6・3・1　アルコールの種類と酸化反応 ……63
　6・3・2　ジョーンズ酸化 ………………64
6・3・3　PCC 酸化 …………………………65
6・4　エーテルの合成 …………………………66
6・5　エポキシドの開環反応 …………………67
6・6　チオールのアルキル化反応 ……………68
演習問題 …………………………………………69

第7章　アルデヒド・ケトンに対する求核付加反応

7・1　アルデヒド・ケトンの還元 ……………71
7・2　水・アルコールの付加 …………………74
7・3　求核付加反応 …………………………78
7・4　ウィッティヒ反応 ……………………80
7・5　アミンとの反応 …………………………83
7・6　共役付加 …………………………………85
演習問題 …………………………………………86

第8章　カルボン酸誘導体の反応

8・1　カルボン酸誘導体の種類と反応性の違い……87
8・2　アシル置換反応および付加反応 …………88
　8・2・1　カルボン酸とカルボン酸誘導体との
　　　　　相互変換 ………………………89
8・2・2　カルボン酸誘導体間での変換 …………92
8・2・3　求核付加反応 ………………………93
8・3　ニトリルの反応 …………………………94
演習問題 …………………………………………95

第9章　カルボニル化合物の α 位での反応

9・1　ケト-エノール互変異性 ………………97
9・2　ケトンの α 位のハロゲン化 ……………99
9・3　エノラートイオンの生成とアルキル化……100
　9・3・1　エノールとエノラートイオン ……100
　9・3・2　エノラートイオンの生成 ………100
　9・3・3　活性メチレン化合物 ……………102
9・3・4　エノラートイオンのアルキル化 ……102
9・3・5　エステルのエノラートイオンの
　　　　　アルキル化とマロン酸エステル合成
　　　　　……………………………………105
演習問題 …………………………………………105

第10章　カルボニル化合物の縮合反応

10・1　アルドール反応 ………………………107
10・2　アルドール反応の応用 ………………110
　10・2・1　分子内アルドール反応：
　　　　　　シクロペンテノンの合成 …………110
10・2・2　ロビンソン環化 ……………………111
10・3　エステル縮合 …………………………112
演習問題 …………………………………………114

第11章 アミンの反応

11・1 アミンのアルキル化 …………………… 116
11・2 アミンの合成 …………………………… 118
11・3 カルボン酸とアミンの脱水縮合による
アミドの合成 …………………………… 119
11・4 芳香族アミンの反応 ………………… 120
演習問題 ……………………………………… 121

第12章 転位反応

12・1 段階的な転位反応 …………………… 123
12・1・1 ワーグナー–メーヤワイン転位 …… 123
12・1・2 ピナコール転位 ………………… 124
12・1・3 ベックマン転位 ………………… 125
12・1・4 クルチウス転位 ………………… 126
12・1・5 ウォルフ転位 …………………… 127
12・1・6 バイヤー–ビリガー酸化 ………… 128
12・2 シグマトロピー転位 ………………… 129
12・2・1 クライゼン転位 ………………… 129
12・2・2 コープ転位 ……………………… 131
演習問題 ……………………………………… 132

第13章 炭素骨格の形成 (1) ―炭素鎖の伸長―

13・1 逆合成解析の考え方 ………………… 135
13・2 官能基を足掛りにした
炭素–炭素結合形成 (1)
―カルボニル基の反応― …………… 137
13・2・1 アルデヒド・ケトンを利用する例 …… 137
13・3 官能基を足掛りにした
炭素–炭素結合形成 (2)
―アルケン・アルキンの反応― ……… 144
13・3・1 アルケンを利用する例 ………… 144
13・3・2 アルキンを利用する例 ………… 145
13・4 官能基の変換と保護基の使い方 …… 146
13・4・1 保護基としての条件 …………… 146
13・4・2 保護基の種類 …………………… 147
13・4・3 複数の官能基の効率的な保護 …… 149
演習問題 ……………………………………… 150

第14章 炭素骨格の形成 (2) ―環状骨格の形成―

14・1 シクロヘキサン環の形成 …………… 152
14・1・1 ロビンソン環化反応 …………… 152
14・1・2 ディールス–アルダー反応 …… 153
14・2 シクロペンタン環の形成 …………… 154
14・2・1 1,4-ジケトン類からのアルドール・
脱水反応 …………………………… 154
14・3 シクロブタン環の形成 …………… 155
14・4 シクロプロパン環の形成 ………… 155

第15章 実際の合成例：プロスタグランジン

15・1 プロスタグランジンとは …………… 159
15・2 コーリー博士によるプロスタグランジンの
合成 …………………………………… 160
15・2・1 合成戦略の立案 1：コーリーラクトン
(共通鍵中間体) の想定 ………… 160
15・2・2 合成戦略の立案 2：コーリーラクトンの
合成戦略 …………………………… 163
15・2・3 実際の合成 ……………………… 164
15・2・4 プロスタグランジン合成の課題と意義
………………………………………… 168

viii 目　次

演習問題解答………169
索　引………181

COLUMN

反応と合成　5
立体選択的反応 *vs* 立体特異的反応　21
人名反応　22
オルト・メタ・パラの語源　35
ハロゲン化アルキルとアルキルスルホナート　58
酸素と硫黄　70
長鎖脂肪酸　96
活性メチレンを用いる多段階アルキル化も捨てたものではない　106
環化：cyclization と annulation　115
生体内で重要な働きをしているアミン　122
古典的カルボカチオン *vs* 非古典的カルボカチオン　133
ヒドロキシ基の保護基：シリル系保護基　150
いろいろな対称要素：エナンチオトピック・ジアステレオトピック・ホモトピック　157

第1章 有機反応と合成

「反応」と「合成」は何に着目するかが異なるだけで、学ぶ内容は変わらない。本章では、「反応」と「合成」のニュアンスの違いを初めに学び、次いで、「反応」の分類、「合成」の考え方の概略を学ぶ。

1・1 有機反応と合成の関係についての概略

本シリーズの『基礎有機化学』では、有機化学の基礎となる炭素−炭素結合、炭素−酸素結合、炭素−窒素結合など結合の種類と性質を初めに取り上げ、次に、置換反応、付加反応、脱離反応など様々な反応を**反応機構**に着目して体系的に解説している。言ってみれば反応に関する「文法」である。本書でも、有機化合物の反応について初めに取り上げるが、具体的なイメージをもてるように、ハロゲン化アルキル、アルコール、ケトン・アルデヒド、カルボン酸およびその誘導体、アミンなど、官能基ごとに学ぶ。続いて、有機化合物の背骨となる炭素骨格の構築法について解説する。

反応機構 reaction mechanism

反応と**合成**は、何に着目するかが異なるだけで、学ぶ内容は変わらない。たとえば、アセトアルデヒド A と**グリニャール試薬 B**（臭化エチルマグネシウム）を反応させたとき、どのような化合物が生成するか、それを学ぶのが「反応」である。どのような化合物（この場合は 2-ブタノール C）が生成するかを学ぶとともに、この反応がどのようなメカニズムで進行するか（反応機構）も学ぶ。化合物 A の換わりにアセトフェノン A′ を、グリニャール試薬 B の換わりに臭化メチルマグネシウム B′ を反応させると、2-フェニル-2-プロパノール C′ が生成する。これら二つの反応の機構は同じである。化合物 A のようなアルデヒド・ケトン、および、化合物 B のようなグリニャール試薬は数多く存在し、それらの組合せは膨大な数となる。しかし、反応機構は同じである。共通する反応機構をマスターすれば、これらの反応を一つ一つ覚える必要はない。以下の各章では様々なタイプの反応が出てくるが、反応機構に重点をおいて**有機反応**を学ぶ。

反応 reaction
合成 synthesis

グリニャール試薬
Grignard reagent

有機反応 organic reaction

2 第1章　有機反応と合成

*1　合成のことを英語では「synthesis」という。逆に英和辞書で「synthesis」を引くと、① 総合、② 合成、となっている。ちなみに「synthesis」の反意語は「analysis」、すなわち「解析」となっている。「synthesis」は、「いろいろな反応の知識を総動員して合成する」という意味をよく表している。

　一方、「合成」は、目的化合物を、① 何から、② どのようにして得るかを考えることである*1。例えば、2-ブタノール C を得るためにはどうすればよいだろうか。アセトアルデヒド A と臭化エチルマグネシウム B から合成できることは先に示した。グリニャール反応を利用する場合でも、プロピオンアルデヒドと臭化メチルマグネシウムの組合せでも合成できる。

$$X \quad + \quad Y \quad \longrightarrow \quad \underset{\text{2-ブタノール}}{\overset{\overset{\displaystyle OH}{|}}{CH_3-CH-CH_2CH_3}}$$
$$C$$

$$\underset{\text{プロピオンアルデヒド}}{CH_3CH_2-\overset{\overset{\displaystyle O}{||}}{C}-H} + \underset{\substack{\text{臭化メチル}\\\text{マグネシウム}}}{CH_3-MgBr} \longrightarrow \left[\underset{}{CH_3CH_2-\overset{\overset{\displaystyle OMgBr}{|}}{C}-CH_3}\right] \overset{H_2O}{\underset{H^+}{\longrightarrow}} \underset{C}{CH_3-\overset{\overset{\displaystyle OH}{|}}{CH}-CH_2CH_3}$$

$$\underset{\substack{\text{2-ブタノン}}}{CH_3-\overset{\overset{\displaystyle O}{||}}{C}-CH_2CH_3} + \underset{\substack{\text{水素化ホウ素}\\\text{ナトリウム}}}{NaBH_4} \longrightarrow \underset{C}{CH_3-\overset{\overset{\displaystyle OH}{|}}{CH}-CH_2CH_3}$$

$$\underset{\text{2-ブテン}}{CH_3-CH=CH-CH_3} + H_2O \overset{H^+}{\longrightarrow} \underset{C}{CH_3-\overset{\overset{\displaystyle OH}{|}}{CH}-CH_2CH_3}$$

　また、グリニャール反応を利用するだけでなく、2-ブタノンの還元（ケトンの還元）、さらには、2-ブテンへの水の付加によっても合成することができる。このように、簡単な一つの化合物を得るにも様々な方法を考えることができる。すなわち、「合成」では、正解は一つだけではない。もちろん、出発原料の入手の容易さ、反応操作の簡便さ、収率の高低、工程数などによって優劣は生じる。重要なことは、ある特定の限られた反応を知っているだけでは、効率的な合成法の立案はむずかしいということである。いろいろなタイプの反応を系統的に学び、反応の種類を増やしていくことが大切となる。そして、目的とする化合物の合成を考えるにあたっては、反応の引き出しをもとにいくつかのルートを立案し、その中から最も適切な合成法を選ぶことが重要である。

1・2　有機反応の分類の概略

　本シリーズ『基礎有機化学』第9章〜第14章では有機反応の初歩（文法）を取り上げ、求核反応、求電子反応など反応の本質を表すキーワードと、置換反応、付加反応、脱離反応など出発物質と生成物の関係を表すキーワードに分けて解説している。有機化合物の反応は、これらのキーワードの組合せでさらに細かく分類される。

　例えば、置換反応について考えてみよう。エタノールから臭化エチルへの反応では、OH が Br で「置換」されている。ベンゼンからブロモベンゼ

ンへの反応では H が Br で、アニリンからブロモベンゼンへの反応では
NH₂ が Br で「置換」されている。塩化アセチルとエタノールの反応では、
Cl が CH₃CH₂O で「置換」されている。いずれも「置換反応」に分類される
が、これらの反応はそれぞれまったく異なる反応機構で進行する。詳細は
それぞれの章で説明する。

求核置換反応（5・1 節）

$$3\ CH_3CH_2\text{-}OH\ +\ PBr_3\ \longrightarrow\ 3\ CH_3CH_2\text{-}Br\ +\ P(OH)_3$$
エタノール　　　　三臭化リン　　　　　　臭化エチル

芳香族求電子置換反応（第 3 章）

ベンゼン　　　ブロモベンゼン

芳香族求核置換反応（第 4 章）

アニリン　　　　　　　　　　　　　　　　　　ブロモベンゼン

求核アシル置換反応（第 8 章）

$$CH_3\text{-}\overset{\overset{\displaystyle O}{\|}}{C}\text{-}Cl\ +\ CH_3CH_2\text{-}OH\ \longrightarrow\ CH_3\text{-}\overset{\overset{\displaystyle O}{\|}}{C}\text{-}OCH_2CH_3$$
塩化アセチル　　　エタノール　　　　　　酢酸エチル

　また、先の 2-ブタノールを与える 3 種類の反応も、アルデヒドへの付加
反応、ケトンの還元反応（水素の付加）、アルケンへの水の付加というよう
に、いずれも付加反応とみなすこともできる。プロピオンアルデヒドと臭
化メチルマグネシウムの反応では、アルデヒドの炭素－酸素二重結合に対
して [CH₃⁻] と [H⁺] が、2-ブタノンの還元では、アルデヒドの炭素－酸
素二重結合に対して [H⁻] と [H⁺] が、2-ブテンへの水の付加では、炭
素－炭素二重結合に対して [H⁺] と [HO⁻] が付加している。最初の二例
の [H⁺] の付加、3 番目の例の [HO⁻] の付加は形式的で直接付加するわけ
ではなく、また、矢印の向きや順番も重要な意味がある。これらの反応の
詳細についてもそれぞれの章で学ぶ。

このように、置換反応、付加反応といった代表的な反応も、中身（反応機構）は様々である。本書は、有機化学の勉強を始めたばかりの初期の段階の読者を対象としている。多くの読者は、官能基の構造や性質についてはすでに学んでいると思われる。したがって、本書では、具体的なイメージをつかみやすいように、官能基ごとに有機反応を学んでいく方式を採ることとした。

1・3　合成の概略

　有機化合物の特徴は、多様な炭素骨格と種々の官能基の組合せにある。したがって、合成で大切な点は、いかにして官能基を整えながら炭素骨格を組み立てるかにある。

　ほとんどの有機反応は、官能基の性質、反応性に基づいて進行する。前節の 2-ブタノールを合成する 3 種類の反応も、カルボニル基、炭素−炭素二重結合という官能基の反応性を利用している。ブタンの 2 位の水素原子をヒドロキシ基に直接変換することは困難である。これに対して、2-ブテンの炭素−炭素二重結合への水の付加、あるいはケトン（2-ブタノン）の還元は容易に進行し、2-ブタノールを合成できる*2。

*2　図中の矢印「⇒」の意味を定義しておく。反応では通常「→」を使い、「X→Y」と書けば、化合物 X から化合物 Y に変換されることを意味する。これに対して、「X⇒Y」と書くときは、化合物 X を化合物 Y から合成するという意味になる。「→」は実際に進行する反応のことで、「⇒」は仮想の合成法（**逆合成**と呼ばれる）を意味する。

逆合成 retrosynthesis

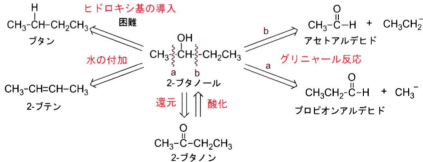

　さて、2-ブテンや 2-ブタノンからの 2-ブタノールの合成は、炭素数 4 のブタンの骨格がすでにできあがっているので、官能基を整えるだけですむ。しかし、このような例は稀で、多くの場合は、炭素骨格を組み立てることも考える必要がある。

　2-ブタノールの合成を考えるとき、グリニャール反応を知っていればただちに二つの合成法を思いつく。すなわち、a あるいは b の炭素−炭素結合を形成させつつ、所望の官能基（ヒドロキシ基）を有する 2-ブタノールの合成法である。このような単純なケースばかりではないが、知識としてもっている反応の引き出しが多ければ多いほど、様々な合成ルートを考えることができる。

　次に 2-ブタノンの合成について考えてみよう。上の図に示してあるよう

に、炭素数と官能基の変換を考えると、2-ブタノールの酸化によって合成できる。このように、アルコールとケトンでは相互に官能基を変換することができる。炭素骨格ができあがっていない場合、他にどのような合成法があるだろうか。言い換えると、どこで結合をつくれるだろうか。この場合も官能基を利用することを考える。たとえば、アセトンの α 位のアニオンを発生させれば、CH_3^+ との反応で 2-ブタノンを得ることができる。この反応はケトンの α 位のアルキル化と呼ばれる。ケトンの代表的な反応の一つで、これも第 9 章で詳しく説明する。

$$CH_3 \vdots CH_2\text{-}\overset{\displaystyle O}{\overset{\|}{C}}\text{-}CH_3 \xrightarrow[\text{(9·3節)}]{\substack{\text{ケトンの α 位の}\\\text{アルキル化}}} CH_3^+ \; + \; {}^-CH_2\text{-}\overset{\displaystyle O}{\overset{\|}{C}}\text{-}CH_3$$

2-ブタノン　　　　　　　　　　　　　　　　　アセトンの α 位のアニオン

ケトンの α 位

COLUMN　　反応と合成

　「反応」と「合成」は、しばしば車の両輪に喩えられる。反応と合成の研究がお互いに競い合って有機化学（有機合成）が進歩する。1970 年代には、昆虫幼若ホルモンの合成に関連して、三置換アルケンの立体選択的（E アルケン、Z アルケンを任意につくり分ける）な合成法の開発が相次いだ。1980 年代には、マクロリド抗生物質（たとえばエリスロマイシン）の合成に関連して、アルドール反応の開発が競われた。本書でもアルドール反応を取り上げるが、炭素−炭素結合の形成に焦点を絞っている。1980 年

代に開発された交差アルドール（第 10 章）は、その後、相対立体化学の制御、絶対立体化学の制御へと発展した。さらに、絶対立体化学の制御に関しても、化学量論的不斉合成（1 モルのキラルな化合物を得るのに 1 モルの不斉源が必要）から、触媒的不斉合成（触媒量の不斉源でキラルな化合物が得られる）へと進化した。

　最近の例では、アルケンのメタセシス反応（第 13 章）が、複雑な化合物の合成に大きな変革をもたらしている。

第2章 脂肪族炭化水素の反応

脂肪族炭化水素は有機化合物の基本骨格の一つである。炭化水素の骨格に様々な置換基・官能基が結合して有機化合物ができあがっている。脂肪族炭化水素にはアルカン・アルケン・アルキンが含まれる。これらのうち、アルカンの反応性は乏しいが、アルケンやアルキンは他の官能基への変換のための重要な中間体にもなっている。本章では、アルカン・アルケン・アルキンの代表的な反応について学ぶ。

2・1 アルカンの反応

2・1・1 ハロゲン化アルキルの合成

脂肪族炭化水素
aliphatic hydrocarbon

アルカン alkane

アルカンは、極性の低い炭素－炭素結合、炭素－水素結合だけからできているので、通常の条件下では安定である。アルカンの反応としては、高温下での酸素との反応（燃焼）と、ラジカル的なハロゲン化が代表的な例である。

$$CH_3CH_2CH_3 \ + \ 5\,O_2 \ \xrightarrow{\text{高温}} \ 3\,CO_2 \ + \ 4\,H_2O$$
プロパン

$$CH_4 \ + \ Cl_2 \ \xrightarrow[\text{高温}]{\text{光 または}} \ CH_3{-}Cl \ + \ HCl$$
メタン　　　　　　　　　　　　　　塩化メチル

＊1　共有結合が開裂するとき、2個の共有電子が二つの原子に1個ずつ残る形式をホモリティック開裂と呼ぶ。その結果、2個のラジカルが生成する。一方、2個の共有電子の両方を一つの原子に移動する形式をヘテロリティック開裂と呼ぶ。これから学ぶ有機反応の多くはヘテロリティック開裂である。

ラジカル radical
連鎖反応 chain reaction

メタンと塩素の反応は、最初に塩素分子がホモリティック[＊1]に開裂して2個の塩素ラジカルとなり（第一段階）、次に塩素ラジカルがメタンから水素原子をラジカルとして引き抜く。これによって、塩化水素とメチルラジカルが生じる（第二段階）。最後にメチルラジカルが塩素分子とラジカル的に反応して塩化メチルを与え、同時に塩素ラジカルを再生する（第三段階）。第三段階で生じた塩素ラジカルは再びメタンと反応する（第二段階）。第二段階、第三段階は繰り返し起こるので、ラジカルの連鎖反応と呼ばれる。

$$Cl{-}Cl \ \longrightarrow \ 2\,Cl{\cdot} \qquad\qquad \text{第一段階}$$
塩素　　　　　　　塩素ラジカル

$$Cl{\cdot} \ + \ CH_4 \ \longrightarrow \ {\cdot}CH_3 \ + \ H{-}Cl \qquad \text{第二段階}$$
　　　　メタン　　　　　　メチルラジカル

$${\cdot}CH_3 \ + \ Cl{-}Cl \ \longrightarrow \ CH_3{-}Cl \ + \ Cl{\cdot} \qquad \text{第三段階}$$
　　　　　　　　　　　　　　塩化メチル

（第一段階）　　（第二段階）　　（第三段階）

ラジカル反応を制御することは一般的に困難で、初めに生成した塩化メチルは同様なラジカル反応によって塩素とさらに反応して塩化メチレン、クロロホルム、四塩化炭素の混合物を与える。

$$CH_3-Cl \xrightarrow{Cl_2} CH_2Cl_2 \xrightarrow{Cl_2} CHCl_3 \xrightarrow{Cl_2} CCl_4$$
塩化メチル　　　塩化メチレン　　　クロロホルム　　　四塩化炭素

2・2 アルケンの反応

安定なアルカンと異なり、**アルケン**[*2]は反応性が高い。最も重要な反応はアルケンへの**付加反応**である。反応剤 (X–Y) の X と Y がアルケンの二つの炭素原子にそれぞれ結合して付加体を生成する。アルケンの二重結合は単結合になり、それとともに C–X、C–Y の二つの新たな σ 結合が生じる。結果的には X と Y が付加するが、反応剤の種類によって付加反応の機構は異なる。

アルケン alkene
[*2] アルケンは慣用的にオレフィンとも呼ばれる。
オレフィン olefin
付加反応 addition reaction

$$\text{C=C} + X-Y \longrightarrow \underset{X\ \ Y}{\text{C–C}}$$

2・2・1 ハロゲン化水素の付加反応・水の付加反応

まず初めに、アルケンに対する塩化水素、臭化水素などのハロゲン化水素の付加、酸性条件下での水の付加を学ぶ。重要なポイントは、(1) 反応機構と、(2) X、Y が二重結合のどちらの炭素に結合するかの二点である。

2-ブテンと塩酸の反応では、H と Cl が付加して 2-クロロブタンが生成する。同様に、臭化水素酸との反応では、2-ブロモブタンを与える。これらの反応では、① 二重結合が求核的にプロトン (H⁺) を攻撃し、② 生成するカルボカチオン中間体[*3]に対して、Cl⁻、あるいは Br⁻ が攻撃する二段階の反応で、対応する付加体を与える。最初にプロトンが求電子剤として作用して反応が起こるので、「**求電子付加反応**」と分類される。

[*3] **カルボカチオン中間体**
炭素原子上に正電荷をもつカチオンをカルボカチオンという。3 価と 5 価の炭素カチオンがあるが、本書では最も多い 3 価のカルボカチオンを扱う。3 価のカルボカチオンは、sp^2 混成軌道をしており、平面構造をとっている。本文中にあるようにアルケンにプロトン化して生成する場合と、ハロゲン化アルキルなどからハロゲンイオンが脱離して生じる場合 (第 5 章) の二つの場合が主である。出発物質からカルボカチオンを経由して生成物に至るので、カルボカチオン中間体という。

求電子付加反応
electrophilic addition reaction

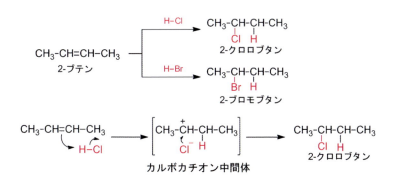

> *4 カルボカチオンの炭素原子に何個の炭素原子が結合しているかによって、第一級、第二級、第三級カルボカチオンと分類される。1個の炭素原子が結合しているとき、第一級カルボカチオンという。2個、あるいは3個の炭素原子が結合しているとき、それぞれ第二級、第三級カルボカチオンという。

2-ブテンは対称なので、どちらのアルケン炭素にプロトンが付いても同じ生成物を与える。しかし、1-ブテンや2-メチルプロペン（イソブテン）のようにアルケン炭素に結合している置換基の数が違うと、2種類の付加体を与える可能性が生じる。実際の実験結果を以下に示す*4。

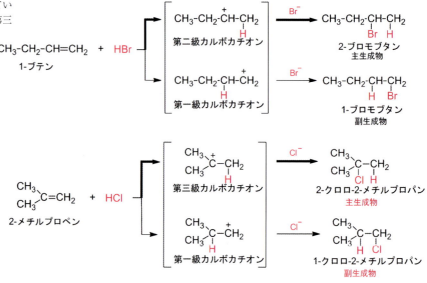

1-ブテンの場合には2-ブロモブタンが、2-メチルプロペンの場合は2-クロロ-2-メチルプロパンがそれぞれ主生成物として生成する。すなわち、プロトンは「置換基の少ない炭素原子」に、求核剤のCl⁻、あるいはBr⁻は、「置換基がより多く結合している炭素原子」に結合する。これを「**マルコウニコフ則**」という。マルコウニコフ則は、中間体の**カルボカチオン**の安定性を考えると合理的に説明できる。反応はプロトン化から始まり、1-ブテンの場合には、第二級カルボカチオンと第一級カルボカチオンの二種類のカルボカチオンの生成が可能である。カルボカチオンの安定性は、「第三級 ＞ 第二級 ＞ 第一級」の順なので、より安定な第二級カルボカチオンが優先的に生成し、その結果、2-ブロモブタンが主生成物として得られる。2-メチルプロペンの場合、2-クロロ-2-メチルプロパンが主生成物になることも、より安定な第三級カルボカチオン中間体を経由するためである。

塩酸や臭化水素酸の換わりに、硫酸を用いるとどうなるだろうか。硫酸イオンは求核性が弱いので、この場合は水が求核剤となり、2-ブタノールを与える。結果的に「OH⁻」が結合するが、酸性条件下なのでOH⁻は存在しない。カルボカチオンに対して攻撃するのは水（H₂O）である。次ページの図に示したように、オキソニウムイオン中間体が最初に生成し、最後にプロトンが酸素原子から脱離して2-ブタノールとなる。

マルコウニコフ則
Markovnikov rule

カルボカチオン carbocation

非対称な 1-メチルシクロヘキセンの場合も同様で、ヒドロキシ基は置換基のより多いメチル基の付け根の炭素に付き、1-メチルシクロヘキサノールを主生成物として与える。

これに対し、ヒドロホウ素化・酸化的処理を行うと、1-メチルシクロヘキセンから 2-メチルシクロヘキサノール（上の反応での副生成物）を主生成物として得ることができる。

ヒドロホウ素化では、水素とホウ素原子が 4 員環遷移状態を経て二重結合に**シン付加**[*5]する。この際、立体的な反発が小さくなるように、ホウ素原子は置換基の少ない炭素側に結合する。付加体をアルカリ性過酸化水素水で酸化的に処理すると、C−B 結合は C−O 結合になり、結果的にマルコウニコフ型と逆に水が付加したアルコールを得ることができる[*6]。

シン付加 syn addition

＊5　シン付加とアンチ付加
アルケンに X–Y が付加するとき、アルケンの π 結合が開裂して新たに二つの σ 結合（C–X、および C–Y）が生成する。付加反応が二重結合に対して同じ側から起こる場合をシン付加といい、反対側から起こる場合をアンチ付加（anti addition）という。シス付加、トランス付加と同じように使われている。

＊6　炭素−炭素二重結合や水素−ホウ素結合は強く分極していないので、電子的な影響より立体的な影響によって結合する位置が決まる。

＊7 一対の鏡像異性体の１：１の混合物をラセミ体という。それぞれの鏡像異性体（エナンチオマー）は、符号が逆で絶対値が同じ旋光度を示す。ラセミ体ではそれぞれの旋光性が相殺されるので旋光度は０となる。L-酒石酸とD-酒石酸が１：１の混合物がラセミ体に相当する。複数の不斉炭素を有していて、さらに分子内に対称面を有する化合物をメソ体という。分子内的に選好性が相殺されるので、メソ体も旋光度は０となる。メソ酒石酸がメソ体に相当する。旋光度が同じ０でも、意味が異なる。

2・2・2　ハロゲンの付加反応

アルケンに対する**ハロゲン**（X_2）の付加反応について学ぶ。

$$X_2 : I_2, Br_2, Cl_2$$

　この反応は塩酸、臭化水素酸、水の付加とはまったく異なる機構で進行する。*trans*-2-ブテンに臭素を反応させると、メソ体のジブロモブタン**A**が得られる。一方、*cis*-2-ブテンの場合は、ジブロモブタン**B**（ラセミ体）が生成する[＊7]。また、いずれの場合も、付加する二つの臭素はブテンのπ結合に対して反対側から結合している（**アンチ付加**と呼ばれる）。

ハロゲン halogen

アンチ付加 anti addition

ジアステレオマー
diastereomer

　この反応は次のような機構で進行する。アルケンのπ結合が臭素を攻撃して３員環のブロモニウムイオン中間体が最初に生成する。次に臭素イオン（Br^-）が炭素原子を求核的に攻撃し、同時に３員環の$C-Br$結合が開裂してジブロモブタンを与える。

　重要な点は、*trans*-2-ブテンと*cis*-2-ブテンで異なる生成物（**ジアステレオマー**）[＊8]を与えることである。ブロモニウムイオン中間体を経由する反応機構によって、この反応の立体化学を合理的に説明することができる。

　もし、この反応がカルボカチオン中間体を経由すると、異なる生成物を与えるという上記の結果を説明できない。すなわち、カルボカチオン中間体は鎖状なので、炭素－炭素結合は自由に回転できる。すると、*trans*-2-ブテンと*cis*-2-ブテンから同じカルボカチオン中間体を経由するので、同じ生成物を与えることになる。

＊8　ジアステレオマー
同じ置換様式の二つの化合物が二つ以上の不斉点（不斉炭素など）をもち、鏡像異性体でない一対の化合物をジアステレオマーという。L-酒石酸とメソ酒石酸、あるいはD-酒石酸とメソ酒石酸がジアステレオマーの関係にあたる。

L-酒石酸　　D-酒石酸　　メソ酒石酸

ブロモニウムイオン　　　カルボカチオン　　　ブロモニウムイオン　　　存在できない

　前項の HCl、HBr、H_2O の付加ではカルボカチオン中間体を考え、ブロモニウムイオンのような水素原子が橋架けした3員環中間体（右端の図）は考慮しなかった。水素原子には新たな σ 結合を形成するための電子が存在しないからである。臭素原子の場合は最外殻に電子が存在するので、橋架け構造のブロモニウム中間体が可能となる。

　上述のアンチ付加の反応機構について、① ブテンからブロモニウムイオンが形成される段階、② ブロモニウムイオンが Br^- の攻撃によってジブロモ体に変換される段階、に分けてもう少し詳しく説明する。① ブテンと臭素が反応してブロモニウムイオンが形成されるとき、ブテンの立体化学（シスかトランスか）は「保持されたまま」ブロモニウムイオン中間体となる。この二つの C−Br 結合の形成は**協奏的**に（同時に）起こる[*9]。カルボカチオンが形成されてからブロモニウムイオンになるのではない。② 臭素イオン（Br^-）がブロモニウムイオン中間体と反応するとき、Br^- は開裂する C−Br 結合の反対側から攻撃する。開裂する結合と反対側から求核剤が攻撃するのは S_N2 反応とまったく同じである。これらの結果、臭素の付加はアンチ付加となる。

　アルケンとハロゲンの付加反応では、臭素は Br^+（求電子剤）と Br^-（求核剤）としてアルケンに付加している。同じ反応を水溶液中で行うと、水が求核剤となり、ハロヒドリン（臭素ではブロモヒドリン）が得られる。

協奏的 concerted

[*9]　結合の形式や開裂が同時に起こることを「協奏的」と呼び、「段階的」と区別される。ブテンと臭素からブロモニウムイオンが形成される場合、炭素−炭素二重結合の π 結合が開裂し、新たに二つの炭素−臭素結合が形成される。これらの結合の形成・開裂が同時に起こっている。

trans-2-ブテン　　　　　ブロモニウムイオン中間体　　　　　　　　　　　　　ブロモヒドリン

　反応機構はハロゲンの付加と同様で、最初にブロモニウムイオン中間体が生成する。ハロゲンの付加反応では、この中間体に Br^- が求核剤として攻撃したが、この場合は大過剰に存在する水が求核剤となって攻撃する。最後にプロトンが脱離してブロモヒドリンが得られる。

　また、適当な位置に二重結合がある不飽和カルボン酸にハロゲン（以下の例ではヨウ素）を塩基性条件下で作用させると、ハロラクトン化反応（以下の例ではヨードラクトン化）が進行する。ヨウ素が求電子剤、カルボン酸が求核剤として作用する反応である。カルボキシラートイオンは、3員環ヨードニウムイオンの C−I 結合の反対側から攻撃してヨードラクトンを与える。5位の炭素原子を攻撃することは容易だが、6位の炭素原子を攻

12　第2章　脂肪族炭化水素の反応

撃するためには歪みがかかる。その結果、δ-ラクトン（6員環ラクトン）が優先的に得られ、ε-ラクトン（7員環ラクトン）はほとんど生成しない。ハロラクトン化反応は5員環、6員環ラクトンを与えるようなとき速やかに進行する。

I₂, KI, NaHCO₃

ヨードニウムイオン中間体

5位を攻撃
δ-ラクトン
優先的に生成

6位を攻撃
ε-ラクトン
ほとんど生成しない

2・2・3　酸化反応と還元反応

本項ではアルケンの水素添加（水素付加）、ジヒドロキシル化、エポキシ化、酸化開裂反応について学ぶ。

水素添加

ジヒドロキシル化

エポキシ化

酸化開裂

遷移金属触媒
transition metal catalyst

アルケンに、Pd（パラジウム）、Pt（白金）、Ni（ニッケル）などの**遷移金属触媒**の存在下、水素を反応させると、水素が付加してアルカンが得られる。水素の換わりに D_2（重水素）を反応させると D が付加する。これらの反応で H_2、あるいは D_2 は、アルケンの同じ側から付加する（シン付加）。シン付加するのは、金属の表面にアルケンと水素（重水素）が吸着してから金属の表面上で付加反応が起こるからである。

*10　ジオール
ヒドロキシ基を二つもつ化合物をジオール（diol）と総称する。alcohol（アルコール）の「ol」と、二つを表す「di」を組み合わせた術語。隣り合った炭素上にヒドロキシ基が結合している場合は 1,2-ジオール、もう一炭素離れた（1,3 の関係）炭素上にヒドロキシ基が結合している場合は 1,3-ジオールと呼ばれる。

1-メチルシクロヘキセン

H₂ (D₂)

Pd 触媒

同じ側から付加する
シン付加

1-メチルシクロヘキセンに塩基性条件下に過マンガン酸カリウム（KMnO₄）を反応させると、環状のマンガン酸エステル中間体を経て、シン-1,2-ジオールが得られる*10。これに対し、中性あるいは酸性条件下では、環状中間体から炭素－炭素結合の開裂が起こり、最終的にケトカルボン酸まで酸化される。

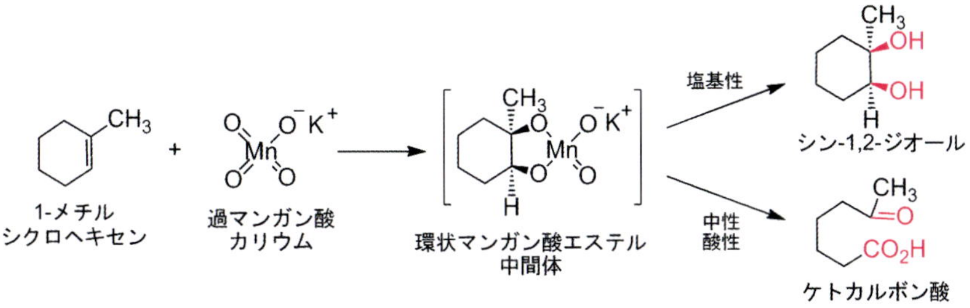

2・2 アルケンの反応 　13

過マンガン酸カリウムと異なり、四酸化オスミウム（OsO_4）を用いると
反応は複雑にならず、環状オスミウム酸エステル中間体を経てシン-1,2-
ジオールだけを与える。OsO_4 を用いる方法は、炭素–炭素結合の開裂を伴
うことなく選択的にシン-1,2-ジオールが得られるので優れた方法である。
しかし、OsO_4 は毒性が高く、また高価である。そこで通常は、再酸化剤を
共存させて OsO_4 を触媒量に減らす方法が用いられる。アルケンとの反応
で還元された6価のオスミウムは、共存する再酸化剤によって再び8価の
四酸化オスミウムとなりアルケンと反応する。再酸化剤としては、N-メチ
ルモルホリン-N-オキシド、過酸化水素（H_2O_2）、フェリシアン化カリウム
（$K_3Fe(CN)_6$）などがよく用いられる。

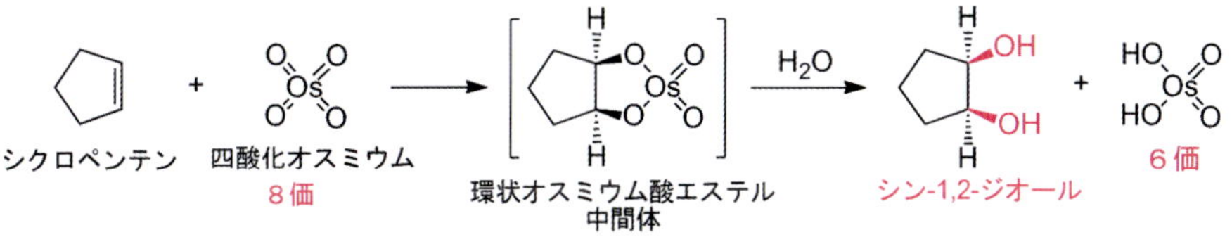

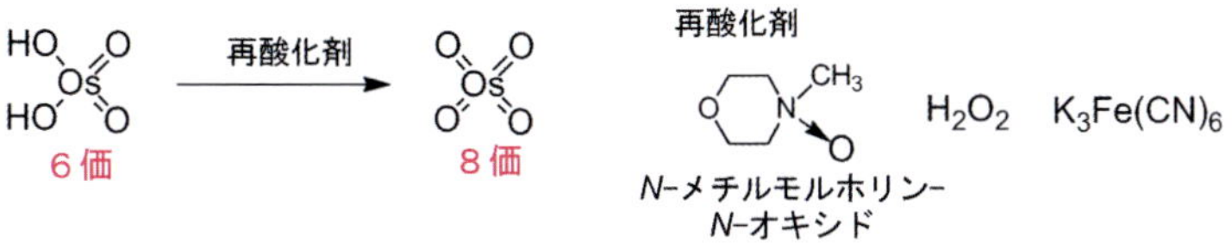

シクロペンテンに m-クロロ過安息香酸を反応させると、**エポキシド**[*11]
（この場合はシクロペンテンオキシド）が得られる。m-クロロ過安息香酸
は m-クロロ安息香酸に還元される。エポキシドを酸で処理すると、アン
チ-1,2-ジオールに開裂する（6・5節）。このように、直接ジヒドロキシル
化するか、エポキシドを経由するかで、シン-1,2-ジオール、アンチ-1,2-
ジオールをつくり分けることができる。

エポキシド epoxide

*11　3員環エーテルをエポキ
シドという。ジエチルエーテル
やテトラヒドロフランなど、
エーテルは酸性条件下、および
塩基性条件下で安定なので溶媒
として用いられる。しかし、エ
ポキシドは歪みが大きいため反
応性が高く、容易に開裂する
（6・5節）。

アルケンと求電子剤 E$^+$ との反応を下図に示したように、①と②の二つの段階に分けて考えると、付加体への変換を「電子の動きの矢印」で説明できる。アルケンの立体化学がそのまま保持されて対応する付加体が得られるので、実際には、①と②を含むすべての段階は同時に（協奏的に）進行する。矢印で示すような、①でカルボカチオン中間体が生じ、②で生成物（あるいは中間体）を与えるという順番ではない。

下記の臭素化、ジヒドロキシル化、エポキシ化の反応を矢印の順番で示してあるが、あくまでも出発物質と生成物の関係を分かりやすくするために付記したものである。

アルケンにオゾンを作用させ、次いでジメチルスルフィドでオゾニド中間体を処理すると、二つのカルボニル化合物とジメチルスルホキシドが得られる。アルケンの炭素−炭素二重結合がオゾンによって酸化開裂するので、一連の反応は**オゾン分解**と呼ばれる。

オゾン分解 ozonolysis

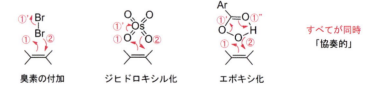

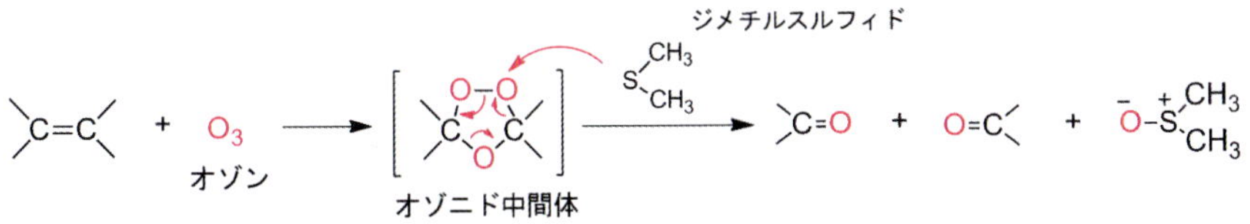

2・2 アルケンの反応 15

オゾンの三つの酸素原子がそれぞれ二つのカルボニル酸素、ジメチルスルホキシドの酸素に割り振られたことになる。1-メチルシクロヘキセンのオゾン分解では、ケトアルデヒドが得られる。このようにオゾン分解は、アルケンからアルデヒド、ケトンを得る有用な方法としてよく用いられる。

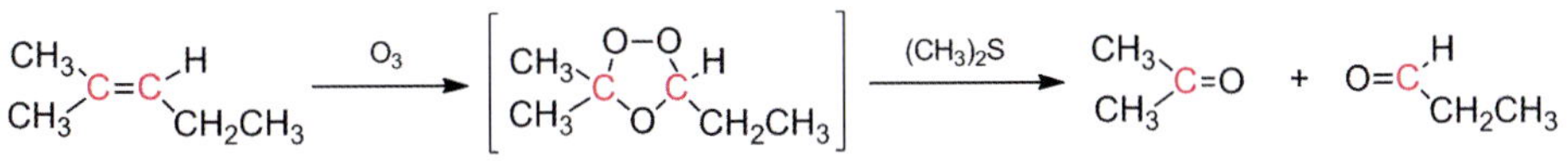

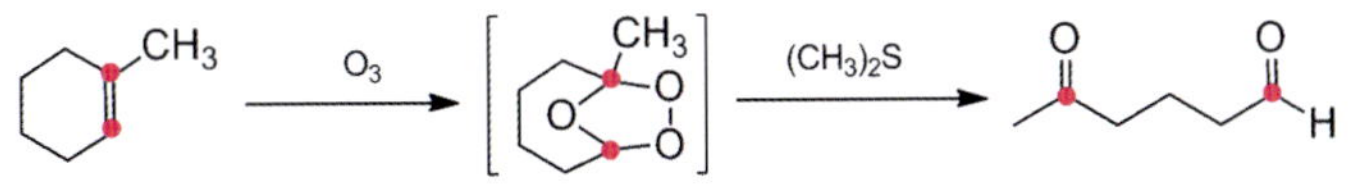

アルケンの酸化開裂は、過マンガン酸カリウム $KMnO_4$ を用いても進行する。しかし、$KMnO_4$ によるアルケンの酸化では、反応条件によって酸化状態の異なる生成物を与える場合が多い。

オゾン分解と同様の生成物（二つのカルボニル化合物）は、1,2-ジオールに過ヨウ素酸ナトリウム（$NaIO_4$）、あるいは四酢酸鉛（$Pb(OAc)_4$）を作用させても得ることができる。下の図に示したように、いずれも5員環の中間体を経て酸化開裂が進行する。

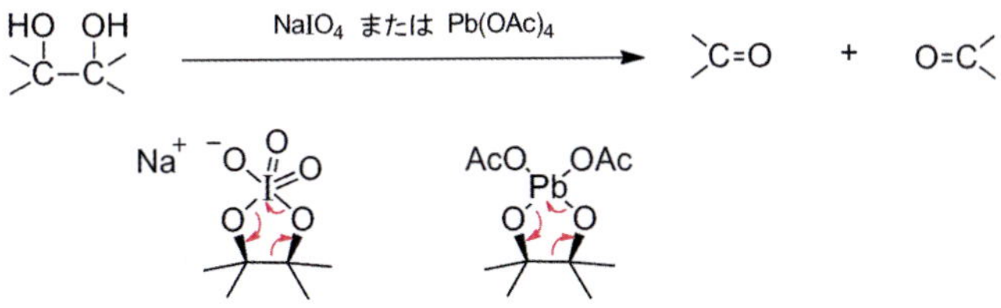

2・2・4 共役ジエンの反応

単結合、二重結合が交互につながっていることを「**共役**している」と呼び、ブタジエンのように共役する二重結合が二つある化合物を共役ジエン、ヘキサトリエンのように三つある化合物を共役トリエンと呼ぶ。

共役 conjugation

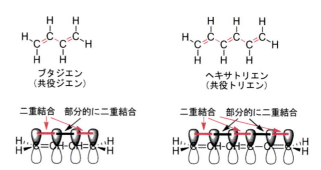

共役ジエンや共役トリエンでは、平面構造をとると二重結合に挟まれた単結合もπ電子が非局在化でき、安定化される。これまで学んだ通常のアルケンの付加反応も進行するが、共役していることによる違いも生じる。本項では、ブタジエンと臭化水素の付加反応について説明し、次に、共役ジエンに特徴的な反応の例としてディールス-アルダー反応を取り上げる。

ハロゲン化水素の付加

ブタジエンに HBr を作用させると、通常のアルケンの場合と同様にプロトン化が起こり、第二級カルボカチオンが第一級カルボカチオンに優先して生成する。その結果、マルコウニコフ則から予想される 3-ブロモ-1-ブテン (B) が主生成物として得られ、4-ブロモ-1-ブテン (A) はほとんど生成しない。約 30 % 生成した副生成物は 1-ブロモ-2-ブテン (C) で、マルコウニコフ則だけからは説明できない。この化合物はどのような機構で生成するのだろうか。図に示すような**共鳴構造式**を考えるとこの結果を合理的に説明できる。

共鳴構造式
resonance structural formula

アリル位 allylic position

*12 アルケンの二重結合の α 位 (隣の) 炭素をアリル位という。言い換えるならば、ビニル基の結合した炭素のこと。慣用名であるが、CH₂=CHCH₂OH はアリルアルコール、CH₂=CHCH₂Br は臭化アリルと呼ばれる。似た術語にアリール基 (aryl 基) があるが、こちらは置換フェニル基の総称である。

ブタジエンの末端炭素にプロトン化が起こると第二級カルボカチオンが生じる。このカチオンは、アルケンのアリル位[*12]に位置するので、特に、

アリルカチオンと呼ばれる。アリルカチオンの炭素原子は sp^2 混成軌道をとっており、σ結合と直交する「空の」p軌道が存在する。そのため、カチオンに隣接する炭素-炭素二重結合のπ結合の電子がカチオンの炭素原子の空のp軌道に流れ込む。その結果、カチオンは非局在化して安定化する。同じアリルカチオンであるが、第二級カチオンの方が第一級カチオンよりも安定なので、3-ブロモ-1-ブテン（B）が主生成物となる。

第二級アリルカチオン　　　　　非局在化した構造　　　　　第一級アリルカチオン
（局在化した構造）　　　　　　　　　　　　　　　　　　（局在化した構造）

なお、副生成物の 1-ブロモ-2-ブテン（C）は、C1 に水素、C4 に臭素が結合したので、この反応は 1,4-付加とも呼ばれる。

ディールス–アルダー反応

ブタジエンと無水マレイン酸を反応させると、**ディールス–アルダー反応**が進行し、6員環シクロヘキセン環が形成される。アルケンはジエンと反応するので、特にジエノフィル（親ジエン体）と呼ばれる。

ディールス–アルダー反応
Diels-Alder reaction

ブタジエン　　無水マレイン酸　　6員環遷移状態　　ディールス–アルダー付加体
（ジエン）　　（ジエノフィル）

ディールス–アルダー反応は付加環化反応に分類され、三つの二重結合が一つに減るとともに、新たに二つの炭素-炭素結合が形成される。反応は図に示したように、6員環遷移状態を経由して進行するが、これまで学んだカチオン、アニオンの反応と異なる。アルケンに対する付加反応では「中間体」が存在するが、ディールス–アルダー反応では中間体は存在しない。新たな二つの単結合の形成と二重結合から単結合への移行がすべて協奏的（同時）に進行する。このことを理解しやすくするため、6員環遷移状態は点線で示されている。反応に関与する炭素骨格の周りを点線が一周するので、**周辺環状反応**とも呼ばれる。

最も一般的なディールス–アルダー反応は、電子が豊富なジエンと電子不足なジエノフィルの組合せが多い。1,3-ペンタジエンとクロトン酸メチ

周辺環状反応
pericyclic reaction
（「peri」は周辺を意味する。）

18　第2章　脂肪族炭化水素の反応

ルの反応では、シクロヘキセン環の形成と同時に三つの不斉炭素（＊印）が生じるが、図に示すような相対立体化学を有する生成物が優先的に得られる。協奏的に進行するディールス–アルダー反応ならではの特徴である。

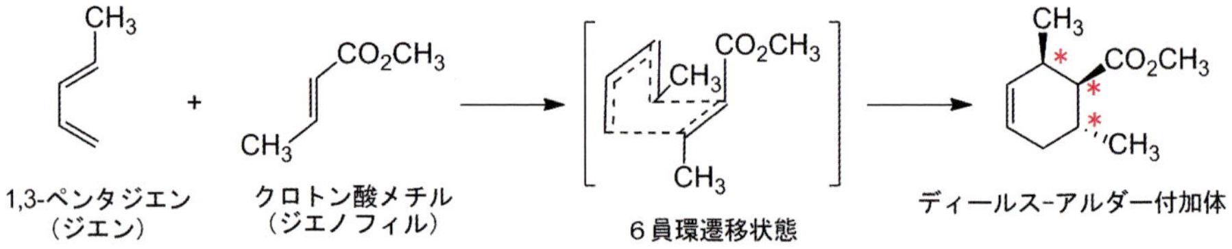

1,3-ペンタジエン（ジエン）　＋　クロトン酸メチル（ジエノフィル）　→　6員環遷移状態　→　ディールス–アルダー付加体

　中間体として有用なシクロヘキセン骨格を有する化合物を、立体化学を制御しながら一挙に合成できるので、ディールス–アルダー反応は合成反応としてよく用いられている。

2・3　アルキンの反応

2・3・1　ハロゲン・ハロゲン化水素・水の付加反応

アルキン alkyne

　アルキンは、アルケンと同様にπ結合をもっているので、ハロゲン、ハロゲン化水素、水と反応して対応する付加体を与える。

　臭素との反応ではジブロモアルケンが生成する。アルケンの場合と同様に、ブロモニウムイオン中間体を経るので、得られるジブロモアルケンはトランス体となる。ジブロモアルケンはさらに臭素と反応し、テトラブロモ体になる。

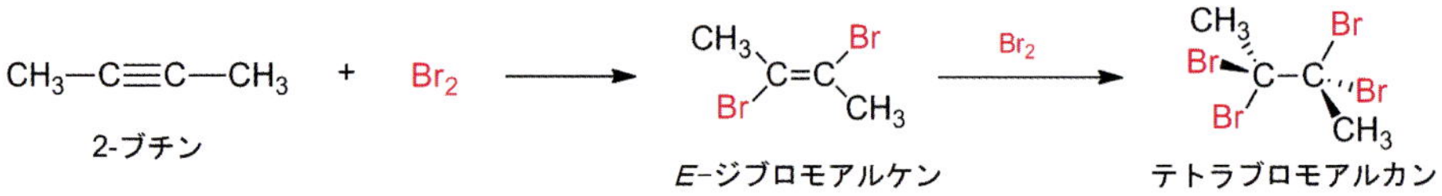

$CH_3-C≡C-CH_3$　＋　Br_2　→　E-ジブロモアルケン　Br_2　→　テトラブロモアルカン

2-ブチン

　ハロゲン化水素の付加では、末端アセチレンの場合に位置選択性が見られる。アルケンの場合と同様にマルコウニコフ則に従った生成物を与える。ブロモアルケンに、さらに HBr が付加するとジブロモアルカンとなる。

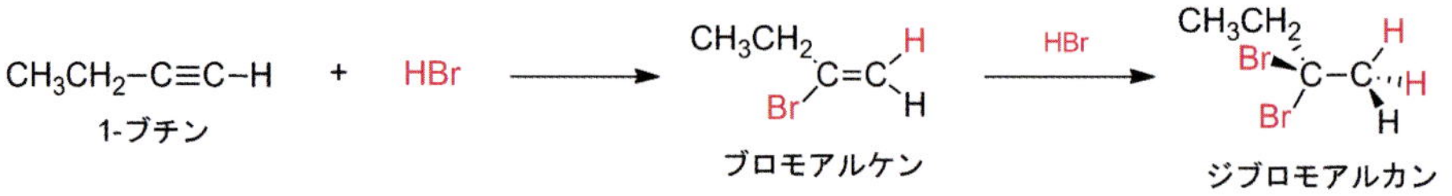

$CH_3CH_2-C≡C-H$　＋　HBr　→　ブロモアルケン　HBr　→　ジブロモアルカン

1-ブチン

2・3 アルキンの反応 **19**

水の付加は、硫酸水銀の存在下に進行してエノールを与える[*13]。エノールはケトンとの間に平衡が存在し、一般的にはケトン型の割合が多い。エノールとケトンの異性化は**互変異性**[*14]と呼ばれる（9・1節参照）。

$$CH_3CH_2-C\equiv C-H \ + \ H_2O \xrightarrow[希硫酸]{HgSO_4} \left[\begin{array}{c} CH_3CH_2 \\ HO \end{array} C=C \begin{array}{c} H \\ H \end{array} \right] \rightleftarrows CH_3CH_2-\overset{O}{\overset{\|}{C}}-CH_3$$

エノール　　　　　　　　ケトン

〈ケト-エノール互変異性〉

2・3・2 アルキンの還元反応

アルキンは Pd 触媒の存在下に水素と反応しアルケンに還元される。アルケンはさらに水素と反応してアルカンに還元される。しかし、Pd の活性を低下させたリンドラー触媒を用いると、アルケンの段階で反応を停止させることができる。水素の付加はシン付加なのでシスアルケンが得られる。

$$CH_3-C\equiv C-CH_3 \ + \ H_2 \xrightarrow{Pd\ 触媒} \left[\begin{array}{c} H \\ CH_3 \end{array} C=C \begin{array}{c} H \\ CH_3 \end{array} \right] \xrightarrow{Pd\ 触媒} \begin{array}{c} H \ H \\ H-C-C-H \\ CH_3 \ CH_3 \end{array}$$

cis-2-ブテン　　　　　　　　ブタン

$$CH_3-C\equiv C-CH_3 \ + \ H_2 \xrightarrow{リンドラー触媒} \begin{array}{c} H \\ CH_3 \end{array} C=C \begin{array}{c} H \\ CH_3 \end{array}$$

cis-2-ブテン

一方、液体アンモニア中で金属 Na（あるいは金属 Li）をアルキンに作用させるとトランスアルケンが選択的に得られる。この反応は、アンモニアと金属 Na から発生する電子がアルキンに付加し、アニオンラジカル種、アニオン種を経由してトランスアルケンとなる。金属 Na-液体アンモニア法は**バーチ還元**（バーチ条件）[*15]と呼ばれ、ベンゼン環の部分還元でも有用な手法である。

$$CH_3-C\equiv C-CH_3 \xrightarrow[液体\ NH_3]{Na} \begin{array}{c} CH_3 \\ H \end{array} C=C \begin{array}{c} H \\ CH_3 \end{array}$$

trans-2-ブテン

$$\xrightarrow{e^-} \left[\begin{array}{c} CH_3 \\ \end{array} C=C \begin{array}{c} \cdot \\ CH_3 \end{array} \right] \xrightarrow{H^+\ \ e^-} \begin{array}{c} CH_3 \\ H \end{array} C=C \begin{array}{c} - \\ CH_3 \end{array} \xrightarrow{H^+}$$

アニオンラジカル種　　　　　アニオン種

このように還元法を選択することで、同じアルキンからシスアルケン、トランスアルケンをつくり分けることができる。

[*13] **エノール**
アルケンの炭素にヒドロキシ基が結合した化合物のことで、alkene の「ene」と alcohol の「ol」を組み合わせて「enol」（エノール）と呼ぶ。ケトンのα位の水素は酸性度が高く、プロトンとして脱離しやすい。その結果、ケトンとエノールの間で平衡が存在する。

互変異性 tautomerism

[*14] **互変異性と共鳴**
ケトンとエノールの間の平衡では、水素原子が移動している。すなわち、ケトンでα位にある水素原子が、エノールでは酸素原子に移動している。このように、原子の移動を伴う異性化を互変異性という。一方、共鳴構造では原子は移動せず、電子だけが移動している。

バーチ還元 Birch reduction

[*15] 1944 年にバーチによって開発された還元である。金属としては Na や Li を用いることが多い。アンモニアの替わりにアルキルアミンを用いる方法もある。金属の溶解によって発生する電子による還元反応なので、他の還元反応（NaBH$_4$などのヒドリド還元や Pd-水素などの接触還元）と異なる反応性を示す。

2・3・3 末端アルキンのアルキル化反応

末端アルキンのsp炭素に結合した水素の**pK_a**[*16]は約25である。アルコールのヒドロキシ基の水素に比べると酸性度は低いが、アルカンやアルケンの水素（アルカン：50、アルケン：44）と比べて酸性度が高い。したがって、末端アルキンにNaNH$_2$のような強塩基を作用させるとプロトンが引き抜かれて**アセチリド**[*17]イオンになる。アセチレンはアンモニアよりも「強い酸」なので、「強い酸」と、「弱い酸の共役塩基」の反応は、「強い酸の共役塩基」と「弱い酸」の側に進む。このようにして生成するアセチリドイオンはハロゲン化アルキルなどの求電子剤と反応する（下図）。

前節で学んだように、アルキンはトランスアルケン、シスアルケン、アルカンへと変換できる。また、アセチレンを利用すれば、アルキル化によって末端アセチレンの両側に炭素鎖を伸長することができる。アセチレンは有用な炭素ユニット[*18]として利用できる。

*16 **pK_a**
酸性度定数K_aの負の対数。pK_aが小さいほど酸性度が高く、大きいほど低くなる。

*17 **アセチリド**
アセチレンの水素原子を金属原子に置換した化合物を金属アセチリドと呼び、単にアセチリドということが多い。

*18 **炭素ユニット**
有機化合物の骨格を組み立てていくとき、炭素数が小さくても適当な官能基をもつ化合物が有用となる。アセチレンの場合、両側に炭素鎖を伸長していけるので、汎用性が高く役に立つ原料といえる。このような化合物のことを炭素ユニットと呼ぶ。アセチレンの場合は炭素数が2なのでC2ユニット、二酸化炭素やシアニドイオンはC1ユニットとしてよく用いられる。

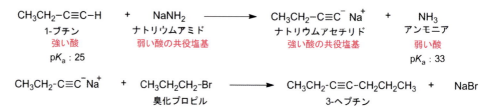

演習問題

2・1 以下のアルケンにHBrを付加させたときの主生成物の構造を示せ。

2・2 以下の臭化アルキルをアルケンに対する臭化水素（HBr）の付加で合成したい。最も適当なアルケンの構造を示せ。

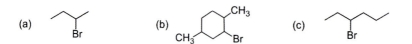

2・3 アルケンから以下のアルコールを合成したい。最も適当な出発原料と方法の組合せを示せ。

2・4 以下のアルケンと臭素 (Br₂) の反応の生成物を示せ。

2・5 以下のアルケンにパラジウム触媒の存在下、重水素 (D₂) を反応させたときの生成物を示せ。

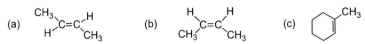

2・6 あるアルケンをオゾン分解 ((1) O₃、(2) Me₂S) したところ、以下の二つの化合物が得られた。アルケンの構造を示せ。

2・7 アルケンを酸性条件下で過マンガン酸カリウム (KMnO₄) を作用させたところ、以下の化合物が得られた。アルケンの構造を示せ。

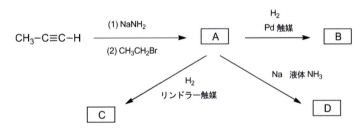

2・8 以下の反応式の空欄に相当する化合物の構造を示せ。

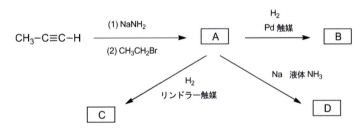

COLUMN 立体選択的反応 vs 立体特異的反応

　2-ブチンをアルケンに還元するとき、リンドラー触媒存在下に水素で接触還元すると *cis*-2-ブテンが選択的に得られ、バーチ還元すると *trans*-2-ブテンが得られる。

　一方、アルケンに臭素を付加させる反応で、*trans*-2-ブテンからはメソ体のジブロモブタンが得られ、ラセミ体のジブロモブタンは生成しない。これに対して、*cis*-2-ブテンからはラセミ体のジブロモブタンが得られるが、メソ体のジブロモブタンは生成しない。

　このように、アルキンのアルケンへの還元、アルケンに対する臭素の付加では、試薬や出発物質の違いによって片方の立体異性体のみが得られる。これらの反応は一方の異性体を生成するという点では同じだが、中身は大きく異なっている。前者 (アルキンのアルケンへの還元) は「**立体選択的反応**」で、後者 (アルケンへの臭素の付加) は「**立体特異的反応**」に分類される。「選択的」は、ある化合物が優先的、あるいは選択的に得られるというニュアンスが伝わる。これに対して、「特異的」とはどういう意味なのか、このままではよく分からない。ある化合物が「特に異なって」得られるというのは、日本語としても理解しづらい。「選択的に得られる」と「特に異なって得られる」は単に程度の違いだろうか。

もともとの英語で考えるとすっきりする。

立体選択的　　stereoselective
立体特異的　　stereospecific

「selective」は「select」に由来するので、「選択的」で分かりやすい。一方の「specific」は「species」に由来し、「specific」とは「species に応じて」という意味になる。

改めて二つの反応についてみると、アルケンに対する臭素の付加反応は、*trans*-2-ブテンからはメソ体のジブロモブタンが、*cis*-2-ブテンからはラセミ体のジブロモブタンが得られる。すなわち、出発物質の立体化学に応じて異なる生成物を与えるので、この反応は「stereospecific」な反応といえる。「specific」を「特異的」とした日本語訳がもたらした紛らわしさといえる。

アルキンの還元反応は、反応剤によって異なる異性体を与えるが、出発物質は異性体でもなんでもなく同じ化合物である。ある出発物質から複数の生成物の可能性があるとき、ある立体化学をもつ生成物が「選択的」に得られるので、この反応は「stereoselective」な反応といえる。

ここでは付加反応を取り上げて説明したが、脱離反応でも同様に、立体特異的反応と立体選択的反応に区別される反応がある。さらに、特異的、選択的反応には、立体だけでなく「位置特異的：regiospecific」、「位置選択的：regioselective」という位置（regio）に関する術語もある。「specific」と「selective」の語源に基づいて考えると理解しやすい。

COLUMN　人名反応

反応には様々な名前が付けられている。置換反応、脱離反応のように反応の形式に基づく名前、生成物の構造に基づく名前もあるが、開発した人の名前を付けた**人名反応**もたくさんある。ウィッティヒ反応、グリニャール反応などは、有機化学を勉強する学生にとっては、反応そのものとともに、名前も覚えなければならない重要な反応といえる。人名反応は、酸化反応、還元反応、転位反応などで多く見かける。第6章で取り上げるアルコールの酸化反応のうち、人名反応はジョーンズ酸化だけであるが、それ以外にも開発した人の名前が付けられた酸化反応が数多く知られている。第12章で取り上げる転位反応も同様である。本書では、カルボン酸誘導体からイソシアナートを経由してアミンに変換する転位反応としてクルチウス転位を取り上げているが、類似の反応にはホフマン転位、シュミット転位、ロッセン転位など多くの人名反応がある。

アルドール反応のように生成物の名前から名付けられた反応もあるが、「アルドール反応」をもとに「向山アルドール反応」、「エバンスアルドール反応」というように人名を付けたものもある。さらには、「ビニロガス向山アルドール反応」というようなものもある。

これらの人名反応は、それだけでどのような反応かがすぐに分かり、議論が横道にそれずに手際よく進むというメリットがある。一方で、初心者にとっては議論についていけないことが多い。筆者も卒業研究で研究室に入ってセミナーに参加したとき、先輩たちが人名反応を使いながら議論していてもまったく理解できなかったこと、重要な人名反応を覚えることは研究者としての第一歩というような感覚をもったことを思い出す。

現在は人名を冠することが流行のようになっているが、自身のアイデンティティを目立たせる類いも見受けられる。しかし、少なくとも本書で取り上げてある人名反応は基本的で重要なものである。少しずつ自分のカードを増やす姿勢をもつことが肝要と思われる。

第 3 章　ベンゼンと芳香族炭化水素の反応 (1) ―求電子置換反応―

　ベンゼンは「シクロヘキサトリエン」の構造式で描かれることが一般的であるが、アルケンとはまったく異なる反応性を示す。ベンゼン環は電子豊富な電子雲があるので、ベンゼンは求核的である。しかし、アルケンで学んだ**求電子付加反応**は進行しない。ベンゼンの最も基本的な反応は**求電子置換反応**である。アルケンとの反応のパターン、反応性の違いを学ぶとともに、ベンゼンを代表とする芳香族炭化水素のニトロ化、臭素化、さらに、炭素－炭素結合形成反応（フリーデル-クラフツアルキル化、アシル化反応）など様々な求電子置換反応について学ぶ。また、置換基の種類による反応性、配向性の違いについて、反応機構の理解を通して学ぶ。

3・1　ベンゼンの置換反応

　ベンゼンは A と B の二つの極限構造式で示されるが、実際には π 電子が非局在化した C のような描き方が本質を表している。今でも時々見かけるが、以前は D のような描き方もされた。非局在化したドーナツ状の電子雲として存在する 6 個の π 電子が様々な求電子剤を攻撃して置換反応が進行する。

ベンゼン　benzene

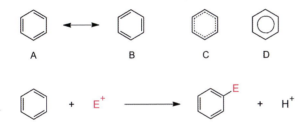

E : NO_2（ニトロ化）、X（ハロゲン化）、SO_3H（スルホン化）、
R（アルキル化）、RCO（アシル化）

　本節ではニトロ化、臭素化（ハロゲン化）、スルホン化、さらに 3・3 節以下でカルボカチオン、アシルカチオンなど炭素が求電子中心となる**求電子置換反応**を学ぶ。求電子剤は異なっても、基本となる反応機構は共通である。そこで、一般的な反応機構について初めに説明し、続いて個別の求電子剤との反応について学ぶ。

　ベンゼンが求電子剤 E^+ を攻撃すると、カッコ内に示したカルボカチオンが生じる（次ページの図）。このカルボカチオンは 2・2・4 項で学んだ「アリルカチオン」である。ベンゼンの場合には共役がさらに伸びているので、「ペンタジエニルカチオン」になる[*1]。局在化した共鳴構造式が示されているが、実際には、電荷は五つの炭素原子にまたがって非局在化して安定化されている。カチオン中間体からプロトン H^+ が脱離すると置換ベンゼンとなる。

求電子置換反応
electrophilic substitution reaction

[*1]　炭素数が 5（ペンタン）、二重結合が 2 個（ジエン）からなるカチオンなので、ペンタジエニルカチオンと呼ばれる。

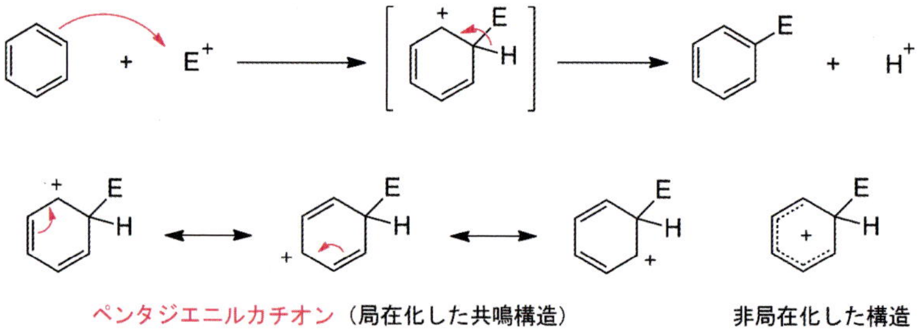

24　第3章　ベンゼンと芳香族炭化水素の反応 (1) ─求電子置換反応─

ペンタジエニルカチオン（局在化した共鳴構造）　　　　非局在化した構造

　前章で学んだアルケンと求電子剤の反応も、π電子が求電子剤を攻撃することから反応が始まるので、最初の段階は同じである。アルケンの場合は、カチオン中間体に求核剤が攻撃して付加体を与える。一方、ベンゼンの場合は、カチオン中間体からプロトンが脱離して置換生成物を与える。この違いは何であろうか。異なる生成物を与えること、反応性について詳しく考えてみよう。

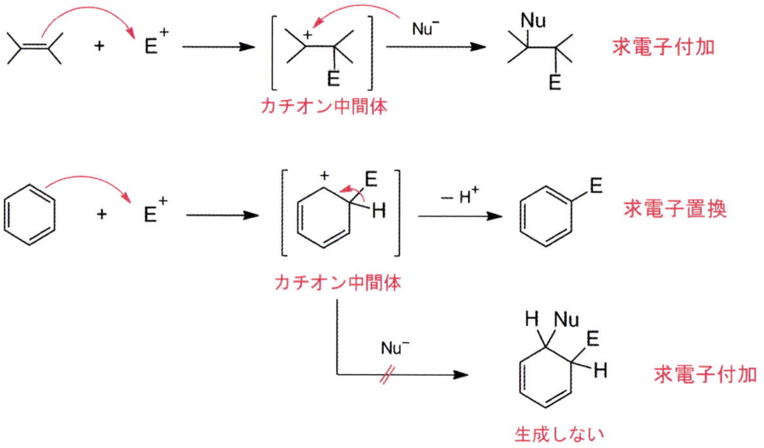

カチオン中間体　　　　　求電子付加

カチオン中間体　　　　　求電子置換

求電子付加

生成しない

　最も重要なことは、出発物のベンゼン、および生成物の置換ベンゼンは芳香族性を有していることである。もし、アルケンと同様に、カチオン中間体に求核剤が攻撃すると、得られる付加体は芳香族性を有していない。これに対して、カチオン中間体からプロトンが脱離すると生成物は再び芳香族性を回復して安定化する。したがって、ベンゼンのような芳香族化合物の場合は付加反応でなく、置換反応が進行する。

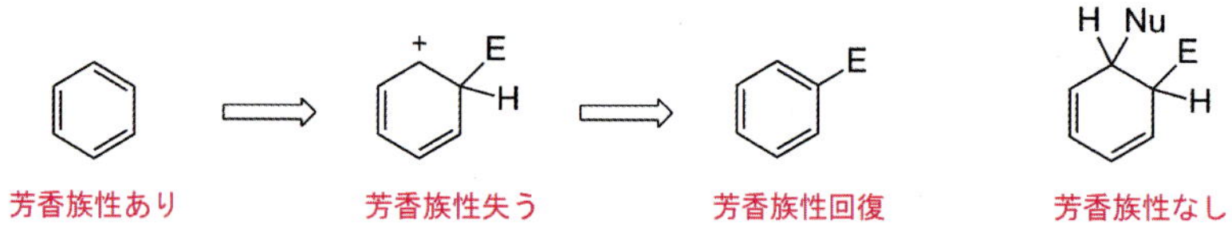

芳香族性あり　　　　芳香族性失う　　　　芳香族性回復　　　　芳香族性なし

また、最初の段階のベンゼンと求電子剤との反応では、カチオン中間体が生成する。カチオン中間体はシクロペンタジエニルカチオンなので、通常のカチオンに比べると安定であるが芳香族性を失っている。芳香族性による安定化を失うので、アルケンに比べ、ベンゼンの活性化エネルギーは大きい。したがって、ベンゼンの求電子剤に対する反応性はアルケンに比べると低い。たとえば、前章で学んだアルケンの代表的な求電子付加反応の臭素の付加、過酸によるエポキシ化、過マンガン酸カリウムによる酸化などはベンゼンでは進行しない[*2]。

*2 トルエンに過マンガン酸カリウム（KMnO$_4$）を作用させると、ベンゼン環は酸化されず、側鎖のメチル基が酸化された安息香酸が生成する（4・3節）。

ベンゼンの代表的な求電子置換反応であるニトロ化、臭素化、スルホン化について次に説明する。それぞれの求電子剤とベンゼンの反応機構は共通である。上述の反応機構の図の求電子剤 E$^+$ をそのまま個々の求電子剤に置き換えればよい。そこで、ここではベンゼンと反応する求電子剤 E$^+$ の発生機構を主として説明する。

　ベンゼンに濃硝酸－濃硫酸の混合物を作用させると**ニトロ化**が進行する。ニトロ化の求電子剤は NO$_2^+$（ニトロニウムイオン）で、以下のように生成する。硝酸に硫酸からプロトン化が起こり、オキソニウムイオン型となる。続いて水が脱離してニトロニウムイオンが生じる。その後は上述した共通の反応機構に従ってニトロベンゼンが生成する[*3]。

ニトロ化 nitration

*3 ニトロベンゼンは、鉄－塩酸、あるいは Ni や Cu 触媒の存在下で水素によって還元され、工業的に重要なアニリンを与える。

　ベンゼンに臭素を反応させても反応しない（上述）。しかし、臭素とルイス酸である臭化鉄（FeBr$_3$）を組み合わせて用いると**臭素化**が進行する。臭素と臭化鉄から生成するブロモニウムイオンは反応性が高いので、ベンゼンでも攻撃できるようになるからである。同様に塩素と塩化鉄（FeCl$_3$）をベンゼンに作用させるとクロロベンゼンが得られる。このように、臭化鉄や塩化鉄は、臭素や塩素の活性化剤と考えることができる。

臭素化 bromination

26　第3章　ベンゼンと芳香族炭化水素の反応 (1) ―求電子置換反応―

Br—Br ＋ FeBr$_3$ ⟶ [Br···Br···FeBr$_3$] ⟶ Br$^+$ FeBr$_4$$^-$

臭化鉄

ブロモニウムイオン
Br$_2$ よりも反応性高い

＋ Br$_2$ $\xrightarrow{\text{FeBr}_3}$ ブロモベンゼン

＋ Cl$_2$ $\xrightarrow{\text{FeCl}_3}$ クロロベンゼン

*4　発煙硫酸
濃硫酸に過剰の三酸化硫黄 (SO$_3$) を吸収させたもの。湿った空気中で白い煙 (SO$_3$) を放出するので発煙硫酸と呼ばれる。似たような名前の発煙硝酸は、濃硝酸に二酸化窒素 (NO$_2$) を吹き込んだものである。

スルホン化 sulfonation

　ベンゼンに発煙硫酸*4を作用させると、**スルホン化**が進行してベンゼンスルホン酸が得られる。この反応でベンゼンと反応する活性種は HSO$_3$$^+$ である。

発煙硫酸　　　　　　　　　　　　活性な反応種

＋　⟶　ベンゼンスルホン酸　＋　H$^+$

　ベンゼンの求電子置換反応では逆反応が進行する場合がある。その一つの例が脱スルホン化反応で、希硫酸中で放置するとベンゼンになる。

H$_2$O　＋　⟶　硫酸　＋　H$^+$

3・2　置換ベンゼンへの置換反応

3・2・1　置換基と反応性

電子供与性基
electron donating group

電子求引性基
electron withdrawing group

　ベンゼンに置換基が結合すると、求電子置換反応の反応性は置換基の影響を受ける。電子供与性の置換基 X が結合すると、電子が X からベンゼン環に流れ込み、ベンゼン環の電子密度が高くなる。その結果、求電子置換反応の反応性はベンゼンより高くなる。逆に電子求引性の置換基が結合

すると、ベンゼン環の電子が X に引っ張られて、ベンゼン環の電子密度は低くなる。その結果、反応性はベンゼンより低くなる。

3・2・2 置換基と配向性

ベンゼンに置換基が結合すると、置換基は反応性だけでなく、反応する位置（**配向性**）にも影響をもたらす。本項では、置換ベンゼンが求電子剤と反応する位置（配向性）について考えてみよう。置換ベンゼンと求電子剤 E^+ の反応では、求電子剤 E^+ は置換基 X のオルト位、メタ位、パラ位の3ヶ所で反応する可能性がある。どの位置で求電子置換が進行するかを「置換基 X の配向性」という。

置換基の配向性

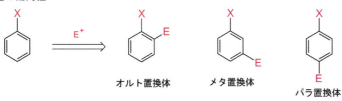

トルエン、クロロベンゼン、安息香酸メチル（エステル）のニトロ化の結果を以下に示す。トルエンとクロロベンゼンの場合、オルト置換体、パラ置換体が多く生成していることが分かる。メタ置換体は5％以下しか生成しない。これに対して、安息香酸メチルの場合はメタ置換体が主生成物となっている。

	オルト置換体	メタ置換体	パラ置換体
トルエン	63 %	3 %	34 %
クロロベンゼン	35 %	1 %	64 %
安息香酸メチル	28 %	66 %	6 %

反応性と配向性をもとに、置換基 X は以下の三つのグループに分類される。

置換基の反応性

X：**電子供与性基**
ベンゼン環の電子：増加
反応性：高くなる

X：**電子求引性基**
ベンゼン環の電子：減少
反応性：低くなる

配向性 orientation

28 ┃ 第3章 ベンゼンと芳香族炭化水素の反応 (1) ―求電子置換反応―

オルト・パラ配向性活性化基：RO–、R₂N–、R–、などの電子供与性基

オルト・パラ配向性不活性化基：–I、–Br、–Cl、–F（ハロゲン原子）

メタ配向性不活性化基：–NO₂、–CO₂R、–CN、などの電子求引性基

　この分類は、反応機構、反応中間体の安定性と密接に関係している。以下、それぞれについて反応機構との関係を詳しく考えてみる。

オルト・パラ配向性活性化基

　アルキル基、ヒドロキシ基、アルコキシ基、アミノ基などの電子供与性基からベンゼン環に電子が流れ込むと、置換ベンゼンの電子密度はベンゼンよりも高くなる。その結果、求電子置換反応はベンゼンよりも進行しやすくなるので、このような置換基は「**活性化基**」と呼ばれる。

活性化基 activating groups

　次に、これらの置換ベンゼンがオルト位、メタ位、パラ位で求電子剤 E⁺ と反応したときのカルボカチオン中間体の安定性を考えてみる。

　オルト位とパラ位で反応して生じるカルボカチオン中間体は、電子供与性置換基 X から電子が流れ込むので安定化される。これに対して、メタ位で反応して生じるカルボカチオン中間体では、置換基 X の電子の流れ込みによる直接的な安定化はない。その結果、求電子置換反応はオルト位、パラ位で優先的に起こる（オルト・パラ配向性）。特に、共有電子対をもつヒドロキシ基、アミノ基などは、アルキル基に比べてはるかに反応性を高める。

オルト・パラ配向性不活性化基

　ハロゲン原子は、電子求引性なので、ハロゲン原子が置換するとベンゼ

ン環の電子密度はベンゼンよりも低くなる。したがって、ハロゲン原子は「**不活性化基**」である。しかし、ハロゲン原子の非共有電子対[*5]がベンゼン環に流れ込むことによってオルト・パラ配向性を示す。

不活性化基
deactivating groups

非共有電子対
unshared electron pair

[*5]「孤立電子対」とも呼ばれる。

孤立電子対 lone pair electrons

反応性：ハロゲン原子の電子求引性によりベンゼンより低い

配向性：非共有電子対がベンゼン環に流れ込むことにより
　　　　オルト・パラ配向性

メタ配向性不活性化基

　ニトロ基、カルボニル基、シアノ基など電子求引性基が置換すると、電子がベンゼン環からこれらの置換基に引っ張られ、ベンゼン環の電子密度は低くなる。その結果、これらの置換ベンゼンの反応性はベンゼンよりも低下する。したがって、「不活性化基」と呼ばれる。

　配向性は以下のように考える。先のオルト・パラ配向性活性化基の場合と同様に、オルト位、メタ位、パラ位に求電子剤 E$^+$ が反応して生成するカルボカチオン中間体の安定性を比較してみる。オルト位、パラ位で反応すると、置換基 X の付け根の炭素がカルボカチオンとなる中間体が生成する。置換基 X は電子求引性基なので、このようなカルボカチオンは極めて不安定である。メタ位で反応して生成するカルボカチオンには、このような共鳴構造式は書けない。したがって、反応はメタ位で優先的に起こりメタ配向性を示す。「優先的」といっても、「消去法的」にメタ位で反応すると考える方が的確であろう。

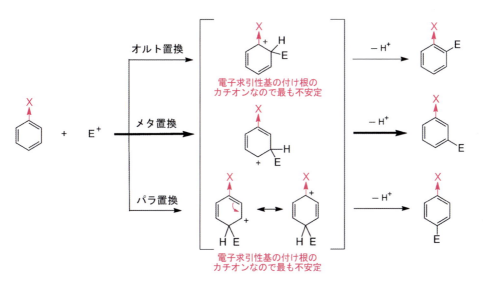

30 ┃ 第3章　ベンゼンと芳香族炭化水素の反応 (1) ―求電子置換反応―

3・3　ベンゼンのアルキル化反応とアシル化反応

　本節では求電子剤 E^+ の反応中心が炭素原子となる例を学ぶ。アルキル基が置換する反応、アシル基 (アルカノイル基) が置換する反応で、それぞれ、フリーデル–クラフツ アルキル化反応、フリーデル–クラフツ アシル化反応と呼ばれる。

3・3・1　フリーデル–クラフツ アルキル化反応

　塩化イソプロピルとベンゼンを反応させても反応は起こらない。しかし、活性化剤として塩化アルミニウム ($AlCl_3$) を加えると、求電子置換反応が進行しイソプロピルベンゼンが得られる。ルイス酸である塩化アルミニウムは塩化イソプロピルの塩素原子と相互作用し、イソプロピルカチオン様の活性な求電子剤 (E^+ に相当) が生じる。

（化学反応式）

塩化イソプロピル　塩化アルミニウム

$AlCl_3$ によって活性化される

　活性なカルボカチオン種はベンゼンの攻撃を受けてフリーデル–クラフツ アルキル化生成物 (イソプロピルベンゼン) を与える。

（化学反応式）

イソプロピルベンゼン

フリーデル–クラフツ
アルキル化反応
Friedel-Crafts alkylation

　フリーデル–クラフツ アルキル化反応は、ベンゼン環にアルキル基を導入できる優れた反応である。しかし、① 多重アルキル化を抑えにくい、② 転位生成物を与える、などの問題点がある。

　まず初めに多重アルキル化について説明する。ベンゼンと塩化イソプロピルの反応で生成するイソプロピルベンゼンは、原料のベンゼンよりも反応性が高い。アルキル基はオルト・パラ配向性活性化基である。したがって、何の工夫もしなければ、イソプロピルベンゼンはさらに求電子置換反応を起こし、ジイソプロピルベンゼン、トリイソプロピルベンゼンを副生することになる。大過剰のベンゼンを用いれば、これらの多重アルキル化生成物の副生を低くすることができる。

ベンゼン　　　　　　　　　イソプロピルベンゼン　　　　　　　　　　　　　　　　多重アルキル化体
　　　　　　　　　　　　　ベンゼンより反応性高い　　　　　　　　　　　　　　　　$n : 1, 2$

　次に転位生成物について説明する。第一級の塩化プロピルを用いると、初めに生じる塩化アルミニウムとの複合体からヒドリド[*6]が転位し、より安定な第二級のカルボカチオンになる。その結果、イソプロピルベンゼンを与える。したがって、フリーデル–クラフツ アルキル化反応では、エチル基以外の第一級ハロゲン化アルキルを用いると転位した生成物を与える。

3・3・2　フリーデル–クラフツ アシル化反応

　塩化アセチルも塩化アルミニウムによって活性化されアシルカチオン等価体（アシリニウムイオン）が生じ、ベンゼンと反応してアセトフェノンを与える。アシル基を導入するこの反応は**フリーデル–クラフツ アシル化反応**と呼ばれる。

*6　ヒドリド
ヒドリドとは、一般的には負電荷をもった水素原子（H^-）で、正電荷をもったプロトン（H^+）と相補的な関係にある。しかし、ここでいう「ヒドリドが転位し」は、H^- が発生して転位するのでなく、水素原子が共有電子対をもったまま、すなわち軌道が隣のカルボカチオンに移動するということを意味している。

フリーデル–クラフツ アシル化反応 Friedel-Crafts acylation

　アシル基は強力な電子求引性基なので、生成物のアセトフェノンの反応性はベンゼンに比べて低下している。したがって、フリーデル–クラフツ

アシル化反応では多重アシル化は起こらない。フリーデル-クラフツアルキル化とフリーデル-クラフツ アシル化の大きな違いである。

塩化プロパノイルと塩化アルミニウムを用いてフリーデル-クラフツ アシル化反応を行うとプロピオフェノンが得られる。ケトン部分を還元するとプロピルベンゼンを得ることができる。塩化プロピルを用いるフリーデル-クラフツ アルキル化反応では、転位が起こり、イソプロピルベンゼンが得られることを先に述べた。一段階の反応ではないが、アシル化-還元を利用すれば、第一級アルキル基を導入できる。

酸塩化物だけでなく、酸無水物も塩化アルミニウムなどのルイス酸によって活性化され、フリーデル-クラフツ アシル化反応が進行する。ベンゼンに無水コハク酸と塩化アルミニウムを反応させると、アシル化が進行して4-フェニル-4-ケトブタン酸が得られる。ベンジル位のカルボニル基の還元、カルボン酸から酸塩化物に変換したのち、塩化アルミニウムを作用させると、分子内でフリーデル-クラフツ アシル化反応が進行しテトラロンを与える*4。

*4 ベンゼン環に直結するカルボニル基は、様々な方法でメチレンに還元することができる。

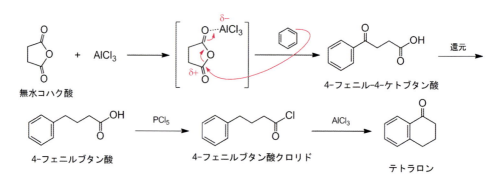

3・4 ナフタレン・芳香族複素環化合物の置換反応

本節では、二環性芳香族炭化水素のナフタレン、芳香族複素環のピロール、ピリジン、多環性芳香族複素環のインドール、キノリンの求電子置換反応について学ぶ。

ナフタレン naphthalene

芳香族複素環化合物 aromatic heterocyclic compound

ナフタレン

ピロール

ピリジン

インドール

キノリン

ナフタレンの求電子置換反応は1位、あるいは2位の二ヶ所で起こる可能性があるが、1位置換体が優先して生成する。1位に求電子剤が攻撃して生成するカルボカチオンはアリルカチオンなので、非局在化して安定化する。これに対して、2位で反応して生じるカチオンは非局在化できない。ベンジル位[*7]なのでベンゼン環にまたがった共鳴構造式を書けるが、そのような共鳴構造はベンゼン環の芳香族性が失われるので有利でない。その結果、求電子置換反応は1位で優先的に進行する。

ベンジル位 benzylic position

[*7] フェニル基のついた炭素はベンジル位と呼ばれる。慣用名であるが、$C_6H_5CH_2OH$ はベンジルアルコール、$C_6H_5CH_2Cl$ は臭化ベンジルというように、普通に用いられる。

ピロールの求電子置換反応の反応性はベンゼンよりも高い。窒素原子を含む5員環に π 電子が6個存在する。**電気陰性度**の高い窒素原子に多くの電子が存在するものの、各炭素上の電子密度はベンゼンよりも高くなるからである。ピロールの求電子置換反応は2位で優先的に進行する。この結果も、中間に生じるカチオンの安定性を比較することで説明できる。すなわち、2位で反応して生じるカチオンはアリルカチオンなので非局在化して安定化されるのに対し、3位で反応して生じるカチオンにはこのような安定化はないからである。

ピロール pyrrole
電気陰性度 electronegativity

ピリジンの求電子置換反応は苛酷な条件を必要とし、一般的に収率も低い。ピリジンの反応性はニトロベンゼンよりも低いとされている。ピリジンの反応性が低いのは、電気陰性度の高い窒素原子にベンゼン環の電子が引っ張られ、炭素原子上の電子密度が低くなるからである。さらに、求電子置換反応は通常、酸性条件下で行われる。酸性条件下では、ピリジン環

ピリジン pyridine

の窒素原子はプロトン化されてピリジニウム塩となる。その結果、電子密度はさらに低くなるので求電子置換反応は進行しにくくなる。ピリジンの窒素原子上に負電荷を置くように共鳴構造式を書くと、カチオンは2位、4位、6位に生じる。したがって、これらの位置で求電子置換反応は起こりにくく、その結果、残る3位、5位で求電子置換反応が進行する。

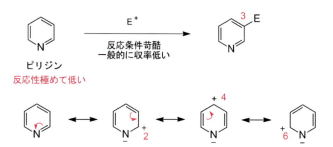

インドール indole

インドールはベンゼンとピロールが融合した二環性の芳香族複素環である。インドールの求電子置換反応は、ベンゼンとピロールの反応性の違いを反映している。すなわち、求電子置換反応は、より反応性の高いピロール環上で起こる。ピロールの場合は2位で置換反応が進行したが、インドールの場合は3位で進行する。以下の図に示したように、3位に求電子剤が攻撃して生じるカチオンは窒素原子からの流れ込みによって安定化されている。これに対して、2位で反応して生じるカチオンは局在化している。ベンジル位であるが、カチオンの共鳴構造式を書くためにはベンゼンの芳香族性を失わなければならない。

キノリン quinoline

ベンゼンとピリジンが融合したキノリンもインドールと同様に考えることができる。求電子剤との反応は、より反応性の高いベンゼン環上で起こる。反応は5位、および8位で進行する。これは、ナフタレンの求電子置換反応が1位置換体を与えるのと同じ理由からである。

演習問題 35

E
5

ベンゼン環上で反応する

8
E

演 習 問 題

3・1 以下の求電子置換反応の主生成物の構造を示せ。一種類とは限らない。

(a) ブロモベンゼンに硫酸と硝酸を作用させる。

(b) エチルベンゼンに臭素と臭化鉄を作用させる。

(c) アセトアニリドに硫酸と硝酸を作用させる。

(d) ベンゾニトリルに塩素と塩化鉄を作用させる。

3・2 以下の各群のベンゼン誘導体の求電子置換反応において、反応性が高い順に並べよ。

(a) フェノール、トルエン、ニトロベンゼン、クロロベンゼン

(b) アセトアニリド、ブロモベンゼン、エチルベンゼン、ベンズアルデヒド

(c) 安息香酸メチル、アニソール（メトキシベンゼン）、ベンゼン、ブロモベンゼン

3・3 以下の二置換ベンゼンをベンゼンから合成する経路を示せ。

(a) *m*-クロロニトロベンゼン

(b) *m*-アミノ安息香酸

(c) *m*-クロロプロピルベンゼン

3・4 以下の反応で生成する化合物の構造を示せ。

O
Cl

AlCl₃

3-フェニルプロピオン酸クロリド

3・5 以下の芳香族複素環化合物の臭素化（Br_2-$FeBr_3$）ではどのような化合物が主に生成するか。一種類の化合物とは限らない。

(a) ピリジン、(b) ピロール、(c) キノリン、(d) インドール

COLUMN | **オルト・メタ・パラの語源**

一置換ベンゼンに対する芳香族求電子置換反応では、オルト異性体・メタ異性体・パラ異性体の3種類の位置異性体が生成することを学んだ。このオルト・メタ・パラはどのようにして名づけられたのだろうか。

これらの言葉はいずれもギリシャ語に由来している。ortho は「正規の」、meta は「越えて」、para は「越えて」という言葉が語源とされている。meta と

para の"越えて"のニュアンスは少し異なるものの、何となくイメージをつかむことができるのではないだろうか。

実は、置換ベンゼンにはもう一つ、イプソ位（ipso 位）という術語も使われている。第4章（4・1節）の芳香族求核置換反応で出てくる。ipso は「それ自身に」という意味のギリシャ語を語源としている。

第4章 ベンゼンと芳香族炭化水素の反応 (2) ─その他の反応─

　前章では芳香族炭化水素の最も基本的な芳香族求電子置換反応について学んだ。求電子置換反応はベンゼン環が電子豊富であるために起こる。これに対し、強力な電子求引性置換基が結合すると、ベンゼン環上で求核置換反応も起こる。また反応性の高いベンザインを経由する反応例についても学ぶ。

　芳香族性を有するベンゼン誘導体は、アルケンに比べて酸化、還元を受けにくい。どのような酸化反応、還元反応が進行するかについても学ぶ。

4・1　芳香族求核置換反応

芳香族求核置換反応
nucleophilic aromatic
　　substitution reaction

　第3章で学んだベンゼンの求電子置換反応では、ベンゼンが求核剤として求電子剤 E^+ と反応している。本節では、ベンゼンが求電子剤として求核剤 Nu^- と反応する**芳香族求核置換反応**を学ぶ。通常のベンゼン誘導体は電子豊富なのでこのような反応は起こらない。芳香族求核置換反応は、脱離基となるハロゲン原子が結合し、さらに、ニトロ基などの電子求引性基が結合してベンゼン環の電子密度が充分に低いときに可能となる。

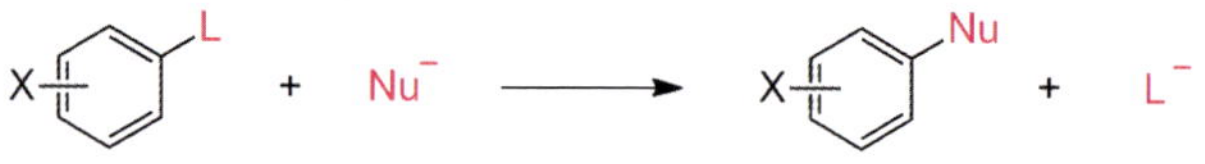

L：脱離基（ハロゲン原子など）
X：電子求引性基（ニトロ基など）

　芳香族求核置換反応は、脱離基 L と求核剤 Nu が一段階で置換するのでなく、まず初めに脱離基の結合している炭素（イプソ炭素と呼ばれる）に求核剤 Nu^- が付加する。付加体はマイゼンハイマー錯体と呼ばれ、負電荷は電子求引性置換基 X によって安定化される。錯体から L^- が脱離して置換反応が完結する。芳香族化合物の求核置換反応なので、**S$_N$Ar 反応**と呼ばれる。

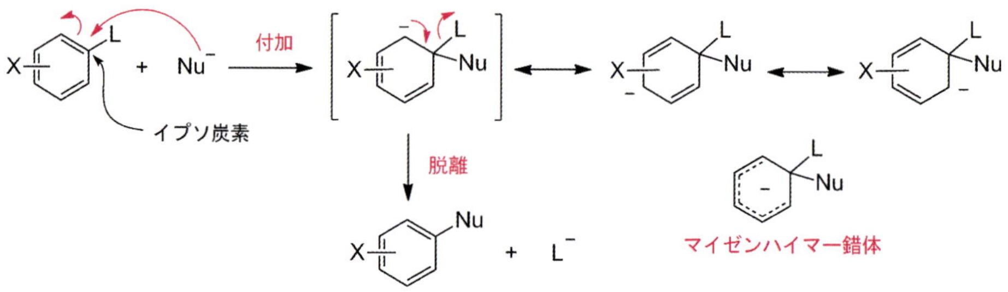

マイゼンハイマー錯体

　代表的な例を以下に示す。2,4-ジニトロフルオロベンゼンは、強力な電

子求引性のニトロ基が2個結合しているので電子不足な芳香族化合物である。さらに脱離基となるフッ素原子も強力な電子求引性基なので、SNAr反応が進行しやすい。2,4-ジニトロフルオロベンゼンのように、フッ素原子のオルト位やパラ位にニトロ基が結合していると、下図に示したように、中間体の負電荷はニトロ基を含んで非局在化できるので、安定化される[*1]。

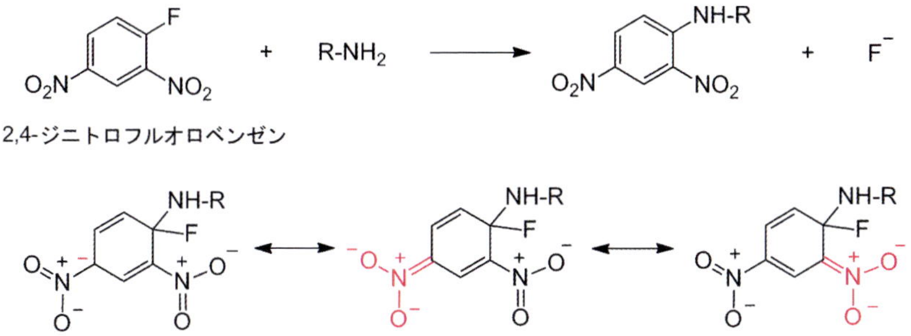

2,4,6-トリニトロクロロベンゼンもニトロ基が3個結合しているので、水溶液中で容易にOH^-が置換し、ピクリン酸（2,4,6-トリニトロフェノール）が得られる。この場合も、ニトロ基は脱離基の塩素原子のオルト位、パラ位に結合しているので、中間体のアニオンが非局在化できる。

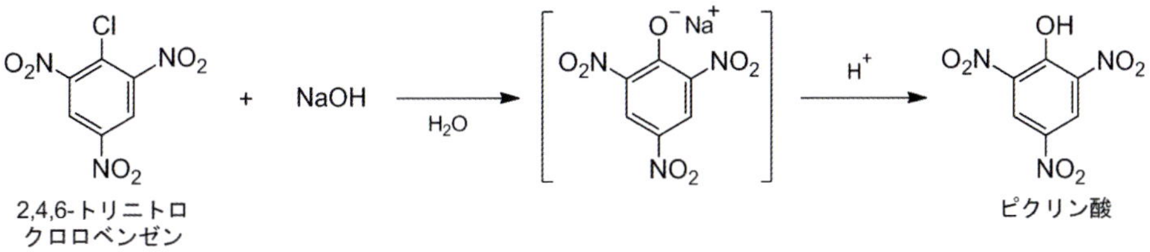

*1　サンガー法
2,4-ジニトロフルオロベンゼンとタンパク質（ペプチド）を反応させると、タンパク質のN末端アミノ酸のアミノ基が2,4-ジニトロフェニル化される。アミノ酸配列を決定するサンガー法はこの反応を利用している。

4・2　ベンザインの生成と反応

　クロロベンゼンに高温、高圧下でNaOHを作用させるとフェノールが得られる。クロロベンゼンは強力な電子求引性基が結合しておらず、この反応は前節で述べたSNAr反応ではない。

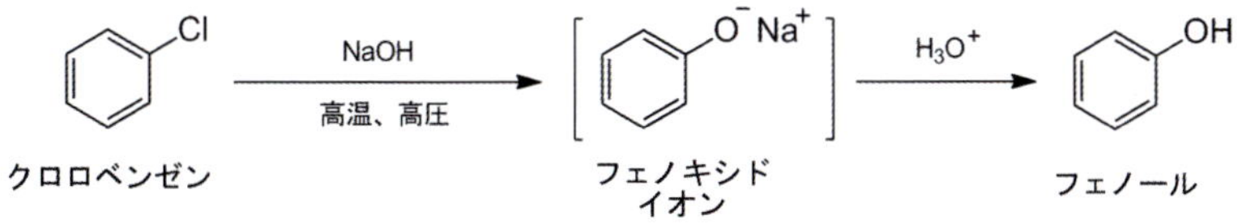

　この置換反応はベンザイン[*2]を経由する反応で、次のような機構で進行する。① 強塩基がベンゼン環のプロトンを引き抜き、② 塩素イオンが脱離して「ベンザイン」が生成する、③ ベンザインにOH^-が付加し、④ プロトンが移動してフェノキシドイオンとなる。ベンザインは高度に歪みのある骨格なので極めて不安定な中間体である。

ベンザイン benzyne

*2　ベンザイン（benzyne）はベンゼン（benzene）とアルキン（alkyne）を組み合わせて名づけられた。ベンザインの三重結合の結合長は124 pmで、エチレン（134 pm）とアセチレン（120 pm）の間にある。安定な直線型から大きくずれているためベンザインは極めて反応性に富み、実際に単離されたことはなく、反応中間体として知られている。

38 ‖ 第4章　ベンゼンと芳香族炭化水素の反応 (2) ―その他の反応―

*3　炭素の同位体のうち、約99％は炭素12、約1％が炭素13である。炭素14は極めて少量存在する放射性元素 (半減期は約5700年) で、β崩壊して窒素14になる。主に成層圏で宇宙線の作用で窒素から生成し、崩壊と生成のバランスが保たれ常に同じ割合で存在している。炭素14は、ここで示した反応機構の解明だけでなく、有機物中の炭素14の存在量から有機物の年代の決定、炭素14で標識した医薬品を用いてがん細胞に対する効果の評価、などに応用されている。

ベンザインを中間体とする反応機構は、^{14}C同位体*3で標識したブロモベンゼンとアンモニアの反応の結果からも支持される。S_NAr機構なら、アニリンのアミノ基の付け根の炭素だけが^{14}C同位体となるはずである。実際には、アミノ基の付け根と隣 (オルト位) の二ヶ所の炭素原子に、1：1の比率で^{14}C同位体標識が認められた。この結果は、ベンザインを中間体とすることで合理的に説明できる。

*　^{14}C同位体で標識された炭素

4・3　**芳香族化合物の酸化**

アルケンの炭素－炭素二重結合はBr_2、$KMnO_4$、メタクロロ過安息香酸などの酸化剤と容易に反応するが (2・2節)、ベンゼンはこれらの酸化剤と反応しない。ベンゼン環を酸化して電子を奪うとベンゼン環は芳香族性を失う。ベンゼン環の酸化が起こりにくいのは、芳香族性を失うことがエネルギー的に不利だからである。芳香族化合物の酸化で重要なのは、側鎖の酸化である。

トルエンに$KMnO_4$を作用させると、ベンゼン環でなく側鎖のメチル基が酸化されてカルボン酸 (安息香酸) を与える。下の反応例が示すように、エチル基も酸化開裂してカルボン酸に変換される。これに対して、*tert*-ブチル基は酸化されない。ベンジル位 (ベンゼン環に結合している炭素) に水素*4がある場合に酸化反応が進行する。ベンジル位の水素が酸化剤によって引き抜かれるラジカル機構で進行する。

*4　*tert*-ブチル基
4種類ある炭素数4のブチル基 (*n*-、*sec*-、*iso*-、*tert*-ブチル基) の一つである。IUPAC命名法では、1,1-ジメチルエチル基と呼ばれるが、慣用名の *tert*-ブチル基と呼ばれることが多い。立体的に嵩高いので特徴的な反応性を示すことが多い。

ベンジル位の臭素化も側鎖の重要な酸化反応である。トルエンに *N*-ブロモコハクイミド（NBS）を、アゾビスイソブチロニトリル（AIBN）や過酸化ベンゾイル（BPO）などのラジカル開始剤[*5]の存在下に作用させると、臭化ベンジルが得られる。この反応は AIBN や BPO から生じるラジカル種が引き金となって進行するラジカル反応である。

ラジカル開始剤
radical initiator

N-ブロモコハクイミド
NBS

AIBN (azobisisobutyronitrile)　　　BPO (benzoyl peroxide)

　ラジカル開始剤によって NBS から生じた臭素ラジカルがベンジル位の水素を引き抜き、ベンジルラジカルが生成する。ベンジルラジカルはベンゼン環と共鳴できるので安定化されている。同時に生成する HBr は NBS と反応してコハクイミドと臭素になり、臭素がベンジルラジカルと反応して臭化ベンジルを与える。この反応で生じる臭素ラジカルは、再びトルエンの水素を引き抜くことでラジカルの連鎖反応が続く。*tert*-ブチル基には引き抜かれる水素がないので反応が起こらないことが理解できる。

[*5]　アゾ化合物は光や熱によって二つの炭素ラジカルと窒素に分裂する。AIBN の場合は、シアノイソプロピルラジカルを発生する。BPO の場合は、ペルオキシド結合（-O-O-）が開裂して 2 分子のベンゾイルオキシラジカルとなるが、さらに二酸化炭素が脱離してフェニルラジカルとなる。

トルエン　　　　　　　　　　　　　ベンジルラジカル

NBS　　　　　　　　　　　　　　　コハクイミド

臭化ベンジル

4・4　芳香族化合物の還元

　ベンゼンの還元はアルケンの水素付加と比べて起こりにくい。本節では水素付加とバーチ還元について説明する。
　β-メチルスチレンに Pd 触媒の存在下に水素を反応させると、アルケン部分は還元されるがベンゼン環は水素化されない。**水素付加**は、Pt 触媒存

水素付加 hydrogenation

40 ┃ 第4章 ベンゼンと芳香族炭化水素の反応 (2) —その他の反応—

在下、高圧下、あるいは Rh 触媒のような強力な触媒を用いると進行する。

β-メチルスチレン　→（H₂, Pd 触媒）→　プロピルベンゼン

→（H₂, Pt 触媒／高圧　or　H₂, Rh 触媒／常圧）→　シクロヘキサン

　ベンゼンに金属 Na をアンモニア中で作用させるとベンゼンが還元され、1,4-シクロヘキサジエンを与える。$Na-NH_3$ による還元は**バーチ還元**と呼ばれ、アルキンの還元にも利用される（2・3節）。

→（Na, NH₃　C₂H₅OH）→　1,4-シクロヘキサジエン

　反応機構を以下に示す。$Na-NH_3$ から発生した電子がベンゼン環の π 結合に付加し、アニオンラジカルが初めに生成する。アニオンとラジカルは、電子的な反発が最も小さくなるようにパラ位に存在する。アニオンはアルコールからプロトンを引き抜いてラジカルとなる。ラジカルは再び $Na-NH_3$ から電子を受け取り、アニオンとなる。最後にアニオンがプロトン化されて 1,4-シクロヘキサジエンとなる。

アニオンラジカル

ラジカル　→（e⁻）→　アニオン　→（C₂H₅OH）→

アニソール anisole

*6　メトキシベンゼンとも呼ばれるが、慣用名のアニソールがよく用いられる。

　ベンゼン環のバーチ還元で合成的に有用な反応は、アニソール[*6]からシクロヘキセノンへの変換である。置換ベンゼンなので、電子が付加する位置によって二種類の異性体を与える可能性がある。実際に生成するのは、1-メトキシ-1,4-シクロヘキサジエン（C）である。中間体のアニオンラジカルの安定性を比較すると、アニオンラジカル A′ はメトキシ基からの電子の流れ込みによってラジカルが安定化されている。一方のアニオンラジカル B′ は酸素原子の付け根にアニオンが存在するので、不安定化されている。その結果、C が選択的に得られる。C を酸加水分解すると合成的に有用なシクロヘキセノンに変換される。

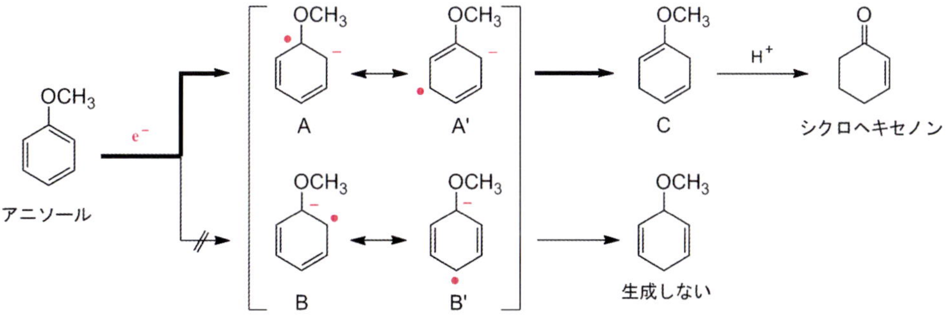

演習問題 41

OCH₃ / アニソール → e⁻ → [A ↔ A'] → C → H⁺ → シクロヘキセノン

[B ↔ B'] → 生成しない

演習問題

4·1 以下の芳香族求核置換反応の生成物の構造を示せ。

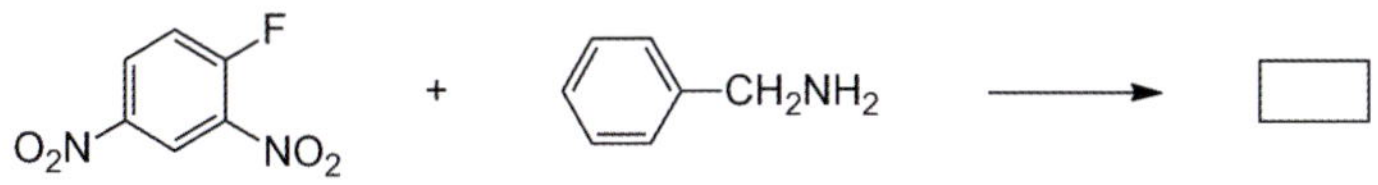

(a) （2,4-ジニトロフルオロベンゼン） + （ベンジルアミン CH₂NH₂） ⟶ ☐

(b) （2,4-ジニトロフルオロベンゼン） + （H₂N-CH(CH₃)-C(=O)-NH-CH₂-C(=O)-OCH₃） ⟶ ☐

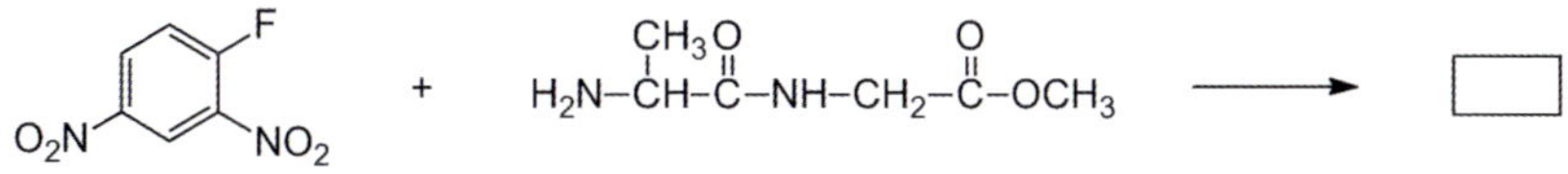

4·2 以下の反応で生成する可能性のある化合物の構造を示せ。

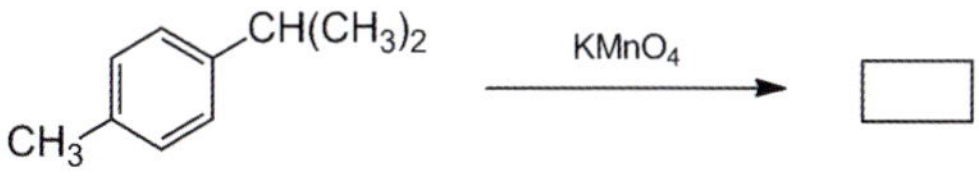

(a) （4-クロロトルエン） $\xrightarrow[NH_3]{KNH_2}$ ☐ + ☐

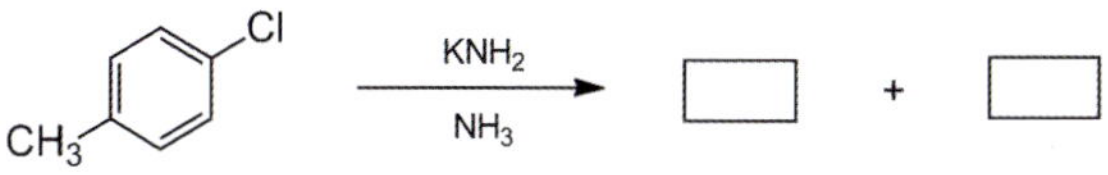

(b) （3-クロロトルエン） $\xrightarrow[NH_3]{KNH_2}$ ☐ + ☐ + ☐

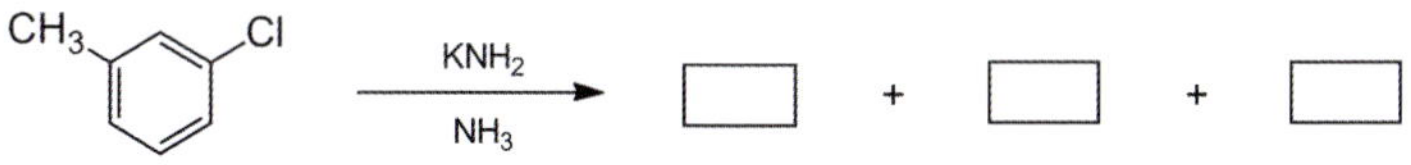

4·3 以下の芳香族化合物を $KMnO_4$ で酸化したときの生成物の構造を示せ。

(a) （4-イソプロピルトルエン） $\xrightarrow{KMnO_4}$ ☐

(b) （テトラリン） $\xrightarrow{KMnO_4}$ ☐

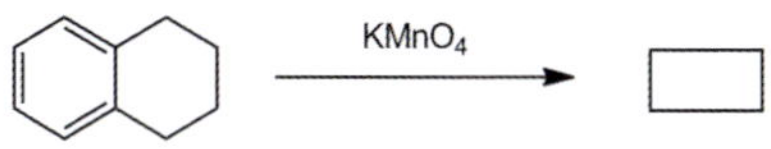

4·4 以下の芳香族化合物に、触媒量のアゾビスイソブチロニトリル（AIBN）存在下、N-ブロモコハクイミド（NBS）を反応させたときの生成物の構造を示せ。

(a) エチルベンゼン、 (b) p-イソプロピルトルエン、 (c) p-tert-ブチルトルエン

4·5 ベンゼン、アニソール（メトキシベンゼン）、安息香酸のバーチ還元（Na、液体アンモニア）において、反応性の高い順に並べよ。

第5章 ハロゲン化アルキルの反応

ハロゲン化アルキルは置換反応、脱離反応の重要な基質となる。炭素－ハロゲン結合は、炭素原子が $\delta+$、ハロゲン原子が $\delta-$ と分極しているので、炭素原子は求電子性を有し、ハロゲン原子は負電荷をもって脱離できる。その結果、ハロゲン化アルキルは、様々な求核剤との置換反応、塩基による脱離反応を起こす。また、ハロゲン化アルキルの構造によって異なる反応機構を経ることを学ぶ。

ハロゲン化アルキルは Mg と反応するとグリニャール試薬 (RMgX) となり、カルボニル基への付加反応 (7・3 節) など重要な中間体となる。

グリニャール試薬では炭素原子は負電荷の中心となっている。このように、ハロゲン化アルキルの炭素原子は求電子性、求核性の二つの役割をもっていることを学ぶ。

5・1 置換反応

5・1・1 求核置換反応の種類

ハロゲン化アルキル
alkyl halide

ハロゲン化アルキルの炭素－ハロゲン結合は、炭素原子が $\delta+$、ハロゲン原子が $\delta-$ と分極している。**求核置換反応**は、求核剤 Nu^- が $\delta+$ 性の炭素原子を攻撃して、Nu が脱離基 X と置き換わる反応である。Nu としては、酸素、窒素などが求核中心となるだけでなく、炭素も求核中心となる。有機化合物は炭素骨格でできているので、炭素骨格を構築する求核置換反応は最も重要な反応の一つとなっている。

$$\underset{\delta+\ \delta-}{{>}C{-}X} \ +\ Nu^- \xrightarrow{\ \text{求核置換反応}\ } {>}C{-}Nu\ +\ X^-$$

SN1 反応 SN1 reaction
（一分子求核置換反応
unimolecular nucleophilic
substitution reaction）

SN2 反応 SN2 reaction
（二分子求核置換反応
bimolecular nucleophilic
substitution reaction）

求核置換反応では、C－X 結合が開裂し、新たに C－Nu 結合が形成される。C－X 結合の開裂と C－Nu 結合の形成のタイミングによって、求核置換反応は **SN1 反応**と **SN2 反応**に分類される。S は substitution（置換）、N は nucleophilic（求核）を意味する。1 は一分子、2 は二分子に由来する（後述）。

SN1 反応では、初めに C－X 結合が開裂して中間体が生成し、次に求核剤 Nu^- が攻撃して C－Nu 結合が形成される。すなわち、結合の開裂と形成が段階的に進行する。

SN2 反応では、C－X 結合の開裂と C－Nu 結合の形成が同時に（協奏的に）起こる。

5・1 置換反応 43

S_N1 反応

>C−X ⟶ [>C⁺ + X⁻] —Nu⁻→ >C−Nu

C-X 結合が切れる　　中間体　　　C-Nu 結合が形成される

S_N2 反応

>C−X ＋ Nu⁻ ⟶ [Nu---C---X (δ−　δ−)] ⟶ Nu−C< ＋ X⁻

遷移状態

C-X 結合の切断とC-Nu 結合の形成が同時に起こる

　S_N1 反応と S_N2 反応の特徴 (反応速度、基質の構造、反応の立体化学など) を、以下の二つの反応例で詳しく説明する。

S_N1 反応

CH_3CH_2
H‒‒‒C−Br　＋　CH_3OH ⟶
CH_3
(S)-2-ブロモブタン

CH_3CH_2
H‒‒‒C-OCH_3　＋
CH_3
(S)-2-メトキシブタン
S体 (立体保持)

CH_2CH_3
CH_3O−C‒‒‒H
CH_3
(R)-2-メトキシブタン
R体 (立体反転)

S_N2 反応

CH_3CH_2
H‒‒‒C−Br　＋　CH_3−C(=O)−O⁻ Na⁺ ⟶
CH_3
(S)-2-ブロモブタン

CH_3−C(=O)−O−C(CH_2CH_3)‒‒‒H
CH_3
(R)-酢酸イソブチル
R体 (立体反転)

5・1・2 S_N1 反応

　(S)−2−ブロモブタンとメタノールの反応の反応速度は基質のハロゲン化アルキル (R−Br) の濃度によって決まり、求核剤の CH_3OH の濃度に関係しない。反応の**律速段階**に一分子 (R−Br) が関与しているので **S_N1 反応**と呼ばれる。

律速段階
rate determining step

$$反応速度 = k \times [R-Br]$$

　また、この反応では2−メトキシブタンがラセミ体の混合物として得られる。この二つの実験事実が S_N1 反応の重要な特徴である。

CH_3CH_2
H‒‒‒C−Br
CH_3
(S)-2-ブロモブタン

遅い →

左
[CH_2CH_3
C⁺
H CH_3　Br⁻]
カルボカチオン中間体
平面

CH_3OH
右　速い →

左
CH_3O⁺−C(CH_2CH_3)‒‒‒H
H　CH_3
−H⁺ →
CH_3O−C(CH_2CH_3)‒‒‒H
CH_3
R体 (立体反転)

右
CH_3CH_2
H‒‒‒C−O⁺CH_3
CH_3　H
−H⁺ →
CH_3CH_2
H‒‒‒C−OCH_3
CH_3
S体 (立体保持)

　S_N1 反応は、①C−Br 結合が開裂してカルボカチオン中間体が生じる、

② カルボカチオンに対してメタノールが攻撃する、という二段階で進行する。

カルボカチオンはsp²混成で平面構造をとる。左右対称なので、CH₃OHの攻撃は左側と右側から同じ確率で起こり、R体とS体[*1]の置換生成物がほぼ1：1の割合で生成する。したがって、2-メトキシブタンがラセミ体として得られる。

また、C−Br結合が開裂する段階が一連の反応の中で最も遅い段階（律速段階）である[*2]。律速段階にはハロゲン化アルキルだけが関与し、求核剤のメタノールは関与していない。したがって、全体の反応速度はハロゲン化アルキルの濃度によって決まる。

反応の推移をエネルギー図で示したのが下の図である。C−Br結合が切れつつある遷移状態1を経て、小安定なカルボカチオン中間体が生じる。遷移状態2は、カルボカチオンに対してメタノールが近づきC−O結合ができつつある段階で、最終生成物へと移る様子を示している。S_N1反応ではこのように二つの山（遷移状態）を越えなければならない。これらのうち、最初の山（遷移状態1）に至る活性化エネルギーの方が大きい。したがって、最初の山を越える段階がS_N1反応の中で一番遅く、律速段階となっている。

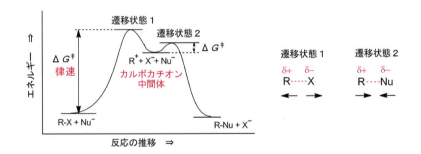

S_N1反応の速度は、カルボカチオン中間体に至る活性化エネルギー（$\Delta G^{\ddagger}$）によって決まり、$\Delta G^{\ddagger}$が小さくなれば速くなる。活性化エネルギーは、① カルボカチオン中間体が安定になれば、あるいは、② 基底状態（R−X、とNu⁻）のエネルギー順位が高くなれば小さくなる[*3]。

カルボカチオンは、第一級カルボカチオン、第二級カルボカチオン、第三級カルボカチオンと、置換基が多くなるにつれて安定になることをすでに学んだ。安定なカルボカチオンを与えるほど活性化エネルギーは小さくなり、S_N1反応が速くなる。したがって、S_N1反応の反応性は、第三級＞第二級≫第一級の順番になる。

---

*1　RS表示法

不斉炭素の絶対立体配置を示すために最もよく使われるのがRS表示法。

*2　律速段階

ある反応がいくつかの段階を経て進行するとき、各ステップの速度は異なっている。そのようなとき、最終物質が生成する速度は、最も遅い段階の速度によって決まる。そこで、速度を律する（決定する）段階という意味で「律速段階」と呼ばれる。喩えるなら、上の穴が狭く、下の穴が広い二段の砂時計を考えると分かりやすい。上の穴を通った砂は二番目の穴のところに溜まることなく下に落ちていく。その結果、砂が落ちる時間は最初の狭い穴で決まる。逆に、上の穴が広くて下の穴が狭い砂時計の場合、砂は下の穴の上で溜り、その結果、砂が落ちる時間は下の狭い穴で決まる。

*3　アレニウスの式

アレニウスが提出した反応速度を予測する式で、反応の速度定数kは以下のように表される。

$$k = A \exp\left(-\frac{E_a}{RT}\right)$$

A：温度に無関係な定数、R：気体定数、E_a：活性化エネルギー、T：絶対温度

SN1反応の反応性

第三級 ＞ 第二級 ＞ 第一級 ＞ メチル

脱離基 X について考える。ハロゲン化アルキルの反応性は、ヨウ化アルキル、臭化アルキル、塩化アルキル、フッ化アルキルの順番になる。ハロゲンイオンの安定性の順番と同じである。安定なハロゲンイオンを形成するほど、C−X 結合が切れやすく、活性化エネルギーが小さくなる。

脱離基の影響

$$R-I \quad > \quad R-Br \quad > \quad R-Cl \quad > \quad R-F$$

ハロゲンイオンだけでなく、スルホナートイオン（たとえば、p-トルエンスルホナート、メタンスルホナート）も優れた脱離基として活用される。これらのスルホン酸の pK_a 値は小さく、スルホナートイオンとして安定なので、優れた脱離基となる。

SN1 反応の代表的な例として、$tert$-ブタノールと臭化水素から臭化 $tert$-ブチルへの反応を示す。

p-トルエンスルホナート

メタンスルホナート

オキソニウムカチオン カルボカチオン

形式的にはヒドロキシ基（OH）が臭素で置換しているが、ヒドロキシ基がそのまま脱離してカルボカチオンが生成しているのではない。最初にヒドロキシ基に対してプロトン化が起こり、オキソニウムイオンを経由している。オキソニウムイオンから H_2O が脱離して $tert$-ブチルカチオンが生成する。H_2O の pK_a は 15.7 なので優れた脱離基ではないが、オキソニウムイオン（H_3O^+）の pK_a は −1.7 で、優れた脱離基となる。

溶媒も SN1 反応に影響を及ぼす。極性溶媒、特にプロトン性溶媒はカルボカチオン中間体を溶媒和により安定化することができるので、SN1 反応が速く進行する。

求核剤の種類は SN1 反応に影響を及ぼさない。求核剤は、律速段階を過ぎたカルボカチオン中間体を攻撃するからである。

5・1・3 SN2 反応

(S)-2-ブロモブタンと酢酸ナトリウム（AcONa）の反応の反応速度は、

基質のハロゲン化アルキル（R−Br）と求核剤（AcONa）の濃度の二次の速度式になる。したがって **S$_N$2 反応**と呼ばれる。

$$反応速度 = k \times [R-Br] \times [AcONa]$$

ハロゲン化アルキルの濃度が 2 倍になると反応速度は 2 倍に、また、AcONa の濃度が 2 倍になると反応速度は 2 倍になる。このことは、R−Br と AcONa の二つの分子が衝突する頻度が反応速度と比例していることを意味する。

S 体のハロゲン化アルキルから R 体の置換生成物が得られるので、反応する炭素上で立体が反転している。反応速度と反応の立体化学の結果から、S$_N$2 反応では、C−Br 結合の反対側から求核剤が攻撃すると同時に Br$^-$ が脱離している。求核剤が結合しつつ、脱離基が離れつつある状態が遷移状態である。遷移状態を喩えると、傘がひっくり返って反転する真ん中の状態で、炭素に結合しているエチル基、メチル基、水素原子は平面配置をとっている。

反応の推移をエネルギー図で示したのが以下の図である。S$_N$2 反応では中間体は存在せず、一つの山（遷移状態）を通って生成物を与える。遷移状態は中間体と異なり、取り出すことはできず、仮想の状態である。反応速度は、基底状態と遷移状態のエネルギー差（$\Delta G^\ddagger$：活性化エネルギー）によって決定される。

活性化エネルギーを小さくする要因、遷移状態のエネルギーを小さくする要因は、S$_N$2 反応を促進する。二つの分子の反応点が近づかなければならず、立体的な反発が小さいほど S$_N$2 反応は進行しやすい[*4]。

したがって、基質の構造としては、メチル基、第一級、第二級の順番で反応性は低くなる。第三級の基質では S$_N$2 反応は進行しない。しかし、第三級の基質は S$_N$1 反応の良い基質なので、問題にはならない。第一級ハロ

ゲン化アルキルでも、ネオペンチル基の反応性は極めて低い。求核剤がC－X結合の反対側から近づこうとしても、隣の炭素のメチル基が常に**立体障害**[*5]となって邪魔するからである。一方、第一級ハロゲン化アルキルなので、S_N1反応も進行しにくい。

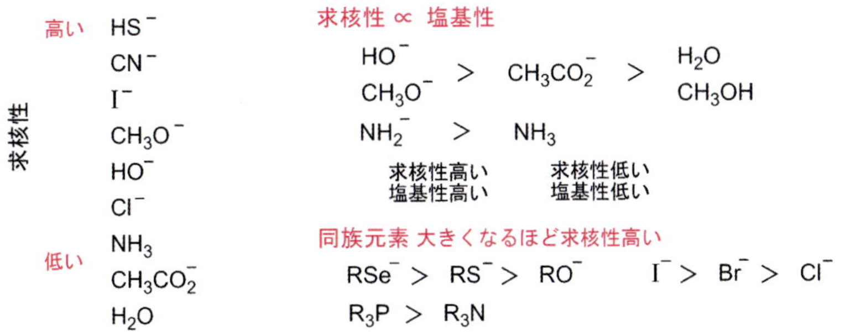

立体障害 steric hindrance

[*5] 立体障害
反応点同士が近づくことができなければ、いくら反応性が高くても目的の反応は起こらない。立体的に嵩高いグループとしては *tert*-ブチル基、イソプロピル基、メシチル基（2,4,6-トリメチルフェニル基）などがある。また、立体障害を利用することによって、選択的な反応（立体的に空いている面から反応剤が近づいたり、同じ官能基でも一方の官能基だけ反応させることなど）も可能となる。

S_N2反応の反応性

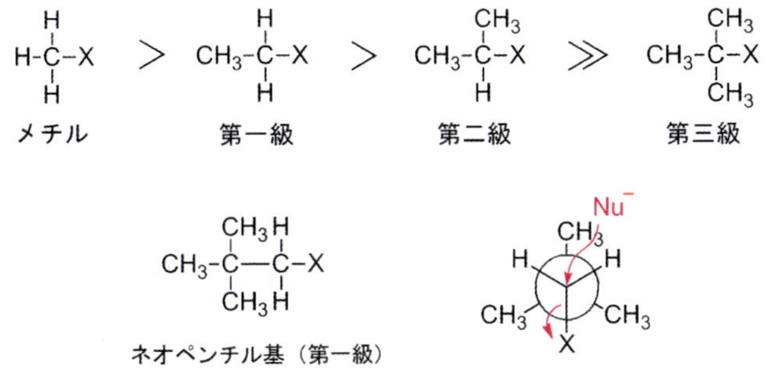

脱離基Xの影響は、S_N1反応の場合とほぼ同じである。ヨウ素イオン、臭化物イオン、スルホネートイオンなどが優れた脱離基となる。

　基質の構造とともに、S_N2反応では求核剤の反応性が重要となる。この点はS_N1反応と大きく異なっている。ここで、代表的な求核剤と反応性の違いについて説明する。

　主な求核剤の求核中心は、酸素原子、窒素原子、硫黄原子、ハロゲンイオン、炭素原子である。下の図で、炭素原子が求核中心となっているのはシアニドイオン（CN^-）だけであるが、他にも炭素原子が求核剤となる重要な例は数多くある。炭素求核剤との反応は炭素－炭素結合を形成するので合成的に重要である（2・3・3項、9・3節など）。

　塩基性はプロトン（H^+）との親和性で、求核性は求電子的な炭素原子（C^+）との親和性と考えることができる。したがって、求核性と塩基性には相関関係がある。塩基性が高いほど求核性も高く、逆に、塩基性が低いと求核性も低い。

　酸素原子が求核中心となっているOH^-、$CH_3CO_2^-$、H_2Oの求核性の順番は、塩基性の順番と一致している。同様に、窒素原子が求核中心となるNH_2^-とNH_3の順番も塩基性の順番となっている。

求核性

高い　HS^-
　　　CN^-
　　　I^-
　　　CH_3O^-
　　　HO^-
　　　Cl^-
低い　NH_3
　　　$CH_3CO_2^-$
　　　H_2O

求核性 ∝ 塩基性

HO^- > $CH_3CO_2^-$ > H_2O
CH_3O^-　　　　　　　　CH_3OH

NH_2^- > NH_3

求核性高い　　求核性低い
塩基性高い　　塩基性低い

同族元素 大きくなるほど求核性高い

RSe^- > RS^- > RO^-　　　I^- > Br^- > Cl^-

R_3P > R_3N

同族元素の場合、周期表の下にいくほど（原子が大きくなればなるほど）求核性は高くなる。16 族では、RSe⁻ > RS⁻ > RO⁻ の順番、15 族では、R₃P > R₃N の順番になる。ハロゲンイオンでも I⁻ が一番反応性が高い。

本節の最後に、S_N1 反応と S_N2 反応の違いをまとめておく。

S_N1 反応	S_N2 反応
中間体を経由する二段階の反応	一段階の反応
第三級 > 第二級 ≫ 第一級	第一級 > 第二級 ≫ 第三級
反応点の立体化学は保持と反転の両方	反応点の立体化学は反転
求核剤の違いは反応速度に影響しない	反応性の高い求核剤ほど反応速度が増大

5・2　脱離反応

5・2・1　脱離反応の種類

脱離反応 elimination reaction

ハロゲン化アルキルから HX が脱離するとアルケンが得られる。**脱離反応**では、C−H 結合と C−X 結合の二つの σ 結合が開裂し、新たに炭素−炭素二重結合が形成される。この過程で、H はプロトン（H⁺）として、ハロゲン原子は X⁻ として脱離している。

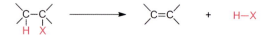

求核置換反応には S_N1 反応と S_N2 反応の二つの反応形式があることを学んだが、脱離反応にも **E1 反応**、**E2 反応**の二つの反応形式がある。E1、E2 反応の E は elimination（脱離）の略である。1、2 は、S_N1、S_N2 の場合と同様で、それぞれ、unimolecular（一分子）、bimolecular（二分子）を意味する。その他にも E1cB 反応（conjugate base の E1 反応の意味）、Ei 反応（分子内脱離反応）に分類される反応形式もある。

E1 反応 E1 reaction
（一分子脱離反応 unimolecular elimination reaction）

E2 反応 E2 reaction
（二分子脱離反応 bimolecular elimination reaction）

Ei 反応 Ei reaction
（分子内脱離反応 intramolecular elimination reaction）

脱離反応では、上述したように二つの σ 結合が開裂して新たに炭素−炭素二重結合が形成される。二つの σ 結合の開裂と π 結合の形成のタイミングの違いによって、脱離反応は E1、E2、E1cB 反応に分類される。

E1 反応は、① C−X 結合が開裂してカルボカチオン中間体が生成し、② カルボカチオンから C−H 結合が開裂するとともに π 結合が形成される、二段階の反応である。E2 反応は、二つの σ 結合の開裂と π 結合の形成が同時に進行する一段階の反応である。E1cB 反応は、① C−H 結合が開裂して（プロトンが引き抜かれ）カルボアニオン*⁶ 中間体が生成し、② カルボアニオンから C−X 結合が開裂するのに伴って π 結合が形成される反応である。プロトンが引き抜かれたカルボアニオンは原料の共役塩基（conjugate base）なので、E1cB 反応と呼ばれる。

カルボアニオン carbanion

＊6　カルボアニオン
炭素原子上に負電荷をもつアニオンをカルボアニオン（カルバニオン）という。カルボアニオンの炭素原子は非共有電子対を含むので、sp³ 混成をしている。

5・2 脱離反応　49

E1反応

遅い
律速段階　　　　　　速い

① C-X結合が切れる　　　中間体　　　②H⁺ が脱離し、π結合が形成される

E2反応

C-H結合、C-X結合の開裂とπ結合の形成が同時に起こる

遷移状態　　　　　　　　　　B⁻：塩基

E1cB反応

速い平衡　　　　　　　遅い
律速段階

① C-H結合が切れる　　　中間体　　　②X⁻ が脱離し、π結合が形成される

　この3種類の反応のうち、E1cB反応は例が少ない。そこで、より一般的なE1反応とE2反応の特徴（反応速度、基質の構造、脱離の方向など）を、以下の二つの反応例を用いて説明する。

E1反応

$CH_3CH_2-\underset{\underset{Br}{|}}{\overset{\overset{CH_3}{|}}{C}}-CH_3$ ＋ H_2O ⟶ 2-メチル-2-ブテン ＋ H_3O^+ ＋ Br^-

2-ブロモ-2-メチルブタン　　　　　　　　　2-メチル-2-ブテン

E2反応

$CH_3CH_2-\underset{Br}{\overset{|}{C}}H-CH_3$ ＋ NaOH ⟶ 2-ブテン ＋ H_2O ＋ NaBr

2-ブロモブタン　　　　　　　　　　　　　2-ブテン

5・2・2　E1反応

　2-ブロモ-2-メチルブタンと水の反応の反応速度は、基質のハロゲン化アルキル（R−Br）の濃度によって決まる。

$$反応速度 = k \times [R-Br]$$

　E1反応では、① 炭素−ハロゲン結合が開裂し、カルボカチオン中間体が生じる。この段階が最も遅い段階（律速段階）なので、反応速度はR−Brの一次式になる。続いて、② カルボカチオン中間体からプロトンが脱離してアルケンが生成する。カルボカチオンに隣接する二つの炭素原子にはともに水素原子が存在するので、どちらの炭素からもプロトンの脱離が可能である（path **a** と path **b**）。path **a** の経路を通ると 2-メチル-2-ブテンが、path **b** を通ると 2-メチル-1-ブテンが生成する。実際には、2-メチル-2-ブテンが主生成物として得られる。

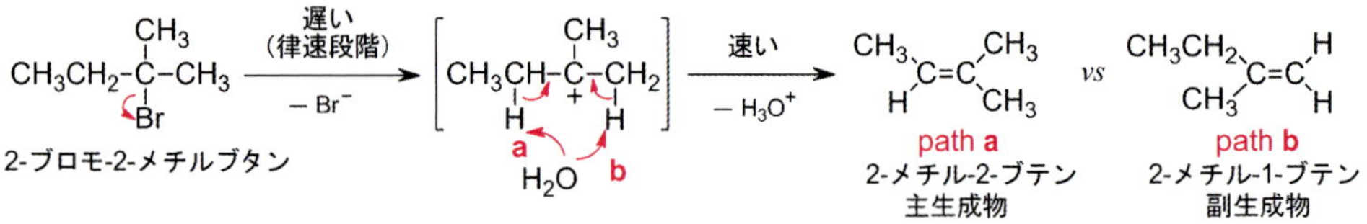

2-メチル-2-ブテンが優先して得られるのは、2-メチル-1-ブテンよりも熱力学的に安定だからである。2-メチル-2-ブテンは三置換アルケンなのに対し、2-メチル-1-ブテンは一置換アルケンである。脱離反応で「より多置換のアルケン」が優先的に生成するという経験則は**ザイツェフ則**と呼ばれる。

ザイツェフ則 Saytzeff rule

E1 反応では、カルボカチオン中間体を生じる段階が律速段階となっている。したがって、カルボカチオンが安定なほど E1 反応は速く進行する。脱離基も E1 反応に影響を及ぼす。SN1 反応と同様に反応性は、R−I ＞ R−Br ＞ R−Cl ≫ R−F の順番で、その他にトシラート（R−OTs）、メシラート（R−OMs）などのスルホン酸エステル誘導体も脱離反応の基質として用いられる。

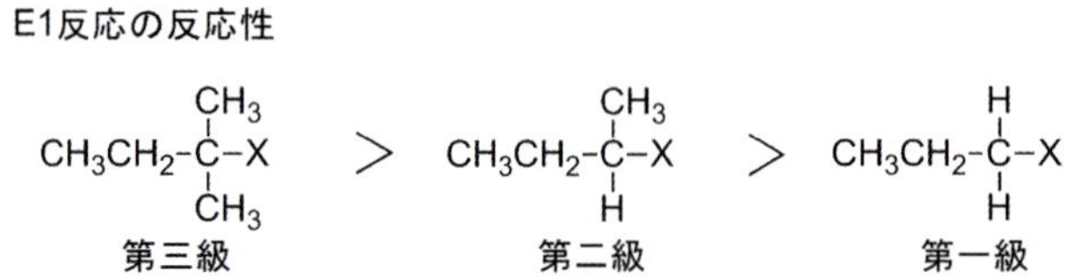

E1反応の反応性

5・2・3 E2 反応

2-ブロモブタンと NaOH の反応の反応速度は、基質のハロゲン化アルキル（R−Br）と塩基（NaOH）の濃度の二次の速度式となる。

$$反応速度 = k \times [R−Br] \times [NaOH]$$

2-ブロモブタンの脱離反応では、OH⁻ によるプロトンの引き抜き、π 結合の形成、Br⁻ の脱離、このすべての段階が同時（協奏的）に起こる。それゆえ、次ページ上の図の遷移状態では、開裂する結合、生成する結合を点線で示した。2-ブロモブタンも、脱離可能なプロトンは C1 位と C3 位の 2ヶ所ある。実際には、より多置換のザイツェフ則に則った 2-ブテンが主生成物として得られる。

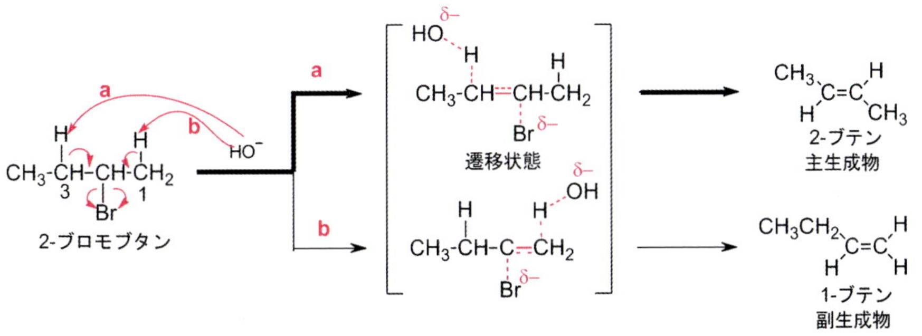

主生成物の 2-ブテンには、*trans*-2-ブテンと *cis*-2-ブテンの 2 種類の異性体が存在する。反応式に示してあるように、この脱離反応では *trans*-2-ブテンが生成し、*cis*-2-ブテンはほとんど生成しない。*trans* 体、*cis* 体を与える遷移状態を比較して、なぜ *trans* 体が優先的に得られるかを考えてみる。

E2 反応では、C−H の**結合性軌道**(C−Hσ) と C−Br の**反結合性軌道**(C−Brσ^*) が相互作用して π 結合ができる。二つの軌道が同一平面上にあるとき、これらの軌道は捻れることなく π 結合になるので電子的に有利である。さらに、立体的な要因を考えると、C−H 結合と C−Br 結合が反対側になった立体配座が有利となる。このような脱離機構をアンチ(***anti***)**脱離**と呼ぶ。同一平面上にあることから、アンチコプラナー(*anti* coplanar)とも呼ばれる[*7]。*anti* は「反対」、co は「同一」、planar は「平面」に由来する。

結合性軌道 bonding orbital
反結合性軌道
antibonding orbital
アンチ脱離 *anti* elimination

[*7] 「アンチコプラナー」と同じ意味で、「アンチペリプラナー(*anti periplanar*)」という術語がしばしば用いられている。しかし、「peri」は「周辺」という意味なので、「アンチコプラナー」の方が適切と考える。同様に本書では、同一平面上で同じ側(シン;*syn*)にある関係を「シンコプラナー」と呼ぶ(5・2・5 項)。

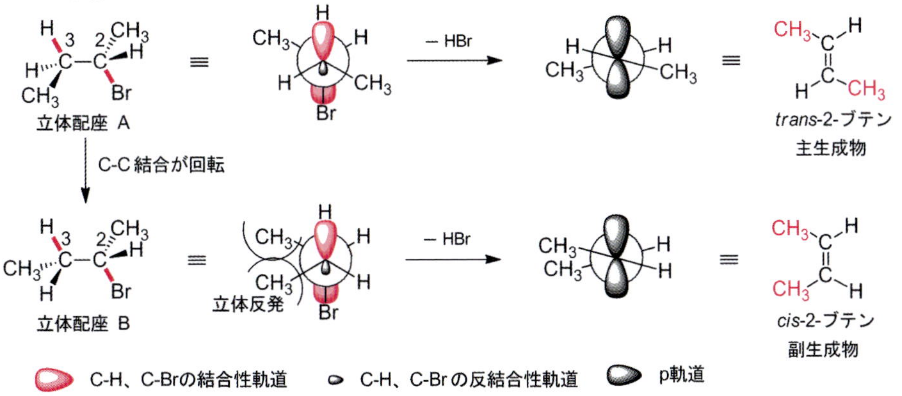

2-ブロモブタンの C2−C3 結合は自由に回転できる。上の図に示すように、C2 位の立体化学を固定して C2−C3 結合を回転させたとき、C−H 結合と C−Br 結合がアンチの関係になる立体配座は 2 種類(立体配座 A と立体配座 B)ある。これらの立体配座を C3 位から C2 位の方向に眺めたニューマン投影式を比較する。立体配座 A では二つのメチル基はアンチの

52 ┃ 第5章 ハロゲン化アルキルの反応

＊8 ゴーシュ
ブタン（CH₃CH₂CH₂CH₃）の C2
－C3 結合は常に回転している。
ニューマン投影式で C1 のメチ
ル基と C4 のメチル基が 60 度
の場合、ゴーシュ（gauche）の
関係にあるという。180 度の場
合はアンチ（anti）、0 度（重な
り合う）の場合はエクリプス
（eclipsed）の関係にあるという。

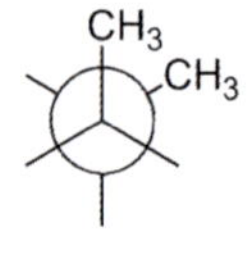

ゴーシュ形 　　アンチ形

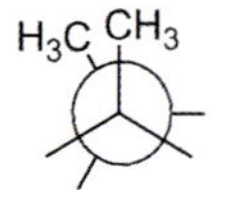

エクリプス形

関係にあるのに対し、立体配座 B ではゴーシュ＊8の関係にある。脱離反応
が進行するにつれて二つのメチル基は同一平面に近づくので、立体反発が
さらに増す。したがって、2-ブロモブタンの E2 反応では、立体配座 A を
経由する脱離が優先し、*trans*-2-ブテンを主生成物として与える。

　開裂する二つの結合が同一平面上にあると電子的に有利であると述べ
た。反対側だけでなく、同じ側に位置しても同一平面上（シンコプラナー
と呼ばれる）になりうる。下図の立体配座 C、D の場合である。しかし、こ
れらの立体配座のニューマン投影式を描くと、重なり形になるので立体反
発が大きく、エネルギー的に不利となる。シン脱離は E2 反応では不利な
機構であるが、Ei 反応では重要な脱離機構となる（5・2・5 項）。

シン脱離

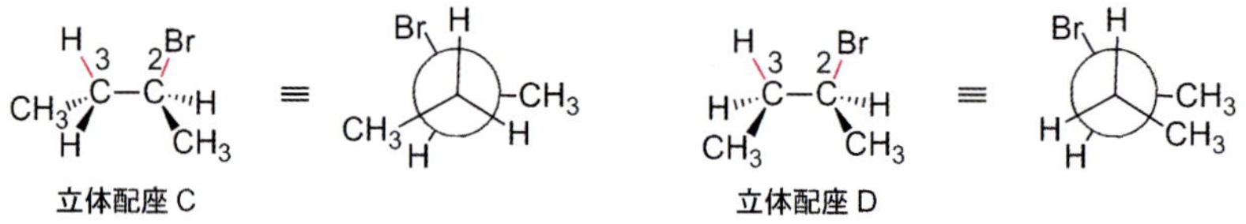

立体配座 C　　　　　　　　　　　　立体配座 D

　E2 反応のポイントは、① 開裂する二つの σ 結合が「反対側」で「同一平
面上」となった立体配座から起こり、② 二つの σ 結合の開裂と π 結合の形
成がすべて協奏的（同時）に起こることである。

　2-ブロモ-3-メチルペンタンの 2 種類の異性体 2*S*,3*S* 体と 2*R*,3*S* 体の
E2 反応を示す。C－H と C－Br がアンチコプラナーとなるようにニュー
マン投影式を描くと、2*S*,3*S* 体からは *E* アルケンが生成し、2*R*,3*S* 体か
らは *Z* アルケンが生成すると予想できる。実験事実も予想通りで、アンチ
脱離の反応機構を支持する。

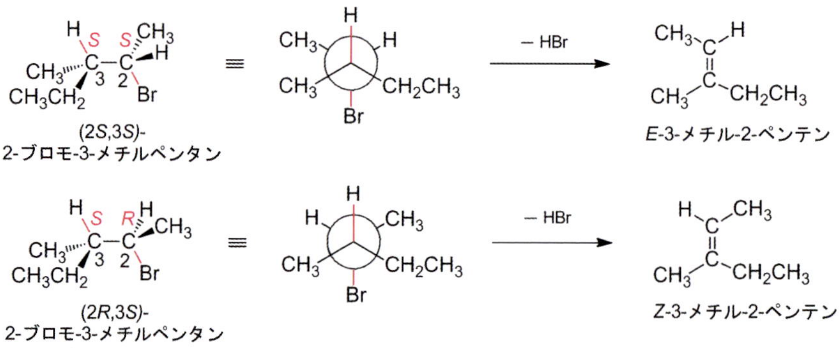

(2S,3S)-
2-ブロモ-3-メチルペンタン　　　　　　　　　　　　　　　　E-3-メチル-2-ペンテン

(2R,3S)-
2-ブロモ-3-メチルペンタン　　　　　　　　　　　　　　　　Z-3-メチル-2-ペンテン

　もし、この脱離反応が E1 反応であるとすると、2 種類の異性体から同じ
カルボカチオンが中間体として生じるので、同じ生成物を与えるはずであ
る。

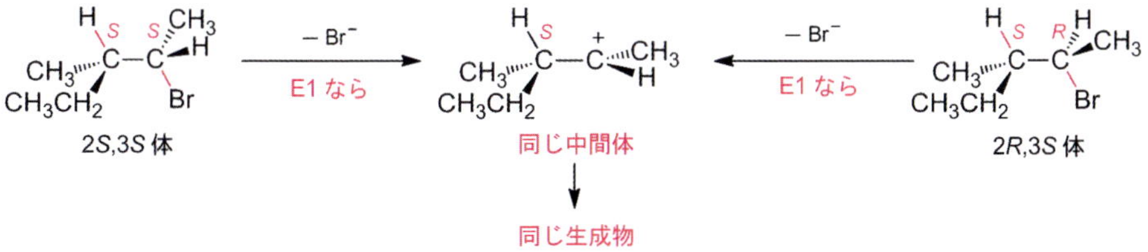

5・2 脱離反応　53

このように、出発物質の立体化学が生成物の立体化学に反映されていることを立体特異的と呼ぶ（第2章コラム参照）。

立体特異的 stereospecific

5・2・4　競争反応：S_N1 反応 *vs* E1 反応、S_N2 反応 *vs* E2 反応

ハロゲン化アルキルの求核置換反応（S_N1 反応、S_N2 反応）と、脱離反応（E1 反応、E2 反応）を学んだ。S_N1 反応と E1 反応は、初めに X が脱離し、カルボカチオン中間体が生じる。カルボカチオンに求核剤が攻撃すれば置換生成物を、カルボカチオンからプロトンが脱離すれば脱離生成物を与える。

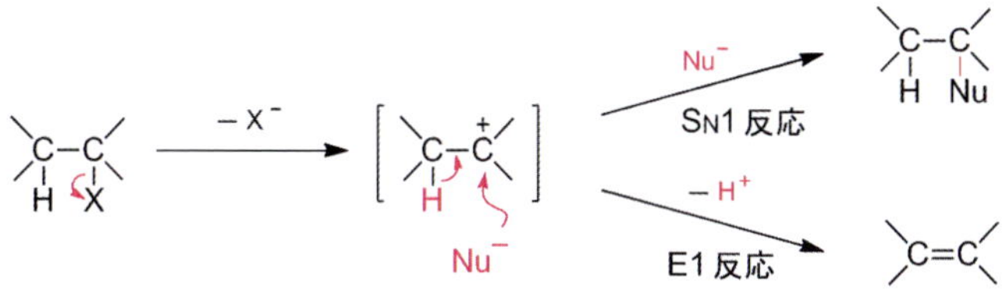

ナトリウムエトキシド（$NaOCH_2CH_3$）は求核剤であると同時に塩基でもある。したがって、基質と求核剤（塩基）の組合せによっては、S_N2 反応と E2 反応が競争的に進行する場合がある。

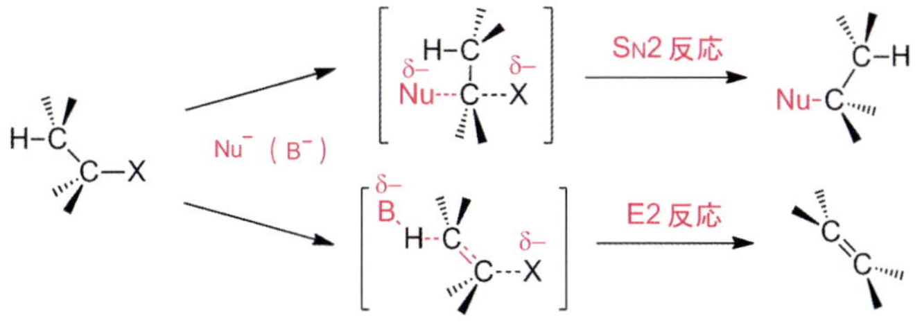

どちらの反応が優先的に起こるのかを予測できれば、目的に応じた基質、試薬を選択できる。そのためには、基質、試薬の傾向をつかむことが大切である。以下、求核置換反応と脱離反応における、① ハロゲン化アルキルの構造（第一級 〜 第三級ハロゲン化アルキル）と、② 求核剤／塩基の種類による反応性の違い（求核性の高低、塩基性の強弱）の傾向について説明する。

第一級カルボカチオンは安定でないので、第一級ハロゲン化アルキルは

S_N2 反応と E2 反応の可能性が高い。特に第一級ハロゲン化アルキルは立体的な反発が小さいので、S_N2 反応が最も起こりやすい。したがって、CH_3O^- のように高い求核性、強塩基性の反応剤を作用させると、S_N2 反応が優先して起こる。一方、中性のメタノール（CH_3OH）は求核性が高くなく、塩基性も弱いので第一級ハロゲン化アルキルと反応しない。

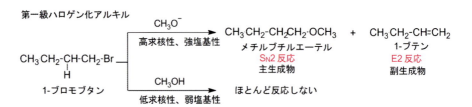

第三級ハロゲン化アルキルは、容易にハロゲンイオンが脱離して安定なカルボカチオンを生じる。強塩基を作用させると、S_N1 反応に優先して E1 反応が進行し、脱離生成物をほぼ選択的に与える。塩基性の弱いエタノール（CH_3CH_2OH）を用いると、S_N1 反応と E1 反応が競争的に進行し、脱離生成物と置換生成物の混合物を与える場合が多い。

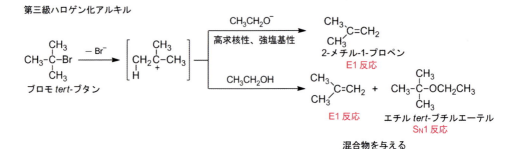

第二級ハロゲン化アルキルの場合、第一級、第三級ハロゲン化アルキルのような顕著な特徴は認められず、脱離反応と置換反応が競争的に起こる。

上の図では、メタノール（CH_3OH）、エタノール（CH_3CH_2OH）、あるいはそれらのアルコキシドイオン（CH_3O^-、$CH_3CH_2O^-$）を求核剤、塩基として用いた例を示した。

アルコキシドイオンは高い求核性と強い塩基性を有しているので、置換反応と脱離反応が競争的に起こる。しかし、同じアルコキシドイオンでも t-ブタノール由来の t-ブトキシドイオン（$(CH_3)_3CO^-$；$t\text{-}BuO^-$）は、塩基性は強いが、立体的に嵩高いので求核性は低い。その他、ジアザビシクロウンデセン（DBU）のような有機塩基も求核性が低いので、E2 反応で塩基としてよく用いられる。

アジドイオン（N_3^-）、シアニドイオン（CN^-）、ヨードイオン（I^-）、チオラートイオン（RS^-）などは塩基性が弱く、優れた求核剤としてよく用いられている。

5・2 脱離反応　55

求核性が低い強塩基

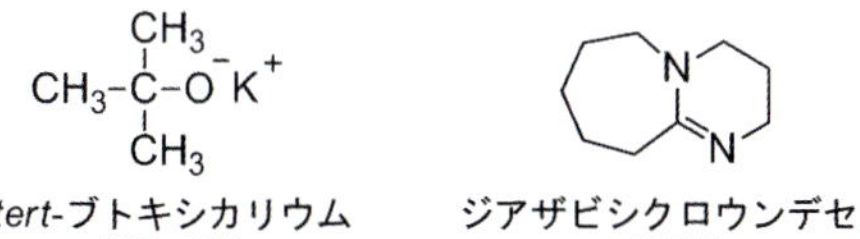

CH₃-C-O⁻K⁺ （CH₃ が上下に結合）
tert-ブトキシカリウム
（*t*-BuOK）

ジアザビシクロウンデセン
（DBU）

塩基性が弱い優れた求核剤

N_3^- 　　^-CN 　　I^- 　　RS^-
アジドイオン　シアニドイオン　ヨードイオン　チオラートイオン

5・2・5　Ei 反応

Ei 反応は分子内の脱離反応で、分子内に存在する「塩基」がプロトンを引き抜く。この際、E2 反応と同様に、開裂する二つの結合は同一平面上に位置する遷移状態を経る。しかし、環の員数が充分に大きくない場合、E2 反応のように「塩基」が脱離基の反対側から攻撃（アンチコプラナー）することはできない。そのため立体的な反発は高くなるが、同じ側からシンコプラナー遷移状態を経由して脱離反応が進行する（シン脱離）[*9]。以下の図に二つの例を示す。

上の例はバージェス試薬を用いるアルコールの脱水反応である。ヒドロキシ基がトリエチルアンモニウムと置き換わった中間体が初めに生じ、次に N⁻ がプロトンを引き抜きながらスルファミン酸が脱離してアルケンを与える。

下の例はセレノキシドの脱離反応である。たとえばフェニルセレニドを酸化してセレノキシドにすると、室温以下で速やかにセレノキシドの脱離が起こりアルケンを与える。いずれの場合も、ニューマン投影式に描いたような遷移状態を経由し、いずれの反応も原料の立体化学が生成物の立体化学に反映されるので、立体特異的な反応である。

＊9　シン脱離
脱離反応では、開裂する二つの σ 結合がそのまま π 結合に移行するので、σ 結合は同一平面にあることが電子的に有利となる。Ei 反応の場合、アンチ形からの脱離はできないので、立体的には不利であっても電子的に有利なシン脱離が進行する。

シン脱離

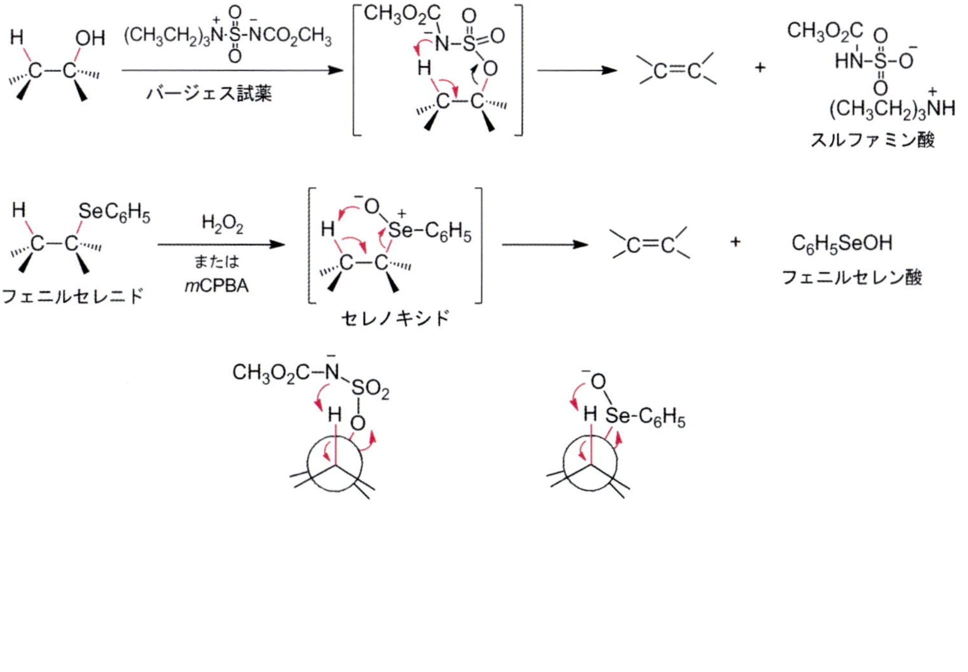

56 ┃ 第5章 ハロゲン化アルキルの反応

5・3 グリニャール試薬の調製と反応

グリニャール試薬
Grignard reagent

ハロゲン化アルキル (R−X) に金属 Mg をエーテル中で反応させると**グ
リニャール試薬** (R−MgX) が生成する。この過程で Mg は 0 価から 2 価に
酸化され、ハロゲン化アルキルの C−X 結合に Mg (0 価) が酸化的に挿入
したと考える。ハロゲン化アルキルだけでなく、ハロゲン化アルケニル、
ハロゲン化アリールなども同様にグリニャール試薬に変換できる。

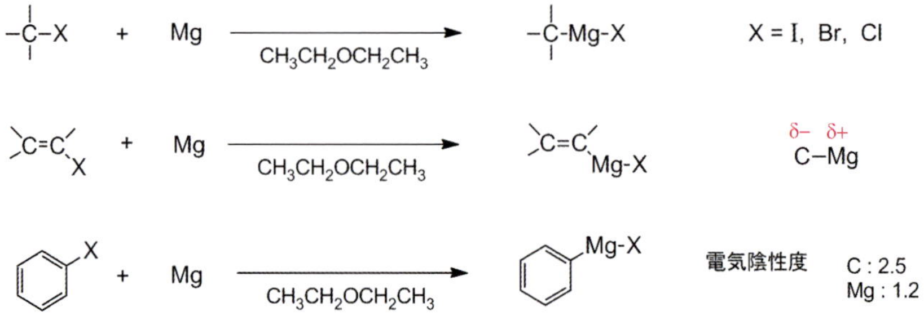

炭素とマグネシウムの電気陰性度はそれぞれ 2.5 と 1.2 で、炭素の方が
大きい。したがって、C−Mg 結合は C が $\delta-$、Mg が $\delta+$ と強く分極し、
求核剤および塩基として作用する。

グリニャール試薬の最も重要な反応は、炭素アニオン (カルボアニオン)
としてカルボニル化合物に求核付加する反応である (7・3 節参照)。本節で
は、塩基として水、アルコールなどの求電子剤と反応する例についてのみ
記す。

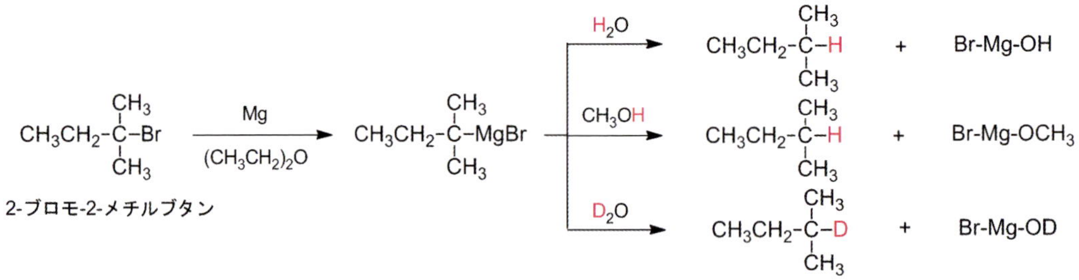

グリニャール試薬は塩基として水やメタノールのプロトンを引き抜き、
アルカンと水酸化マグネシウム、あるいはメトキシマグネシウム誘導体を
与える。重水を反応させると D 体となる。エタンの水素の酸性度 (pK_a) は
約 50 で、グリニャール試薬はエタンの共役塩基とみなすことができる。メ
タノールのプロトンの酸性度 (pK_a) は約 16 である。グリニャール試薬と
アルコールの反応は酸と塩基の反応といえる。すなわち、「弱い酸の共役塩
基」(エタンの Mg 体) と「強い酸」(メタノール) の反応は、「弱い酸」(エ
タン) と「強い酸の共役塩基」(メタノールの Mg アルコキシド) になる。

演習問題 57

$$CH_3CH_2\overset{-}{M}g\overset{+}{Br} \quad + \quad H{-}O{-}CH_3 \quad \longrightarrow \quad CH_3CH_2H \quad + \quad BrMg{-}O{\cdot}CH_3$$

臭化エチルマグネシウム　　　　pK$_a$ 15.5　　　　　　　　pK$_a$ 50

このように、グリニャール試薬は酸性なプロトンを有する化合物と反応するので、グリニャール試薬の調製、反応はジエチルエーテル、テトラヒドロフラン*8などエーテル系溶媒中で行われる。

グリニャール試薬とプロピン（メチルアセチレン）の反応も同様に酸と塩基の反応である。アセチレンの水素の pK$_a$ は約 25 なので、臭化エチルマグネシウムを作用させると、エタンとプロピンの Mg 体になる。マグネシウムアセチリドは、炭素求核剤として有用な中間体である。ハロゲン化アルキルと S$_N$2 反応すると、新しい炭素−炭素結合が形成されながら炭素骨格を伸長することができる。

*8　テトラヒドロフラン
（tetrahydrofuran；THF）

$$CH_3CH_2\overset{-}{M}g\overset{+}{Br} \quad + \quad H{-}C{\equiv}C{-}CH_3 \quad \longrightarrow \quad CH_3CH_2H \quad + \quad BrMg{-}C{\equiv}C{-}CH_3$$

臭化エチル　　　　　　プロピン　　　　　　　pK$_a$ 50　　　　炭素求核剤として有用
マグネシウム　　　　　pK$_a$ 25

$$CH_3{-}C{\equiv}\overset{-}{C}{-}MgBr \quad + \quad \underset{CH_3}{\overset{CH_3CH_2}{H{-}C{-}Br}} \quad \xrightarrow{S_N2反応} \quad CH_3{-}C{\equiv}C{-}\underset{CH_3}{\overset{CH_2CH_3}{C{-}H}} \quad + \quad MgBr_2$$

演習問題

5・1　(S)-3-ブロモ-3-メチルヘキサンをメタノール中で反応させた。生成物の構造を示せ。

（構造式）　　　+　　CH$_3$OH　　$\longrightarrow$　　生成物

5・2　(S)-2-ブロモヘキサンに、青酸ナトリウム (NaCN)、酢酸カリウム (CH$_3$CO$_2$K) をそれぞれ反応させた。それぞれの生成物の構造を示せ。

5・3　1-メチルシクロヘキサノールに臭酸、硫酸をそれぞれ反応させた。それぞれの生成物の構造を示せ。

5・4　3-ブロモ-2,3-ジメチルペンタンと硫酸を反応させた。生成する可能性のある化合物の構造をすべて示せ。また、主生成物と予想される化合物はどれか。

5・5　立体異性体の関係にある以下の二つのハロゲン化合物に KOH を作用させて E2 脱離を行った。それぞれの生成物の構造を示せ。

(a)　（構造式）　CH$_3$ / Br　　　　(b)　（構造式）　CH$_3$ / Br

58 第5章　ハロゲン化アルキルの反応

5・6 立体異性体の関係にある以下の2種類のフェニルセレニド化合物に過酸化水素を作用させて脱離反応を行った。それぞれのフェニルセレニド化合物について、可能性のある生成物の構造を示せ。

(a) (b)

COLUMN	ハロゲン化アルキルとアルキルスルホナート

　ハロゲン化アルキルと同様にアルキルスルホナート (スルホン酸エステル) も、求核置換反応、脱離反応の基質としてよく用いられることを本文中に述べた (たとえば5・1・2項)。p-トルエンスルホン酸、メタンスルホン酸のpK_aはそれぞれ -2.8、-1.9 と強い酸性なので、充分な脱離能があることが理解できる。

　アルキルスルホナートはアルコールと塩化スルホニルから容易に調製することができ、ハロゲン化アルキルとの比較についても第6章で詳細に記載されている。

R–O–S–CF₃　　　(R–OTf)

トリフルオロメタン
スルホナート

Sn(OTf)₂	スズトリフラート
Zn(OTf)₂	亜鉛トリフラート
(CH₃)₃SiOTf	トリメチルシリルトリフラート

　最も汎用されているのは、p-トルエンスルホナートやメタンスルホナートであるが、より強力な脱離能を有するトリフルオロメタンスルホナート (トリフラートとも呼ばれる) もしばしば用いられる。トリフルオロメタンスルホン酸は、ハメットの酸度関数[*](-14.9) での比較では濃硫酸の 1,000 倍という強い酸性を示し、超強酸として用いられる。脱離能が優れているため S_N1 反応が起こりやすいという欠点もあるが、糖のヒドロキシ基の立体化学を反転させるときなどに利用されている。

　また、トリフルオロメタンスルホン酸は、金属塩の対イオンとしても利用される。たとえば、Sn(OTf)₂、Zn(OTf)₂、(CH₃)₃SiOTf などが知られている。電子求引性のトリフルオロメタンスルホニル基が結合しているため、これらは強力なルイス酸として活用されている。

---

[*]　pH が 0 以下の場合や、有機溶媒を含む溶液中の酸性度を定量的に議論できるように考えられたもの。

第6章 アルコール・エポキシドの反応

　アルコールは、置換、脱離、酸化など様々な反応の出発物質として利用され、以下の各章で取り上げるアルデヒド・ケトン、カルボン酸誘導体などとともに、酸素原子を含む最も一般的で重要な化合物である。本章では、アルコールからハロゲン化アルキルへの置換反応、アルコールの脱離反応（脱水反応）、酸化反応について学ぶ。

　また、アルコールのヒドロキシ基をアルキル化して得られるエーテルの合成と反応について学ぶ。特に3員環エーテルのエポキシドは、高い歪みのため通常のエーテルと異なり、反応性の高い合成中間体として有用である。最も代表的なエポキシドの開環反応についても学ぶ。

6・1　アルコールからハロゲン化アルキルへの変換

　ハロゲン化アルキルは、アルカン、アルケンから様々な方法で得ることができる（第2章）。本節では、最も一般的な方法であるアルコールからの変換について学ぶ。

アルコール alcohol

　tert-ブタノールに臭化水素酸を作用させて臭化 tert-ブチルに変換する反応をすでに示した（5・1節）。第三級アルコールの場合には、中間体のカルボカチオンが安定なので、この反応は容易に進行する。

　一方、第一級アルコールや第二級アルコールの場合は、塩化チオニル（SOCl$_2$）や三臭化リン（PBr$_3$）を作用させてハロゲン化アルキルに変換する方法が一般的である。

　塩化チオニルの場合は、アルコールと塩化チオニルから生じる塩化スルホン酸エステル中間体に Cl$^-$ が S$_N$2 的に攻撃して塩化アルキルになる。副

生物の HCl と SO$_2$ は気体なので単離操作が簡便である。

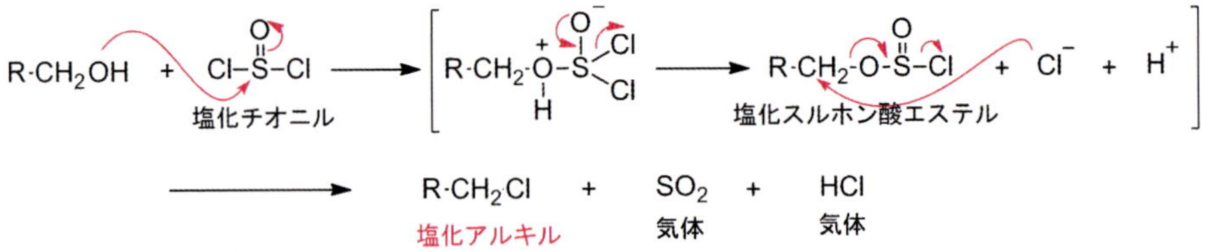

$$R\text{-}CH_2OH + Cl\text{-}S\text{-}Cl \longrightarrow \left[R\text{-}CH_2\text{-}O\text{-}S\text{-}Cl \quad \longrightarrow \quad R\text{-}CH_2\text{-}O\text{-}S\text{-}Cl + Cl^- + H^+ \right]$$

塩化チオニル　　　　　　　　　　　　　　　　　　　　　　塩化スルホン酸エステル

$$\longrightarrow R\text{-}CH_2Cl + SO_2 + HCl$$

塩化アルキル　　気体　　気体

　　　三臭化リンによる臭素化も同様で、活性化された中間体に Br$^-$ が S$_N$2 的に攻撃して臭化アルキルを与える。この反応で副生する HO$-$PBr$_2$ は類似の機構でアルコールを臭素化できるので、1 モルの三臭化リンで 3 モルのアルコールを臭素化できる。

$$R\text{-}CH_2OH + PBr_3 \longrightarrow \left[R\text{-}CH_2\text{-}O\text{-}P\!\!\begin{array}{c}Br\\Br\end{array} + Br^- \right] \longrightarrow R\text{-}CH_2Br + HO\text{-}PBr_2$$

三臭化リン　　　　　　　　　　　　　　　　　　　　　　　臭化アルキル　　臭素化剤

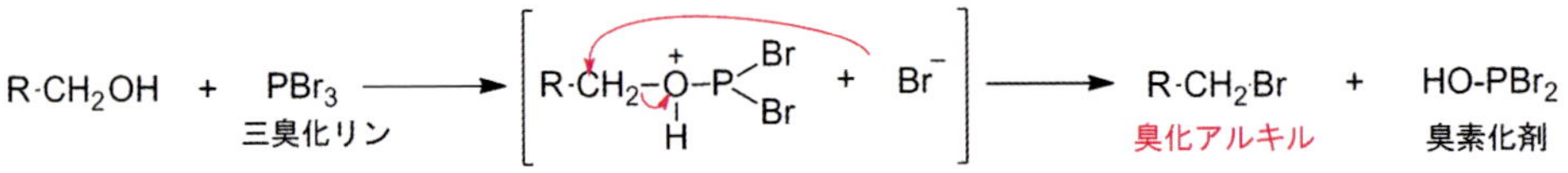

$$3\,R\text{-}CH_2OH + PBr_3 \longrightarrow 3\,R\text{-}CH_2Br + P(OH)_3$$

　　　塩化アルキルや臭化アルキルに NaI を反応させると、より反応性の高いヨウ化アルキルに変換することができる。

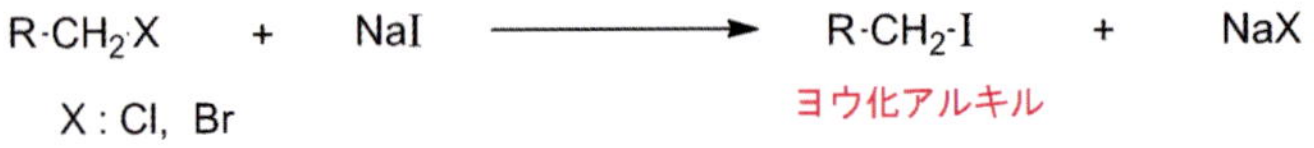

$$R\text{-}CH_2X + NaI \longrightarrow R\text{-}CH_2\text{-}I + NaX$$

X : Cl, Br　　　　　　　　　　　　　　ヨウ化アルキル

　　　塩素化の立体化学について、光学活性なアルコールを例に説明する。(S)-2-ブタノールにピリジン中で塩化チオニルを作用させると、中間体の塩化スルホン酸エステルに Cl$^-$ が立体反転を伴って求核置換する。その結果、(R)-2-クロロブタンが生成する。

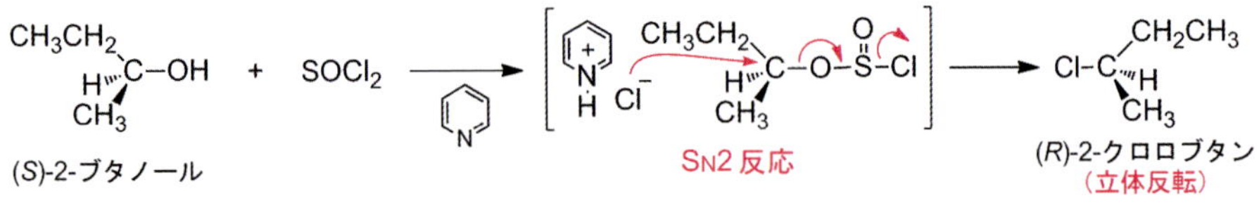

(S)-2-ブタノール　　　　　　　　　　　　　　　S$_N$2 反応　　　　　　　　(R)-2-クロロブタン
（立体反転）

　　　エーテル中、塩基を加えずに塩化チオニルを作用させた場合の反応を次ページ上の図に示す。極性の低いエーテル中では、HCl は解離しないので Cl$^-$ は存在しない。その結果、ピリジン中で進行した S$_N$2 反応は起こりにくい。そのため、塩化スルホン酸エステルはイオン対に開裂する。エーテル中なのでイオン対は安定でなく、充分に離れることなく、Cl$^-$ はそのままカルボカチオンを攻撃する。同じ側から攻撃するので、立体保持した (S)-2-クロロブタンを与える。イオン対のまま分子内 (internal) で求核置換するので、S$_N$i 反応と呼ばれる。

6・2 脱水反応   61

(S)-2-ブタノール　＋　SOCl₂ → [イオン対] → (S)-2-クロロブタン（立体保持）
－HCl
Et₂O
SNi 反応

　このように、同じ出発原料と試薬を用いても、反応条件の違い（塩基の有無、溶媒）によって異なる結果を与えることがある。

　アルコールに塩化 p-トルエンスルホニル（TsCl）を塩基の存在下に反応させると、p-トルエンスルホン酸エステルが得られる。p-トルエンスルホン酸も良い脱離基なので、p-トルエンスルホン酸エステルもハロゲン化アルキルと同様に求核置換反応、脱離反応でよく用いられる。

R·CH₂OH　＋　塩化 p-トルエンスルホニル　→　p-トルエンスルホン酸エステル（p-トルエンスルホナート）
塩基

　アルコールと TsCl の反応では、ヒドロキシ基の付け根の炭素が立体保持で進行する。三臭化リン（PBr₃）による臭素化では立体反転したハロゲン化アルキルが得られるのと相補的で、目的に応じて使い分けることができる。

PBr₃ → 立体反転

立体保持

脱水反応 dehydration reaction

6・2　脱 水 反 応

　第三級アルコールの脱水は、酸性条件下で進行する。この脱離反応は E1 反応（5・2節）で、重要なポイントは、① ヒドロキシ基がプロトン化されることによって OH が H₂O として脱離する、② 中間体のカルボカチオンからプロトンが脱離してアルケンを与える。この際、③ HBr や HCl のように求核性のある酸を用いると SN1 反応が進行するので、求核性のない酸（たとえば硫酸）などが用いられ、④ より置換基の多いアルケンが生成する（ザイツェフ則；5・2・2項）[*1]。

*1　脱水反応といっても、アルコールからヒドロキシ基とプロトンがそのまま脱離するわけではない。SN1 反応のところで述べたように（5・1・2項）、水の pK_a は 15.7 なので脱離基としては弱い。これに対して、プロトン化されて生じるオキソニウム塩の pK_a は －1.7 と酸性が強くなり、優れた脱離基となる。酸性条件では、このようにプロトン化から反応が進行するが、塩基性条件下ではプロトン化は起こらない。

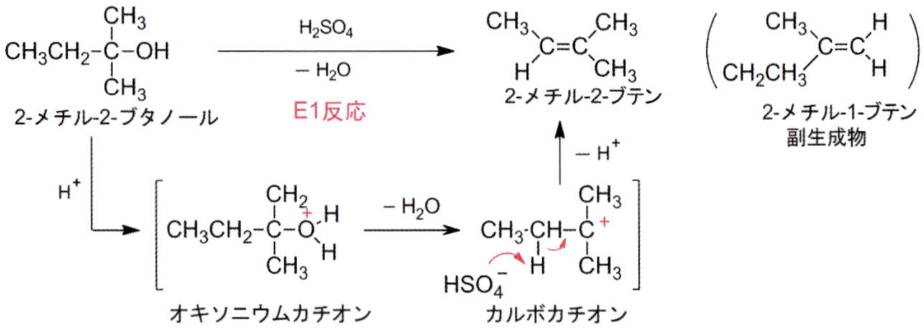

62　第6章　アルコール・エポキシドの反応

$$CH_3CH_2-\underset{\underset{\displaystyle CH_3}{|}}{\overset{\overset{\displaystyle CH_3}{|}}{C}}-OH \quad \xrightarrow[-H_2O]{H_2SO_4} \quad \underset{\displaystyle H}{\overset{\displaystyle CH_3}{}}C=C\underset{\displaystyle CH_3}{\overset{\displaystyle CH_3}{}} \qquad \left(\underset{\displaystyle CH_2CH_3}{\overset{\displaystyle CH_3}{}}C=C\underset{\displaystyle H}{\overset{\displaystyle H}{}} \right)$$

2-メチル-2-ブタノール　　　　　　E1反応　　　　　2-メチル-2-ブテン　　　　2-メチル-1-ブテン
　　　　　　　　　　　　　　　　　　　　　　　　　　　　　　　　　　　　　副生成物

オキソニウムカチオン　　　　　カルボカチオン

　　第一級アルコールや第二級アルコールの場合は、カルボカチオンが不安定なので、プロトン化されたオキソニウム中間体から E2 脱離によってアルケンが生成する。

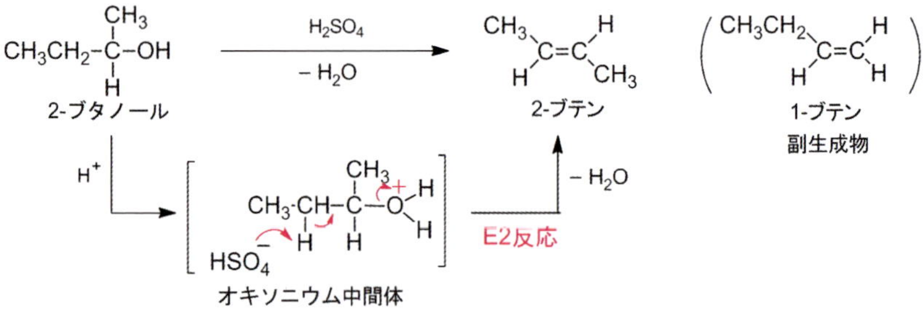

2-ブタノール　　　　　　　　　　　2-ブテン　　　　　　　　1-ブテン
　　　　　　　　　　　　　　　　　　　　　　　　　　　　　　副生成物

オキソニウム中間体　　　　　　E2反応

　　特に第一級アルコール、第二級アルコールの脱水は強酸性条件下で進行する。そこで、より穏和な条件下で行うため、アルコールをハロゲン化アルキルなどに変換した後、塩基を作用させる二段階の反応で行うことが多い。

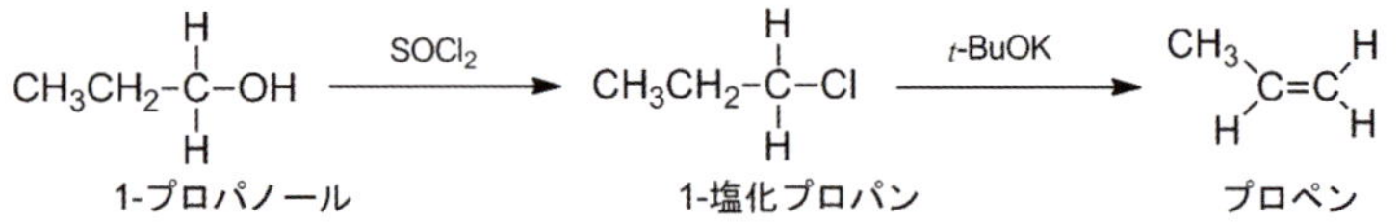

1-プロパノール　　　　　　　　1-塩化プロパン　　　　　　プロペン

バージェス試薬
Burgess reagent

　　以上の例は、E1 反応、あるいは E2 反応によってアルケンを得る方法である。その他に、Ei 反応（分子内脱離反応：5・2・5 項）を利用する方法もある。バージェス試薬を用いる脱水反応を以下に示す。アルコールとバージェス試薬が反応して、中間体のスルファミン酸エステルから分子内脱離（Ei 反応）が進行してアルケンを与える。この脱水反応では、次ページ上の図に示すように 6 員環の遷移状態を経由するので、開裂する二つの結合（C－H 結合と C－O 結合）が *anti* の関係をとることは立体的に無理で *syn* 脱離が進行する。

6・3 酸化反応 63

スルファミン酸エステル中間体

3-メチル-2-ペンタノールの2種類の異性体（2S,3R体と2S,3S体）の、バージェス試薬による脱水反応の結果を示す。2S,3R体からはEアルケン（(E)-3-メチル-2-ペンテン）が、2S,3S体からはZアルケン（(Z)-3-メチル-2-ペンテン）がそれぞれ選択的に得られる[*2]。この実験結果は、脱離がシン脱離で進行していることを示している。もし、E2反応（アンチ脱離）で進行するなら、2S,3R体からはZアルケンが生成するはずである。また、E1反応で進行すると、同じ結果（生成物の構造、比率など）を与えるはずである。

3-メチル-2-ペンタノール
2S,3R体

バージェス試薬
シン脱離

3-メチル-2-ペンテン
E体

3-メチル-2-ペンタノール
2S,3S体

バージェス試薬
シン脱離

3-メチル-2-ペンテン
Z体

アンチ脱離

＊2　E、Z表示法

二重結合の幾何異性体は cis、trans がよく用いられてきた。しかし、1,2-二置換アルケンなら問題はないが、置換基が3個以上になると使えない。そこで、どのようなアルケンにも対応できる E、Z表示法が使われるようになった。

まず、アルケンの炭素原子の置換基 A と B、および X と Y について優先順位を決定する。優先順位の高い置換基（例えば A と X）が同じ側にあるとき、Z体（zusammen：ドイツ語の「一緒に」の意味）とする。優先順位の高い置換基（例えば A と Y）が反対側にあるとき、E体（entgegen：ドイツ語の「反対の」の意味）とする。

A > B, X > Y ならば Z
A > B, Y > X ならば E

6・3　酸化反応

6・3・1　アルコールの種類と酸化反応

第一級アルコールを酸化するとアルデヒドになる。アルデヒドをさらに酸化するとカルボン酸になる。酸化剤や反応条件を選ぶと、アルコールの酸化をアルデヒドの段階で止めることができる（後述）。第二級アルコールを酸化するとケトンが得られる。ケトンに同様の酸化剤を作用させても、これ以上の酸化は起こらない。第三級アルコールは酸化されない。

酸化反応 oxidation reaction

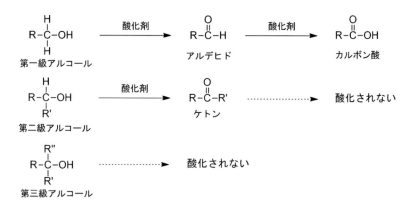

アルコールの酸化には、クロム酸（6価）由来の酸化剤がよく用いられる。代表的な酸化剤を以下に示す。クロム酸（H_2CrO_4）は無水クロム酸（CrO_3）に水が付加した化合物、重クロム酸ナトリウム（$Na_2Cr_2O_7$）はクロム酸の無水物のナトリウム塩、クロロクロム酸ピリジニウム（PCC）は無水クロム酸に Cl^- が付加したピリジニウム塩とみなすことができる。

クロロクロム酸ピリジニウム
pyridinium chlorochromate (PCC)

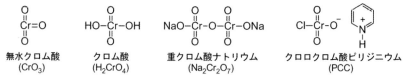

本節では、クロム酸を用いる最も古典的なジョーンズ酸化について反応機構も含めて説明し、次にPCCを用いる第一級アルコールからアルデヒドへの酸化について説明する。

ジョーンズ試薬 Jones reagent

ジョーンズ酸化 Jones oxidation

エステル ester

6・3・2 ジョーンズ酸化

無水クロム酸の硫酸溶液（**ジョーンズ試薬**と呼ばれる）をアセトン中でアルコール（第一級および第二級アルコール）と反応させる酸化を**ジョーンズ酸化**と呼ぶ。

第二級アルコールとクロム酸が反応すると、クロム酸エステルが生成する*³。次に、水が塩基としてクロム酸エステルに作用してプロトンを引き抜き、炭素ー酸素二重結合が形成されるとともに酸素ークロム結合が開裂する（E2反応）。この過程で、アルコールは2電子酸化されてケトンとなり、クロム酸は6価から2電子還元されて4価となる。実際には4価クロムも酸化反応に関与するので反応の経路は複雑であるが、酸化の段階はE2反応である。

*3 エステル
エステルとは、酸とアルコールから水がとれた化合物の総称である。一般にエステルというとカルボン酸エステルのことを指すが、略してエステルと呼んでいるだけである。クロム酸エステルは、クロム酸とアルコールから水が取れているので、クロム酸エステルと呼ばれる。他にも、リン酸とアルコールから水が取れるとリン酸エステルとなり、核酸ユニットが重合する基本骨格となる。核酸の場合、糖の3′位と5′位の二つのアルコールから水が取れているので、リン酸ジエステルと呼ばれる。

6・3 酸化反応　65

第二級アルコールの場合

$$\text{R-C(R')(H)-OH} + \text{HO-Cr(=O)(=O)-OH} \longrightarrow \left[\text{R-C(R')(H)-O-Cr(=O)(=O)-OH}\right] \xrightarrow{\text{E2反応}} \text{R-C(=O)-R'} + \text{HO-Cr(=O)-OH}$$

クロム酸エステル　　　　　4価クロム

　第一級アルコールの場合も同様に、クロム酸エステルを経由する機構でアルデヒドに酸化される。酸化反応はアルデヒドの段階で止まらず、カルボン酸にまで酸化される。

第一級アルコールの場合

$$\text{R-C(H)(H)-OH} + \text{HO-Cr(=O)(=O)-OH} \longrightarrow \left[\text{R-C(H)(H)-O-Cr(=O)(=O)-OH}\right] \xrightarrow{\text{E2反応}} \text{R-C(=O)-H} + \text{HO-Cr(=O)-OH}$$

クロム酸エステル　　　　　4価クロム

$$\text{R-C(=O)-H} \underset{}{\overset{\text{H}_2\text{O}}{\rightleftharpoons}} \text{R-C(OH)(H)-OH} \xrightarrow{\text{クロム酸}} \left[\text{R-C(OH)(H)-O-Cr(=O)-OH}\right] \longrightarrow \text{R-C(=O)-OH} + \text{HO-Cr(=O)-OH}$$

水和物　　　　　　　クロム酸エステル

　アルデヒドがさらに酸化されるのは、水と反応して水和物を形成するからである。水和物はクロム酸と反応して新たなクロム酸エステルとなり、クロム酸エステルからプロトンが引き抜かれてカルボン酸となる。水和物になることによって、プロトンの引き抜きができるようになる。

6・3・3　PCC 酸化

　第一級アルコールを酸化してアルデヒドを得る方法の一つが **PCC 酸化** である。第一級アルコールをジョーンズ酸化するとカルボン酸にまで酸化されるのは、アルデヒドが水和物を形成するからである。したがって、アルデヒドの段階で反応を止めるためには、「水」がない条件下で反応させればよい。すなわち、有機溶媒中で無水の酸化剤を用いればよく、そのための酸化剤が PCC である。

PCC 酸化 PCC oxidation

$$\text{R-C(H)(H)-OH} + \text{Cl-Cr(=O)(=O)-O}^-\ \text{PyH}^+ \xrightarrow{\text{CH}_2\text{Cl}_2} \left[\text{R-C(H)(H)-O-Cr(=O)(=O)-O}^-\ \text{PyH}^+\right] \longrightarrow \text{R-C(=O)-H} + ^-\text{O-Cr(=O)-O}^- + 2\,\text{PyH}^+$$

(PCC)　　　　　　　　　　　　　Py　　　PyH

$$\text{Py} : \text{ピリジン}$$

　アルコールからアルデヒド・ケトンへの酸化反応に共通する反応機構は、① ヒドロキシ基に脱離基 E を導入し、② E2 反応によって炭素－酸素二重結合とする機構である。脱離基 E は、E$^+$ として導入され、E$^-$ として脱離する。この過程でアルコールは 2 電子酸化され、E$^+$ は E$^-$ へと 2 電子還元

＊4 有機化合物による酸化

アルコールにジメチルスルホキシドと塩化オキサリルを作用させると、$S(CH_3)_2$ が一般式の E となる中間体が生じる。次いで、トリエチルアミンが塩基として作用しアルデヒド・ケトンを与える。金属を使わない酸化法で、スワーン酸化として知られる。

されている。クロム酸系の酸化反応では、E^+ が6価のクロムで、2電子を受け取って4価（E^-）に還元されている。これらのクロム酸系の酸化剤は発がん性が強く、廃棄物の処理なども注意が必要である。そのため、現在では E が非金属で、穏和で取り扱いの容易な酸化剤が多数開発されている＊4。

6・4 エーテルの合成

ウィリアムソンのエーテル合成
Williamson ether synthesis

アルコールを Na アルコキシドとしてからハロゲン化アルキルと反応させると、S_N2 反応が進行してエーテルを得ることができる。この反応は**ウィリアムソンのエーテル合成**として知られている。

$$R-OH + NaH \longrightarrow R-O^- Na^+ + H_2$$

$$R-O^- Na^+ + R'-X \longrightarrow R-O-R' + NaX$$

アルコキシドイオンは求核性が強いが、同時に塩基性も強い。したがって、S_N2 反応だけでなく、E2 反応が競争的に起こる可能性がある（5・2・4項）。特に、第三級アルコールのアルコキシドイオンは、求核剤としてより塩基として作用するので、エーテル合成はむずかしい。

第一級ハロゲン化アルキルは E2 反応より S_N2 反応が有利であるが、第三級ハロゲン化アルキルは脱離反応が優先して起こる。

ベンジルエーテル（Bn エーテル）、メトキシメチルエーテル（MOM エーテル）、t-ブチルエーテル（t-Bu エーテル）などが、ヒドロキシ基の保護基（13・4節参照）としてよく利用される。臭化ベンジル（BnBr）、塩化メトキシメチル（MOMCl）は脱離反応の可能性がなく、反応性も高いので、エーテル化は高収率で進行する。t-Bu エーテルは、メチルプロペン（イソブテン）に対するアルコールの付加反応で合成できる。

6・5 エポキシドの開環反応　67

R–OH + 〔ベンジル〕–CH₂Cl →(塩基)→ R–OCH₂〔ベンジル〕 →(H₂ Pd/C)→ R–OH

塩化ベンジル　　　　　ベンジルエーテル
RO-Bn

R–OH + CH₃OCH₂-Cl →(塩基)→ R–OCH₂-OCH₃ →(H⁺)→ R–OH

塩化メトキシメチル　　メトキシメチルエーテル
RO-MOM

R–OH + $\begin{array}{c}CH_3\\CH_3\end{array}$C=CH₂ →(H⁺)→ R–O–C(CH₃)₃ →(H⁺)→ R–OH

2-メチル-1-プロペン　　tert-ブチルエーテル
RO-t-Bu

6・5 エポキシドの開環反応

エーテルは通常の反応条件下では安定である。したがって、ジエチルエーテルやテトラヒドロフラン（THF）が有機溶媒としてよく用いられる。通常のエーテルと異なり、3員環エーテルのエポキシド[*5]は環の歪みが大きいので極めて反応性に富んでいる。求核剤の攻撃を受け容易に3員環が開環する。

H₂C–CH₂（エチレンオキシド） + CH₃-O⁻ Na⁺ →(CH₃OH)→ $\begin{array}{c}HO\\H_2C-CH_2\\OCH_3\end{array}$

エチレンオキシド

置換基のないエチレンオキシドや対称なエポキシドの場合は、求核剤がどちらの炭素を攻撃しても同じ生成物を与える。しかし、非対称なエポキシドの場合は攻撃する炭素によって異なる生成物を与える。エポキシドの開環反応は複雑で、置換パターンと反応条件（酸性条件あるいは塩基性条件）によって異なる反応機構で進行する。

3員環の炭素が"第一級"と"第三級"のエポキシドAをメタノールで開環するとき、塩基性条件下と酸性条件下で異なる選択性を示す。CH₃ONaを作用させる塩基性条件下では、CH₃O⁻は置換基の少ない"第一級"の炭素を攻撃して開環体Bを与える。これに対し、酸性条件下では置換基の多い方の炭素を攻撃して開環体Cを与える。

開環体B ←(CH₃ONa / CH₃OH 塩基性条件)← エポキシドA →(H⁺ / CH₃OH 酸性条件)→ 開環体C

開環体B
置換基の少ない方で置換

エポキシドA
2,2-ジメチル体

開環体C
置換基の多い方で置換

このような違いが出てくるのは何故だろうか。エポキシドは歪みが大き

エポキシド epoxide

*5　エポキシド
オキシラン（酸素を含む3員環のこと）とも呼ばれる。IUPAC命名法ではエポキシアルカンとなる。エチレンオキシドはエポキシエタン、プロピレンオキシドは1,2-エポキシプロパンとなる。

いので、エポキシドの酸素原子も脱離基となり開環しやすい。すなわち、S_N2 反応と同様な機構で求核剤の攻撃を受け、C–O 結合が開裂する。S_N2 反応と同じように考えると、第一級炭素を優先して攻撃することが理解できる。一方、酸性条件下ではエポキシド酸素原子にプロトン化が起こる。プロトン化されたエポキシドでは、二つの炭素−酸素結合の分極の度合いが異なってくる。カルボカチオンの安定性と同様に、第三級炭素の方がより正に分極している。その結果、CH_3OH は置換基の多い炭素を攻撃して開環体 C を与える。この反応でカルボカチオン中間体を考えないのは、第三級炭素であっても CH_3OH の攻撃は C–O 結合の反対側から起こり、中心炭素の反転を伴うからである。

"第一級" と "第三級" のエポキシドの場合は、どちらの炭素を攻撃するかを明快に説明できる。しかし、他の組合せの場合には、基質の構造、反応条件、求核剤などの違いによって大きく影響を受ける。

チオール thiol

*6 チオール
メルカプタンとも呼ばれ、炭素数が小さい誘導体は特異的な悪臭をもつ。低濃度で臭うので、ガス漏れにすぐ気づくように都市ガスに微量混ぜられている。チオラートイオンのアニオンは、軌道が大きいSの3p軌道に残るので安定化される。そのため、アルコールに比べて酸性度が高く（pK_a値が小さく）なる。

6・6 チオールのアルキル化反応

硫黄は酸素と同族元素なので、チオール[*6]（RSH）はアルコールと似たような性質を示す。チオールのpK_aは 10 前後と、アルコールに比べると酸性が強く、プロトンを放出してチオラートイオン（RS⁻）になりやすい。RS⁻ の塩基性はアルコキシドイオン（RO⁻）よりも弱く、さらに、チオールの求核性は非常に高いので、チオールのアルキル化反応（置換反応）は容易に進行し、脱離反応を伴うことなくスルフィドを収率よく与える。

スルフィドも求核性が高く、ハロゲン化アルキルを攻撃してスルホニウム塩を与える。チオールとアルコールの反応で最も異なるのは、酸化還元反応の容易さである。チオールは酸化されてジスルフィドになり、ジスルフィドは還元されてチオールになる。アミノ酸のシステインとシスチンの相互変換が代表的な例である。

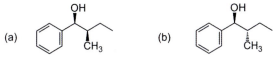

演習問題

6・1 以下のアルケンをアルコールの酸触媒下での脱水で合成したい。最も適切なアルコールの構造を示せ。

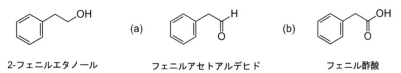

6・2 立体異性体の関係にある以下の二つのアルコールにバージェス試薬を作用させた。それぞれの生成物の構造を示せ。

6・3 (S)-2-オクタノールから置換反応によって(S)-2-シアノオクタン(a)と(R)-2-シアノオクタン(b)を、それぞれ選択的に合成したい。試薬、合成経路を示せ。

6・4 2-フェニルエタノールからフェニルアセトアルデヒドとフェニル酢酸に酸化したい。最も適切な試薬、反応条件(溶媒など)を示せ。

6・5 ウィリアムソンのエーテル合成に関する以下の質問に答えよ。
(a) シクロヘキシルメチルエーテル(i)、シクロヘキシルエチルエーテル(ii)を合成する最も適切な方法を示せ。
(b) 1-メチルシクロヘキシルエチルエーテル(iii)をウィリアムソンのエーテル合成で選択的に得ることは困難である。その理由を説明せよ。

70 ‖ 第6章 アルコール・エポキシドの反応

(i)　　　　　　　　(ii)　　　　　　　　(iii)

6・6 シクロヘキセンから *cis*-1,2-シクロヘキサンジオール (a)、*trans*-1,2-シクロヘキサンジオール (b) に変換する方法を示せ。

(a)　　　　　　　(b)

COLUMN　酸素と硫黄

　硫黄は酸素と同じ 16 族元素なので、アルコールとチオールのように似た性質を示す。アルコールの酸化物としては、*t*-ブチルヒドロペルオキシド (*t*-BuOOH) や、アセトンとフェノール合成の中間体となっているクメンヒドロペルオキシドが知られている。硫黄は、酸素原子にはない 3d 軌道をもつため、スルフェン酸、スルフィン酸、スルホン酸、硫酸など、様々な酸化状態の化合物が存在する。

　ヒドロペルオキシドに対応する化合物はスルフェン酸と呼ばれる。

　スルフィン酸はスルフェン酸より安定であるが、不均化を起こしてスルフェン酸とスルホン酸に変化する。

　スルホン酸は安定な物質で、本書でも何度かでてきた *p*-トルエンスルホン酸、塩化 *p*-トルエンスルホニルなどがある。また、メタンスルホン酸のメチル基の水素をフッ素原子で置き換えたトリフルオロメタンスルホン酸は、超強酸としてよく用いられる。

　エーテルに対応するスルフィドの酸化物としては、スルホキシドとスルホンがある。ジメチルスルホキシドは有機化合物だけでなく無機塩も溶解するので、非プロトン性の極性溶媒としてよく用いられる。

R–OH	R–O–OH	*t*-Bu-O-OH
アルコール	ヒドロペルオキシド	*t*-ブチルヒドロペルオキシド

クメンヒドロペルオキシド

R–SH	R–S–OH	R–S–OH	R–S–OH	HO–S–OH	CF₃–S–OH
チオール	スルフェン酸	スルフィン酸	スルホン酸	硫酸	トリフルオロメタンスルホン酸 (TfOH)

R–S–R	R–S–R	CH₃–S–CH₃	R–S–R
スルフィド	スルホキシド	ジメチルスルホキシド	スルホン

第7章 アルデヒド・ケトンに対する求核付加反応

　アルデヒド・ケトンは、炭素−炭素結合を形成するうえで最も重要な官能基の一つとして活用されている。アルケンの炭素−炭素二重結合と異なり、炭素−酸素二重結合は強く分極しており、炭素原子は求電子的、酸素原子は求核的となっている。最終的には、炭素原子に求核剤が、酸素原子に求電子剤が付加した生成物が得られるが、反応条件によって反応する順番が異なる。すなわち、求核剤が炭素原子を攻撃するか、求電子剤が酸素原子を攻撃するか、どちらが先に起こるかは、反応条件、反応剤によって異なる。
　また、アルデヒド・ケトン特有のリン化合物とのウィッティヒ反応、アミンとの反応についても学ぶ。

7・1　アルデヒド・ケトンの還元

　炭素−酸素二重結合は sp^2 炭素と sp^2 酸素から構成されている。炭素原子は酸素原子との σ 結合を含め、三つの結合を形成しており、酸素原子は炭素原子との σ 結合の他に二組の非共有電子対を有している。それぞれの p 軌道が相互作用して π 結合が形成されて二重結合となっている。炭素と酸素の電気陰性度の差が大きいので、炭素−炭素二重結合と異なり、炭素−酸素二重結合は炭素 δ+、酸素 δ− と強く分極している。

アルデヒド　aldehyde

ケトン　ketone

強く分極している

分極していない

電気陰性度
炭素　2.5
酸素　3.5

　炭素−酸素二重結合(カルボニル基)は、アルデヒド・ケトンだけでなく、カルボン酸誘導体に共通する官能基で、カルボニル基に対する付加反応は有機化学を学ぶうえで最も基本的かつ重要な反応である。最終的にはカルボニル基の炭素に Nu⁻、酸素に E⁺ が結合した付加体を与えるが、Nu⁻ と E⁺ が結合する順番によって二つの機構が存在する。すなわち、次ページ上の図の反応パターン1は、① カルボニル炭素に求核剤が攻撃し、② 生成するアルコキシドイオンが求電子剤と結合する機構である。反応パターン2は、① カルボニル酸素が求電子剤を攻撃し、② 生成するオキソニウムイオン(カルボカチオンと等価)に対して求核剤が攻撃する機構である。

反応パターン1　①求核剤、②求電子剤

反応パターン2　①求電子剤、②求核剤

本節では、反応パターン1に分類されるケトン・アルデヒドの還元反応について説明する。

ケトンを還元すれば第二級アルコールが、アルデヒドを還元すれば第一級アルコールが得られる。逆反応の酸化反応はアルコールの反応で学んだ（6・3節）。ケトンやアルデヒドの還元では、水素化ホウ素ナトリウム（$NaBH_4$）あるいは水素化アルミニウムリチウム（$LiAlH_4$）が最も基本的な還元剤として用いられる。$NaBH_4$ や $LiAlH_4$ の "H" が、ヒドリドイオン "H^-" としてカルボニル基を攻撃してアルコールを与える。なお、BH_4^-、AlH_4^- のように負電荷となるのは、B や Al の最外殻が 8 電子となって安定化するからである。

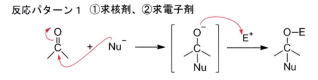

電気陰性度
H 2.1
B 2.0
Al 1.5

$LiAlH_4$ は $NaBH_4$ より強力な還元剤である。$NaBH_4$ はケトンやアルデヒドを還元できるが、カルボン酸やカルボン酸エステルを還元できない。これに対して、$LiAlH_4$ はケトンやアルデヒドだけでなく、多くのカルボン酸誘導体を還元できる（第8章参照）。この反応性の違いは、H、B、Al の電気陰性度を比較すると理解できる。Al と B はともに H よりも電気陰性度が小さいので、"H^-" として反応する。そして、Al は B よりも電気陰性度が小さいので、$LiAlH_4$ の "H^-" の方が $NaBH_4$ の "H^-" より反応性が高い。

$LiAlH_4$ は水やアルコールと激しく反応して水素を発生する。したがって $LiAlH_4$ による還元はエーテル系溶媒中で行われる。一方、$NaBH_4$ と水やア

ルコールの反応は非常に遅いので、これらの溶媒中で還元を行うことができる。NaBH$_4$ の方が反応性は低いが、扱いやすい還元剤といえる。

　ケトンと LiAlH$_4$ の反応を以下に示す。LiAlH$_4$ の H$^-$ がケトンのカルボニル炭素を求核的に攻撃し、生じるアルコキシドは Al と結合して中間体1が生成する。中間体1の H がさらにケトンを攻撃して中間体2が生じる。同様にして中間体3、中間体4へと、理論的には LiAlH$_4$ のすべての H をヒドリドイオンとして還元に利用できる。しかし、H が RO 基で置き換わるにつれて、電子的、立体的に反応性は低下する。水で反応を停止すると、アルミニウムアルコキシドがプロトンで置き換わり、アルコールを与える。

＊1　その他の還元剤（NaBH$_4$ や LiAlH$_4$ の誘導体）
NaBH$_4$ や LiAlH$_4$ をもとに、様々な還元剤が開発されている。Na や Li などの金属イオンを変えたり、H をアルキル基、アルコキシ基などに変換することによって反応性を調整している。

　NaBH$_4$ による還元も、LiAlH$_4$ の場合と同様な機構で進行する。NaBH$_4$ の還元を CH$_3$OH 中で行うと、初めに生成する中間体と CH$_3$OH の間でアルコール交換が起こり、還元されたアルコールを与える。中間体自体も還元剤として作用できるが、メタノールと置き換わった NaBH$_3$(OCH$_3$) もさらに還元剤として作用する＊1。

74 　第7章　アルデヒド・ケトンに対する求核付加反応

H–BH₂ (H₃B) — (BH_3) 　Li⁺ H–BH₃ — $(LiBH_4)$ 　Na⁺ H–BH₂CN — $(NaBH_3CN)$ 　Li⁺ H–B(CH₂CH₃)₃ — $(LiBHEt_3)$

H–AlH₂ — (AlH_3) 　H–Al(i\text{-}Bu)₂ — (DIBAL) 　Li⁺ H–Al(O-t-Bu)₃ — $(LiAlH(O\text{-}t\text{-}Bu)_3)$ 　Na⁺ H–Al(OCH₂CH₂OCH₃)₂ — (Red-Al)

7・2　水・アルコールの付加

ジオール diol

　アルデヒド・ケトンを水に溶かすと、水が付加した水和物（*gem*-ジオール）が生成する。この反応は平衡反応で、ホルムアルデヒドの場合は 99 ％以上が水和物として存在する。アセトンの場合、水和物は 0.1 ％以下しか存在せず、平衡はアセトンの側に片寄っている。このように、アルデヒド・ケトンと水和物の平衡は化合物によって大きく異なる。

$$\underset{R}{\overset{O}{\|}}\!\!\!C\!\!\!-R' \;+\; H_2O \;\rightleftharpoons\; \underset{R}{\overset{HO\;\;OH}{C}}\!\!R'$$

水和物（*gem*-ジオール）

　この平衡反応は、酸触媒、あるいは塩基触媒によって加速される。反応は速くなるが、アルデヒド・ケトンと水和物の比率は変わらない。酸触媒下では、カルボニル酸素にプロトン化が起こり、カルボニル炭素がより求電子的となる。活性化されたカルボニル炭素に水が攻撃し、最後に脱プロトン化して水和物を与える。塩基触媒存在下では、OH⁻ がカルボニル炭素に付加し、アルコキシドイオンとなる。アルコキシドイオンが水からプロトンを引き抜いて水和物となる。

酸触媒による反応機構

$$R\!-\!\overset{O}{\overset{\|}{C}}\!-\!R' + H^+ \rightleftharpoons R\!-\!\overset{\overset{+}{O}H}{\overset{\|}{C}}\!-\!R' \xrightarrow{H_2O} \underset{R}{\overset{HO\;\;\overset{+}{O}H_2}{C}}R' \xrightarrow{-H^+} \underset{R}{\overset{HO\;\;OH}{C}}R'$$

塩基触媒による反応機構

$$R\!-\!\overset{O}{\overset{\|}{C}}\!-\!R' + {}^-OH \rightleftharpoons \underset{R}{\overset{HO\;\;O^-}{C}}R' \xrightarrow{H_2O} \underset{R}{\overset{HO\;\;OH}{C}}R' + {}^-OH$$

　アルデヒド・ケトンの水和物は水溶液中では存在するが、単離しようとしても、ほとんどの場合、水が脱離してしまう。単離できる水和物は極めて稀である。

また、アルデヒド・ケトンをメタノールに溶解すると、メタノールが付加したヘミアセタールが生成する。ヘミアセタールは水和物と異なり単離することができる。

ヘミアセタール hemiacetal

ヘミアセタールの生成も、酸・塩基触媒で加速される。特に、酸触媒下のアルデヒド・ケトンとアルコールの反応では、ヘミアセタールはさらにアルコールと反応し、アセタールを与える[*2]。

アセタール acetal

シクロヘキサノンとエチレングリコールからのアセタール形成反応を以下に示す。アセタール形成反応は平衡反応であり、アセタールを得るためには、① エチレングリコールを過剰に用いるか、② 生じる水を反応系から除く、などの条件下で行う。逆に、アセタールからケトンに戻すには、酸性条件下で水を作用させる。

シクロヘキサノン　エチレングリコール　　　シクロヘキサノンエチレンアセタール

同一分子内にヒドロキシ基とカルボニル基が適当な位置関係で存在すると、分子内でヘミアセタールを形成する。最も代表的な例は糖類である。D-グルコースの場合、主として、5位のヒドロキシ基が1位のアルデヒドと反応したヘミアセタールとして存在する。1位が不斉炭素となるので、β-D-グルコピラノースとα-D-グルコピラノースの二種類の異性体が生じる[*3]。これらは単一の異性体として単離できる。どちらの異性体も水に溶かすと、鎖状のグルコースを経由する平衡によって、最終的には64:36の比率の混合物に収束する(**変旋光**[*4]と呼ばれる)。

[*2] アセタールとヘミアセタール
アルデヒド・ケトンのC=O二重結合が二つのアルコキシ基で置き換わった化合物をアセタールと呼び、一つのアルコキシ基と一つのヒドロキシ基で置き換わった化合物をヘミアセタールと呼ぶ。「ヘミ」とは半分という意味で、半分アルコキシ基で置き換わっているのでヘミアセタールと呼ばれる。以前は、アルデヒド由来のアセタールは「アセタール」、ケトン由来のアセタールは「ケタール」と区別して呼ばれていた。現在は、どちらもアセタールと統一して呼ばれるようになった。

[*3] 糖のαとβ
糖がヘミアセタールあるいはグリコシドとなって環状構造をとるとき、カルボニル基由来の炭素は不斉炭素となる。ヒドロキシ基、あるいはアルコキシ基が5位のヒドロキシメチル基と同じ側になる場合をβ、反対側になる場合をαと呼ぶ。

変旋光 mutarotation
[*4] 旋光性のある物質の溶液の旋光度が時間とともに変化すること。

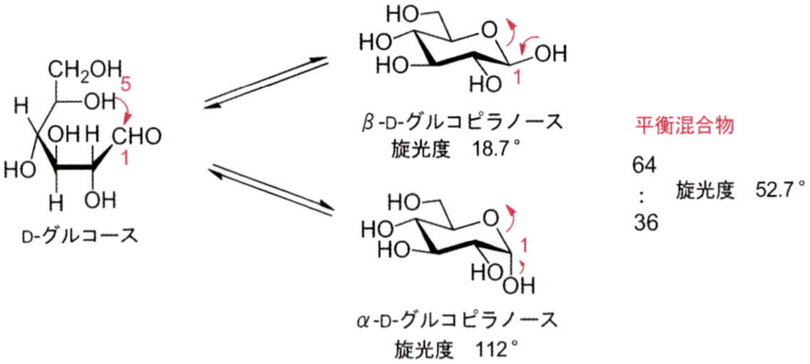

76 ‖ 第7章 アルデヒド・ケトンに対する求核付加反応

β-D-グルコピラノース
旋光度 18.7°

D-グルコース

α-D-グルコピラノース
旋光度 112°

平衡混合物
64
: 旋光度 52.7°
36

　また、D-グルコースにメタノール中で酸を作用させると、メチルグリコシドが生成する。この反応は1位ヒドロキシ基にプロトン化が起こり、水が脱離してカルボカチオンが生じ、メタノールが攻撃することで進行する。メチルグリコシドの1位の炭素には5位のヒドロキシ基、メタノールのヒドロキシ基が結合しているので、アセタールの一種である。1位に結合しているのがヒドロキシ基ではないので、ヘミアセタールのような開環反応は起こらない。

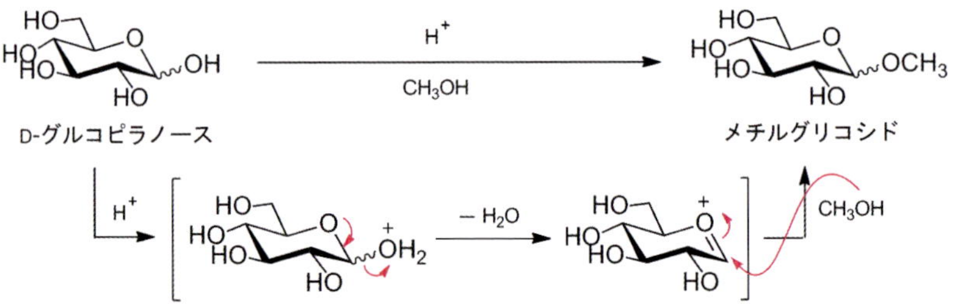

D-グルコピラノース

H^+
CH_3OH

メチルグリコシド

H^+

$- H_2O$

CH_3OH

　多糖もアセタール構造からなっている。スクロース（ショ糖）は、グルコースとフルクトースからなる二糖で、グルコースの1位アルデヒド部分と、グルコースの5位とフルクトースの2′位の二つのヒドロキシ基からアセタール構造が形作られている。

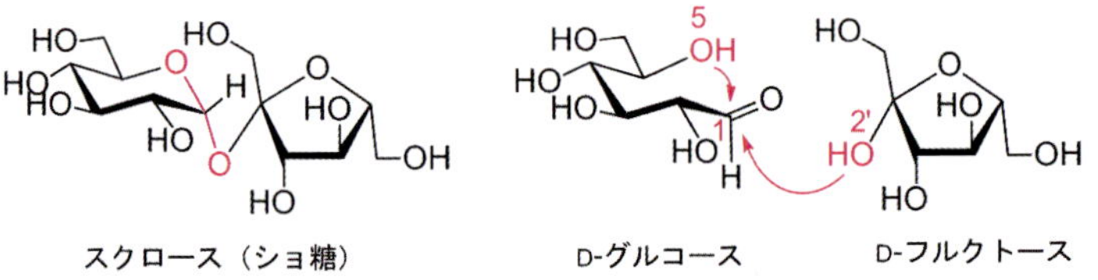

スクロース（ショ糖）

D-グルコース

D-フルクトース

　アセタールは $NaBH_4$ や $LiAlH_4$ では還元されないので、ケトンやアルデヒドの保護基として有用である（13・4節参照）。単純な例を用いてアセタールの有用性を考えてみよう。ケトン部分とエステル部分を同一分子内に含む化合物を $NaBH_4$ で還元すると、ケトン部分が還元されたヒドロキシエステルが得られる。$LiAlH_4$ で還元すると、すべて還元されてジオールが得られる（エステルの還元については後述）。ケトン部分はそのままで、エス

7・2 水・アルコールの付加 77

保護 protect

脱保護 deprotect

テル部分だけ還元してケトアルコールを得るにはどうすればよいだろう
か。このようなとき、アセタール保護が役に立つ。ケトンをアセタール化
した後、LiAlH$_4$ で還元するとエステル部分だけが還元され、アセタール部
分は反応しない。次に酸を作用させると、アセタールはケトンに戻り（脱
アセタール化、あるいは脱保護）、ケトアルコールが得られる。

NaBH$_4$
ケトン
還元される
エステル
還元されない
ヒドロキシエステル

LiAlH$_4$
ケトン、エステル
還元される
ジオール

ケトエステル

アセタール化
保護

LiAlH$_4$
アセタール
反応しない
エステル
還元される

脱アセタール化
（加水分解）
脱保護

ケトエステル

ケトアルコール

保護基 protecting group

　アセタールはケトンやアルデヒドの保護基として使われる。これは、ケ
トンやアルデヒドの官能基に着目した見方といえる。見方を変えると、ア
セタールはジオールの保護基としても利用できる。1,2-ジオールに酸触媒
存在下でアセトンを作用させるとイソプロピリデンアセタールが生成す
る。1,3-ジオールに酸触媒存在下でベンズアルデヒドを作用させるとベン
ジリデンアセタールが生成する。このように、適当な位置関係にあるジオー
ルをまとめてアセタールとして保護することが可能となる。アセタール形
成反応は平衡反応で、水を作用させると、もとのジオールに加水分解され
る。

1,2-ジオール　＋　アセトン　⇌（H$^+$）　イソプロピリデン
アセタール　＋　H$_2$O

1,3-ジオール　＋　ベンズアルデヒド　⇌（H$^+$）　ベンジリデン
アセタール　＋　H$_2$O

　たとえば、トリオールの4位ヒドロキシ基だけをメチル化したいとき、
① 1位と2位のヒドロキシ基をアセトンと反応させてアセタール化する、
② 残った"フリー"の4位ヒドロキシ基をメチル化する、③ アセタール部

分を加水分解してジオールを再生する。このように、アセタール化（保護）、脱アセタール化（脱保護）は、反応工程が増えるが、所望の化合物を得るための手段となっている。

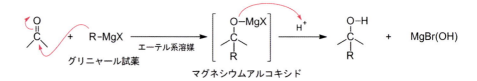

7・3　求核付加反応

本節では、ケトンやアルデヒドに対してグリニャール試薬（R−MgX）、アルキルリチウム（R−Li）、シアニドアニオン（⁻CN）などの炭素アニオン（C⁻）が求核付加する反応について説明する。

グリニャール試薬のC−Mg結合は、Cが$\delta-$、Mgが$\delta+$と強く分極している（5・3節）。したがって、グリニャール試薬は炭素アニオン（C⁻）としてカルボニル基に付加して中間体（マグネシウムアルコキシド）を与える。水を加えて反応を停止すると、炭素鎖の伸長したアルコールが得られる。

求核付加反応
nucleophilic addition reaction

THF

グリニャール試薬は強塩基としても作用するので、アルコールや水など酸性プロトンをもつ溶媒は使えない。通常、エーテル、テトラヒドロフラン（THF；5・3節）など、エーテル系溶媒が用いられる。グリニャール試薬は「R−MgX」で示されるが、実際には複雑な構造をしている。溶媒として用いられるエーテルは溶媒としてだけでなく、ルイス塩基としてルイス酸性のMgに配位してグリニャール試薬の安定化に寄与している。

グリニャール試薬は反応性が高く、エステル、アミド、ニトリルなどの官能基とも反応する（第8章）。

次ページ上の図の例は、ベンズアルデヒドとCH₃−MgBrの反応、アセトアルデヒドとC₆H₅−MgClの反応を示した。ともに、1-フェニルエタノールを与える。

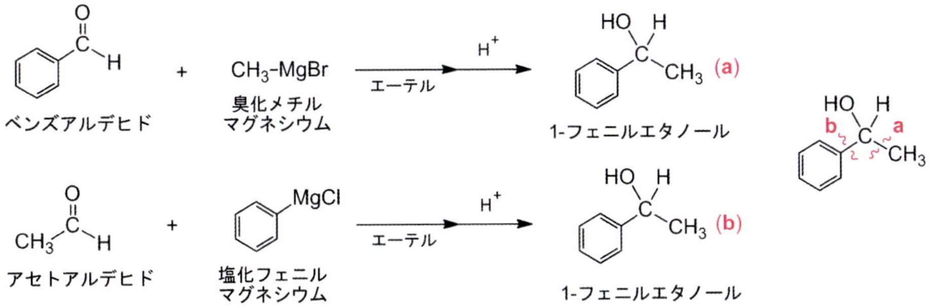

7・3 求核付加反応 79

逆に、1-フェニルエタノールをグリニャール反応で合成することを考えると、波線 **a**、あるいは波線 **b** で C–C 結合を形成させればよいことが分かる。すると反応式に示した二つの組合せを考えることができる。

アルキルリチウム (R–Li) は、グリニャール試薬よりも強力な求核剤としてカルボニル基に付加する。

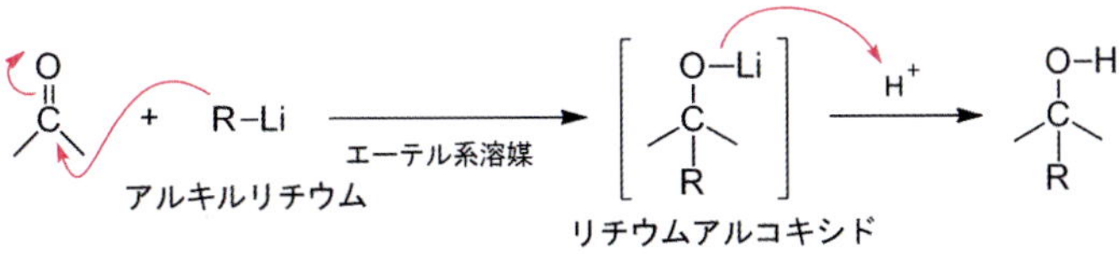

シアン化水素（青酸）も有用な炭素アニオンである。カルボニル基に ⁻CN が付加した化合物はシアノヒドリンと呼ばれる。シアノ基を加水分解するとカルボン酸になるので、シアノヒドリンはヒドロキシカルボン酸の合成中間体として有用である。

シアノヒドリン cyanohydrin

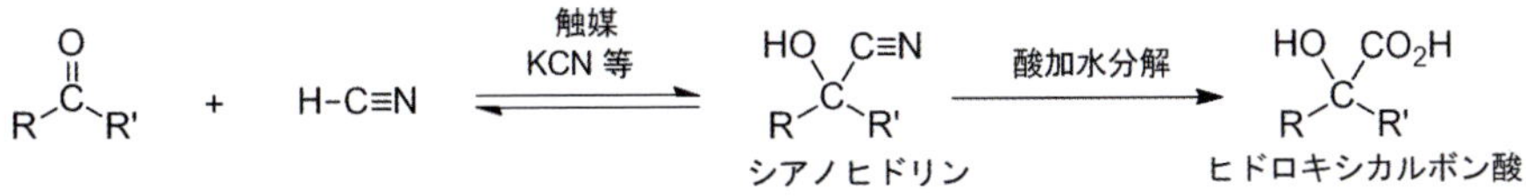

シアン化水素の付加は、シアン化カリウム (KCN) やシアン化ナトリウム (NaCN) などの触媒の存在下で行われることが多い。反応機構を以下に示す。シアニドアニオンがカルボニル基に求核付加し、生じるアルコキシドアニオンがシアン化水素からプロトンを引き抜き、シアノヒドリンを与えるとともにシアニドアニオンを再生する。

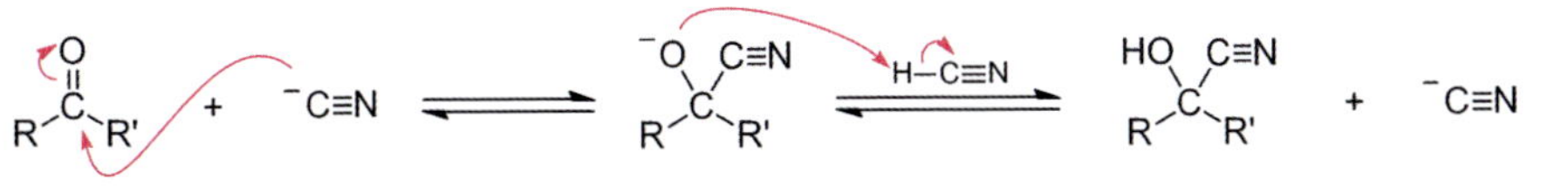

80　第7章　アルデヒド・ケトンに対する求核付加反応

7・4　ウィッティヒ反応

ウィッティヒ反応
Wittig reaction

ウィッティヒ反応は、アルデヒド・ケトンをアルケンに変換する反応である。カルボニル基の炭素とウィッティヒ試薬由来の炭素が結合してアルケンになる。

ホスホニウムイリド
ウィッティヒ試薬

トリフェニルホスフィン
オキシド

イリド ylide

*4　イリド
イリドとは、正電荷をもつ原子と負電荷をもつ原子（一般的には炭素）が共有結合で結合している化合物の総称で、リンイリド、硫黄イリド、窒素イリドなどがある。

*5　正確には、①と②は段階的に進行するのではなく、同時に起こることが明らかとなっている。

ウィッティヒ試薬（ホスホニウムイリド*4）は、トリフェニルホスフィンとハロゲン化アルキル（たとえば、ヨウ化メチル）から得られるホスホニウム塩に、強塩基（n-BuLi、t-BuOK など）を作用させて調製する。ホスホニウムイリドは、炭素上の電子がリン原子の空の軌道に入ることで安定化されている。したがって、イリド構造でなく、リン－炭素が二重結合となったホスホラン型で示されることも多い。ウィッティヒ反応は、① ホスホニウムイリドがカルボニル基に付加、② 酸素－リン結合の形成による4員環ホスフェタン中間体の生成、③ ホスフェタンの開裂によるアルケンとホスフィンオキシドの生成、という機構で進行する*5。

トリフェニル
ホスフィン

ホスホニウム塩

強塩基

ホスホニウムイリド

ホスホラン

ホスホニウムイリド

ホスフェタン
中間体

トリフェニル
ホスフィン
オキシド

シクロヘキサノンとイリド（メチレントリフェニルホスホラン）の反応では、メチレンシクロヘキサンが単一生成物として得られる。一方、シクロヘキサノンにグリニャール試薬（CH_3MgBr）を付加させ、得られる第三級アルコールを脱水すると、1-メチルシクロヘキセンが主生成物として得られる（ザイツェフ則）。この際、メチレンシクロヘキサンも少し副生する。したがって、ウィッティヒ反応を利用すると二重結合の位置がきちんと決まったアルケンを得ることができる。

7・4 ウィッティヒ反応　81

ウィッティヒ反応

シクロヘキサノン ＋ (C₆H₅)₃P⁺–CH₂⁻（メチレントリフェニルホスホラン） → メチレンシクロヘキサン（**単一生成物**）

グリニャール反応・脱水

シクロヘキサノン ＋ CH₃–MgBr ─エーテル→ H⁺ → 1-メチルシクロヘキサノール（HO CH₃） ─H⁺／−H₂O→ 1-メチルシクロヘキセン（**主生成物**） ＋ メチレンシクロヘキサン（**副生成物**）

　臭化エチル由来のホスホニウムイリド（エチリデントリフェニルホスホラン）とアルデヒドを反応させると、Z体とE体の異性体を生じる。一般的にはZ体が優先的に得られる。これは、アルケンの熱力学的安定性の差でなく、ホスフェタン*⁶生成の速度の差による。すなわち、Z体を与えるホスフェタン中間体の生成速度が、E体を与えるホスフェタン中間体の生成速度よりも速いからである。

＊6　ホスフェタン
ホスフェタンからアルケンとホスフィンオキシドに開裂する反応は立体特異的で（第2章コラム）、アルケンの幾何異性はホスフェタンの立体化学によって決まる。また、ホスフェタンが生成する反応は不可逆的で、（下へ続く）

RCHO ＋ (C₆H₅)₃P⁺–CH-CH₃⁻（エチリデントリフェニルホスホラン）
　速い → ［ホスフェタン中間体（cis）］ → Z アルケン（**主生成物**）
　遅い → ［ホスフェタン中間体（trans）］ → E アルケン（**副生成物**）

　一方、ブロモ酢酸エチル由来のホスホニウムイリドとアルデヒドとのウィッティヒ反応では、E体の異性体を選択的に与える。

RCHO ＋ (C₆H₅)₃P⁺–CH-CO₂C₂H₅⁻ → E アルケン（$CO_2C_2H_5$）（**主生成物**） ＋ Z アルケン（$CO_2C_2H_5$）（**副生成物**）

　イリドのアニオンは、ホスホニウム塩とエステルの二つの電子求引性基によって安定化されている。したがって、ホスフェタン中間体から原料のアルデヒドとイリドに戻る逆反応が進行する。その結果、熱力学的により安定（RとCO₂C₂H₅がアンチ）なホスフェタンからの開裂が起こり、Eアルケンが選択的に得られる。

元のイリドとアルデヒドには戻らない。したがって、アルケンの幾何異性はホスフェタンの生成比（反応速度の比）によって決まる。

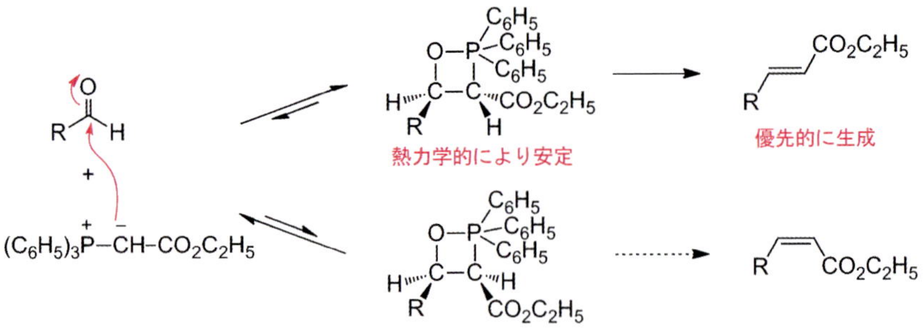

82 ┃ 第7章 アルデヒド・ケトンに対する求核付加反応

ハロゲン化アルキル由来のホスホニウムイリドは水と反応して分解するのに対し、エステルの結合したホスホニウムイリドは安定である。したがって、これらは不安定イリド、安定イリドとも呼ばれる[*6]。

*6 不安定イリドと安定イリド
電子求引性基のついていない不安定イリドは水と反応してホスフィンオキシドに分解する。エステルなど電子求引性基のついた安定イリドは水溶液中で安定で、ホスホニウム塩と塩基（たとえば、水酸化ナトリウム）を水溶液中で反応させて調製できる。

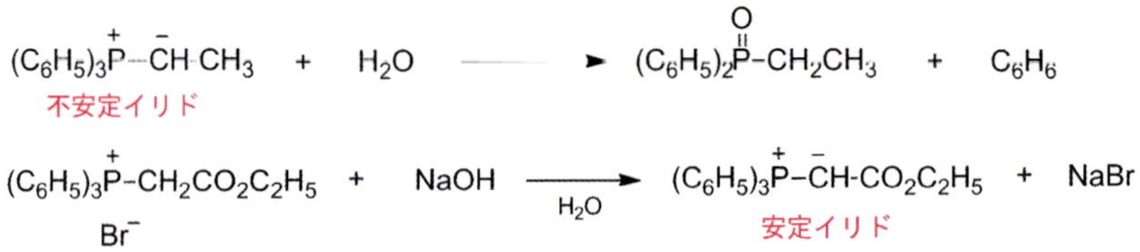

ウィッティヒ反応と関連する反応に、アルキルホスホン酸エステルを用いるホーナー–ワズワース–エモンズ反応がある。ウィッティヒ反応と同様に、カルボニル基の C＝O 二重結合が C＝C 二重結合となるアルケンを与える。アルデヒドとの反応では E 体がほぼ選択的に得られる。

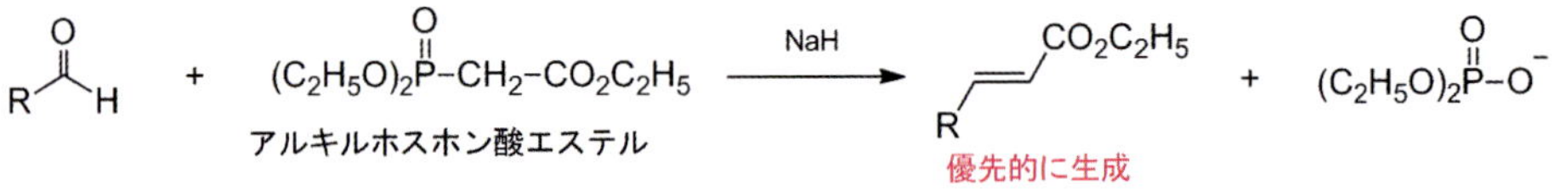

反応機構を次ページ上の図に示した。アルキルホスホン酸エステルのメチレン水素はエステルで引っ張られているので酸性度が高く、塩基によって容易にプロトンが引き抜かれてカルボアニオンが生じる。カルボアニオンがカルボニル基に付加し、4員環ホスフェタン中間体を与える。アルキルホスホン酸エステルのカルボアニオンは安定なので、ホスフェタン中間体から出発原料に戻る逆反応が起こる。その結果、熱力学的に安定なホスフェタンを経由する E 体が選択的に得られる。

7・5 アミンとの反応

アルコールと同様に、アミンもアルデヒド、ケトンに求核付加する。酸性条件下では、ヘミアミナールからさらに脱水反応が起こり、イミニウム塩となる。イミニウム塩はさらに、アミンの構造によってイミン（シッフ塩基とも呼ばれる）あるいはエナミン*7を与える。

アミン amine

イミン imine
エナミン enamine

第一級アミンの場合（R′ ＝ H の場合）、イミニウム塩から直接プロトンが脱離してイミンを与える。第二級アミンの場合は、イミニウム塩の窒素原子にプロトンがないので、α 位のプロトンを引き抜いてエナミンとなる。

*7 エナミン
エナミンはアルケン（alkene）とアミン（amine）の部分構造をもっているので、ene と amine から enamine と呼ばれる。

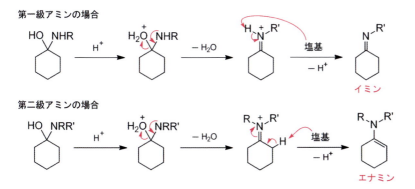

イミンとエナミンの反応を以下に示す。アルデヒド・ケトンにアミンを作用させて得られるイミンに弱酸性条件下、シアノ水素化ホウ素ナトリウ

還元的アミノ化
reductive amination

ム（NaBH₃CN）を作用するとアミンが得られる。アルデヒド・ケトンが還元されてアミンになるので、還元的アミノ化と呼ばれる。シアノ水素化ホウ素ナトリウムによるアルデヒド・ケトンの還元は、中性〜弱酸性条件下では遅い。したがって、アミンと還元剤を同時に加えても、アルデヒド・ケトンの還元より還元的アミノ化が優先して進行する。

還元的アミノ化

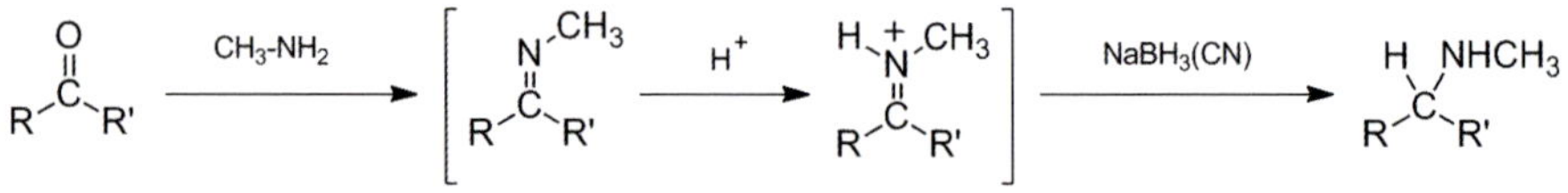

エナミンにハロゲン化アルキルを反応させると、窒素原子の非共有電子対が炭素−炭素二重結合に流れ込み、β 位の炭素上で求核置換反応が起こる。アルキル化されたイミニウム塩を酸加水分解するとケトンが得られる。ケトンの α 位でのアルキル化法の一つである。この場合、ケトンからエナミンを経由しているが、ケトンから直接アルキル化する反応については後述する（9・3節参照）。

エナミンのアルキル化

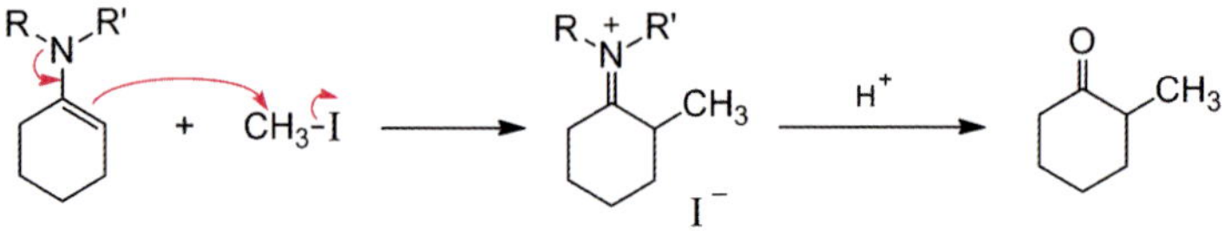

ヒドラゾン hydrazone
オキシム oxime

ヒドラジン（H₂N−NH₂）やヒドロキシルアミン（NH₂OH）もアルデヒド・ケトンと容易に反応し、それぞれヒドラゾン、オキシムを与える。ヒドラゾンを NaOH 水溶液中で加熱すると窒素が脱離して還元体が得られる（ウォルフ-キッシュナー還元）。ケトンをメチレンに還元する一つの方法である。

ウォルフ-キッシュナー還元

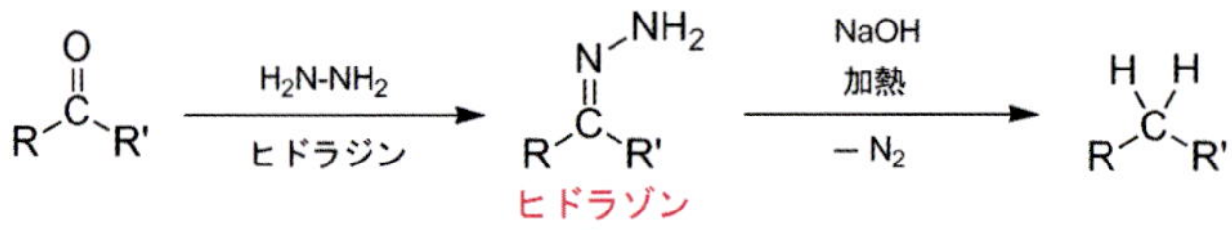

オキシムを酸で処理すると、転位反応が進行してカルボン酸アミドが得られる（ベックマン転位：12・1・3項参照）。

ベックマン転位

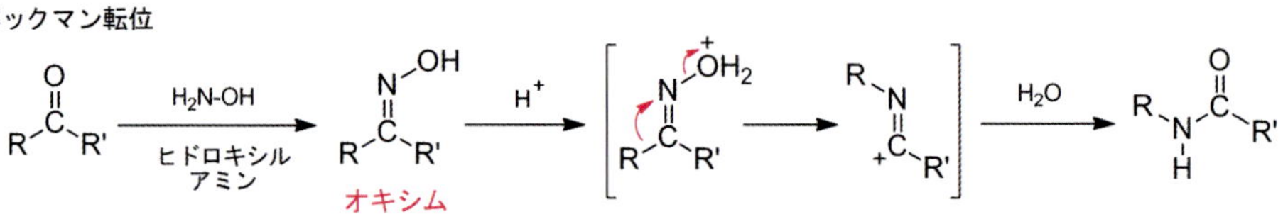

7·6　共 役 付 加

　前節までのカルボニル基への求核付加は、求核剤がカルボニル炭素（1位）に、求電子剤が酸素原子（2位）に付加するので、1,2-付加と呼ばれる。

共役付加 conjugate addition

1,2-付加

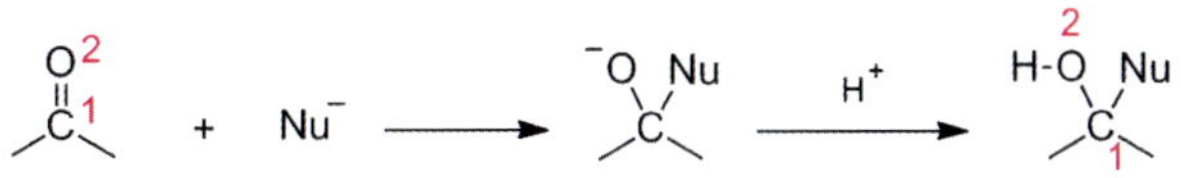

カルボニル基が炭素－炭素二重結合と共役している場合、共鳴構造式1に加え、共鳴構造式2も考えることができる。通常のアルケンの炭素－炭素二重結合は分極していないが、カルボニル基に共役すると強く分極する。その結果、求核剤が1位炭素を攻撃し、エノラートイオンが生じる。エノラートイオンから図のような電子移動を伴ってプロトン化されると（求電子剤がH$^+$）、付加体が得られる。最終的にはNu$^-$とE$^+$（H$^+$）が隣り合った炭素上（1位と2位）に付加しているが、エノラートイオンを経由するので1,4-付加と呼ばれる。

1,4-付加

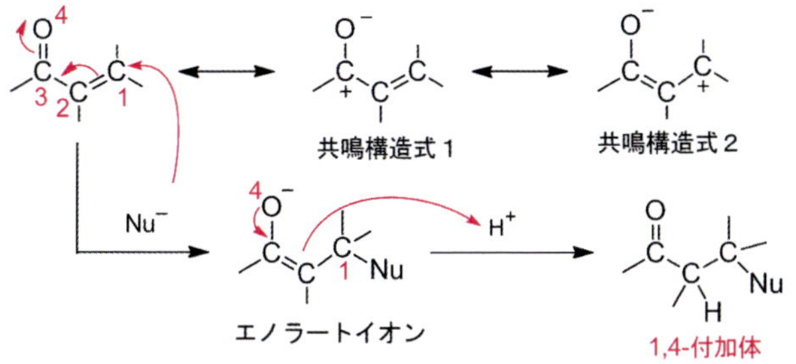

共鳴構造式1　　　共鳴構造式2

エノラートイオン　　　1,4-付加体

　様々な求核剤が不飽和ケトンに1,4-付加するが（たとえばマイケル付加：10·2·2項参照）、ここではメチルビニルケトンに対するシアニドアニオンの付加反応を以下に示す。

　低温でシアン化水素、シアン化ナトリウムを反応させると、1,2-付加したシアノヒドリンを与える。一方、同じ反応を80℃で行うと1,4-付加したシアノケトンが得られる。高温下では、1,2-付加したシアノヒドリンが、アルコキシドアニオンを経由して原料に戻る逆反応（カッコ内）が進行する。その結果、熱力学的により安定な1,4-付加体に収束する。

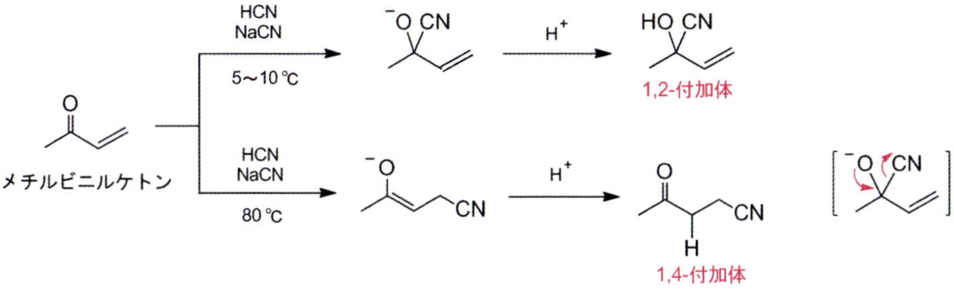

メチルビニルケトン

1,2-付加体

1,4-付加体

演習問題

7・1 以下のアルコールを、グリニャール反応、あるいは還元反応によって合成する方法を列挙せよ。

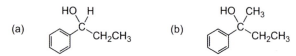

7・2 以下の化合物に、水素化ホウ素ナトリウム (NaBH$_4$)、臭化メチルマグネシウム (CH$_3$MgBr)、アニリン、ジメチルアミン、ヒドロキシルアミン (NH$_2$OH) をそれぞれ反応させたときの生成物を示せ。

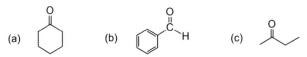

7・3 次のケトンに酸触媒下でエチレングリコール (HOCH$_2$CH$_2$OH)、プロピレングリコール (HOCH$_2$CH$_2$CH$_2$OH) を反応させたときの生成物を示せ。

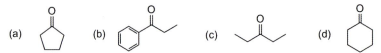

7・4 次の1,2-ジオール、1,3-ジオールに酸触媒下、アセトン、ベンズアルデヒドを反応させたときの生成物を示せ。

(a) CH$_3$O$_2$C‐C(OH)(H)‐C(OH)(H)‐CO$_2$CH$_3$ D-酒石酸ジメチル (b) シス-1,2-シクロヘキサンジオール (c) (2R,4R)-ペンタン-2,4-ジオール

7・5 以下の反応の生成物の構造を示せ。複数の生成物を与える可能性がある場合は、主生成物を示せ。

(a) シクロペンタノン + (C$_6$H$_5$)$_3$P$^+$–CH$_2^-$ ⟶ 生成物

(b) 3-メチルブタナール + (C$_6$H$_5$)$_3$P$^+$–CH–CH$_3$ ⟶ 生成物

(c) 3-メチルブタナール + (C$_6$H$_5$)$_3$P$^+$–CH–CO$_2$C$_2$H$_5$ ⟶ 生成物

第8章 カルボン酸誘導体の反応

　カルボニル基を有するカルボン酸誘導体は、アルデヒド・ケトンと同様にカルボニル基に対する付加反応を起こす。しかし、アルデヒド・ケトンと異なり、カルボン酸誘導体は脱離基となるヘテロ原子がカルボニル基に直結しているので、付加中間体からさらに反応が進行する。カルボン酸およびその誘導体のうち、最も一般的なカルボン酸、酸ハロゲン化物、酸無水物、エステル、アミドを取り上げ、これらの反応性の違い、相互変換について学ぶ。またカルボン酸と同じ酸化度をもつニトリルの反応についても学ぶ。

8・1　カルボン酸誘導体の種類と反応性の違い

　カルボン酸誘導体は分極した炭素－酸素二重結合（C＝O）を有しているので、アルデヒド・ケトンと同様に求核剤の攻撃を受け、付加体（四面体中間体）を生じる。アルデヒドやケトンの場合はアルコキシドイオンにプロトン化が起こって反応は終了する。一方、カルボン酸誘導体の場合、初めに生成する四面体中間体には脱離基となりうるXが結合している。したがって、反応はこの段階で止まらず、X⁻ が脱離して新たなカルボニル誘導体が生成する。カルボン酸誘導体のXが求核剤Nuで置き換わるので、求核アシル置換反応と呼ばれる。求核剤がヒドリドイオン（H⁻）あるいは炭素アニオン（C⁻）の場合は、それぞれアルデヒド、ケトンが生じるので、反応はさらに進む（8・2・3項）。

カルボン酸誘導体
carboxylic acid derivative

四面体中間体
tetrahedral intermediate

求核アシル置換反応
nucleophilic acyl substitution reaction

求核アシル置換反応

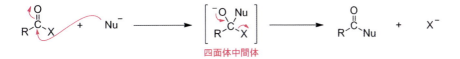

四面体中間体

　カルボン酸の誘導体としては、酸塩化物、酸無水物、エステル、アミドが最も代表的である。

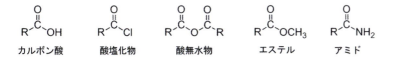

カルボン酸　　酸塩化物　　酸無水物　　エステル　　アミド

　これらのカルボン酸誘導体の反応性は、Xによって大きく影響を受ける。Xが電子求引性基の場合、カルボニル基のδ+ 性は強くなるので求核剤の攻撃を受けやすくなる。一方、Xが電子供与性基だと、δ+ 性は弱くなるので反応性は低くなる。

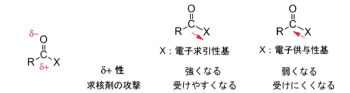

また、X⁻ がより安定な脱離基であれば、四面体中間体から X⁻ が脱離する段階も起こりやすい。すなわち、脱離基 X⁻ の共役酸 HX の酸性度 pK_a が小さいほど、求核アシル置換反応は進行しやすくなる。

*1 **カルボキシラートイオン**
カルボン酸の pK_a 値は 4～5 なので、塩基性条件下ではカルボキシラートイオンとして存在する。共鳴構造式に示すように、負電荷は非局在化して安定化されている。アニオンがカルボニル炭素に流れ込むので、カルボニル基の求電子性は弱まる。

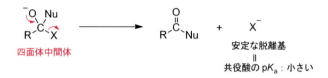

カルボン酸誘導体の反応性は以下のような順番になる。酸塩化物、酸臭化物の反応性が一番高く、酸無水物、エステル、アミドの順番となる。

	CH₃COCl	CH₃CO-O-COCH₃	CH₃COOCH₃	CH₃CONH₂
脱離基	Cl⁻	CH₃COO⁻	CH₃O⁻	⁻NH₂
脱離基の共役酸	HCl	CH₃COOH	CH₃OH	NH₃
共役酸の pK_a	−7	4.75	15.5	36

反応性高い ────────────────── 反応性低い

*2 カルボニル酸素がプロトン化されると、図のような共鳴構造で正電荷が非局在化される。カルボン酸のヒドロキシ基がプロトン化されると、正電荷が局在化される。

カルボン酸の求電子性は反応条件によって異なる。塩基性条件下では、カルボキシ基はプロトンが引き抜かれてカルボキシラートイオン*1 となるので、カルボニル基の求電子性は弱くなる。酸性条件下では、カルボニル酸素にプロトン化*2 が起こり、求電子性が高まる（8・2節）。

R-COOH + Nu⁻ ⟶ R-CO-O⁻ + Nu-H
　　　　　　　　　　δ+性弱くなる

R-COOH + H⁺ ⟶ R-C(⁺OH)OH ⟷ R-C(OH)(⁺OH)
　　　　　　　　　　　　　　　δ+性強くなる

8・2 アシル置換反応および付加反応

本節では、① カルボン酸とカルボン酸誘導体との相互変換、② カルボン酸誘導体間での変換について学ぶ。

8・2・1 カルボン酸とカルボン酸誘導体との相互変換

酸塩化物はカルボン酸と塩化チオニル（SOCl₂）から合成できる[*3]。副生する SO₂、HCl は気体なので、濃縮するだけで除去することができる。その他、五塩化リン（PCl₅）や、塩化オキサリル－ジメチルホルムアミド（(COCl)₂－DMF）法もよく使われる。

酸塩化物 acid chloride

[*3] カルボン酸のプロトン化と同じように、塩化チオニルに求核攻撃するのはカルボン酸のカルボニル酸素である。

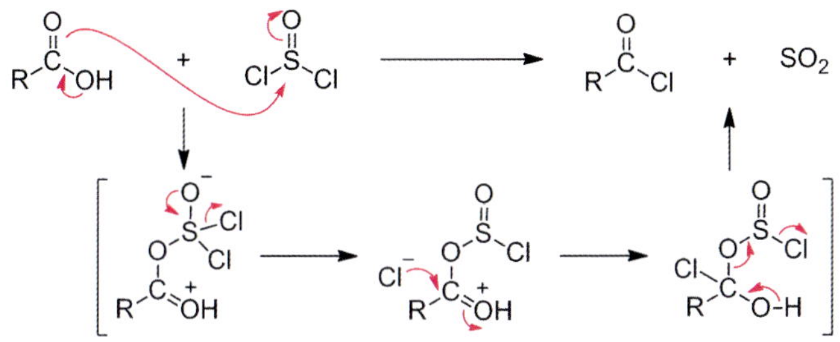

酸塩化物は反応性が高く、水と速やかに反応してカルボン酸に加水分解される。

酸無水物は、カルボン酸の Na 塩と酸塩化物、あるいはトリエチルアミン（Et₃N）などの塩基の存在下でカルボン酸と酸塩化物から合成できる。酸塩化物の側からみると、Cl⁻ がカルボキシラートイオン（RCOO⁻）で置き換わるアシル置換反応とみなすことができる。

酸無水物 acid anhydride

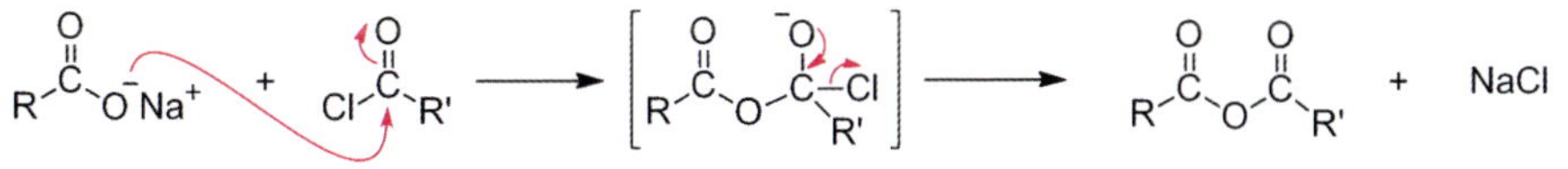

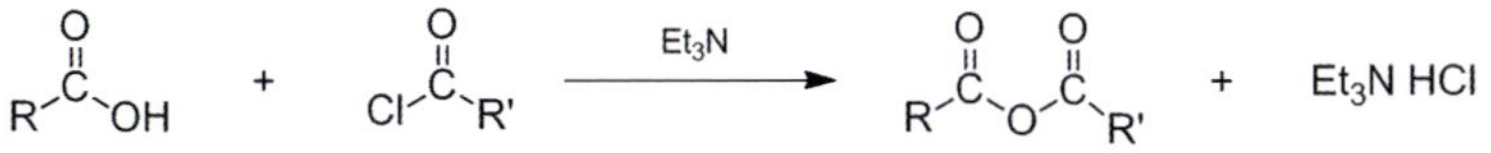

酸無水物も反応性が高く、水と徐々に反応して加水分解される。加水分解は、酸、あるいは塩基性条件下で加速される。酸性条件下ではカルボニル酸素へのプロトン化から始まり、塩基性条件下では水酸化物イオン（⁻OH）の攻撃から始まる。いずれの場合も四面体中間体を経由する。

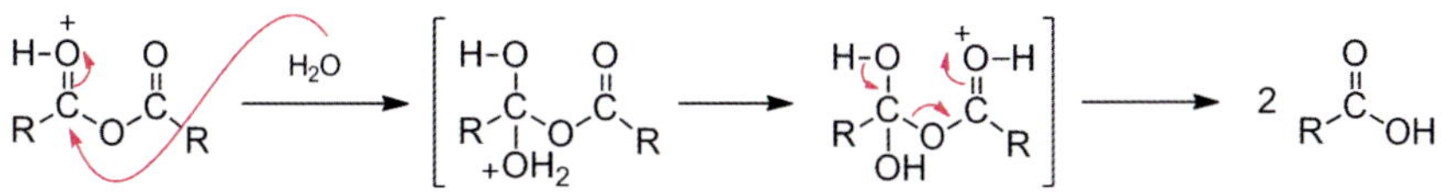

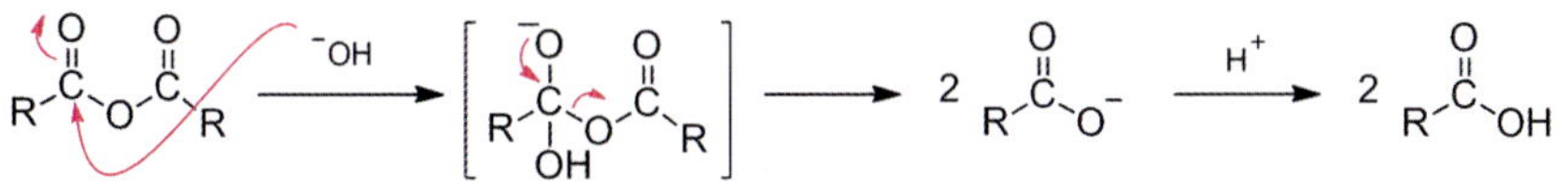

第8章　カルボン酸誘導体の反応

フィッシャーエステル化
Fischer esterification

　エステルをカルボン酸から合成する代表的な方法は、① フィッシャーエステル化と、② カルボン酸の *O*-アルキル化である。フィッシャーエステル化は、硫酸等の酸触媒の存在下で大過剰のアルコールをカルボン酸と反応させる方法である。反応機構を以下に示す。プロトン化によって活性化されたカルボン酸にアルコールが付加し、ヒドロキシ基がプロトン化された四面体中間体から水が脱離してエステルが生成する。フィッシャーエステル化で重要な点は、反応が可逆的であることである。カルボン酸からエステルを得るためには、メタノールを大過剰用いる、あるいは生じる水を反応系から除く必要がある。反応機構から分かるように、得られるエステルのカルボキシル酸素はアルコール由来である。フィッシャーエステル化は、炭素数の少ない低級アルコールのときに効率よく進行する。

フィッシャーエステル化反応

　カルボン酸の *O*-アルキル化は塩基性条件下で進行する。カルボン酸のカリウム塩、あるいはカルボン酸と炭酸カリウム（K_2CO_3）にハロゲン化アルキルを作用させると、S_N2 反応が進行してエステルが得られる。この場合、カルボキシル酸素はカルボン酸由来となる[*4]。

＊4　ジアゾメタン（CH_2N_2）を用いると、中性条件下でカルボン酸をメチルエステルに変換できる。

カルボン酸の *O*-アルキル化

　エステルの加水分解は、酸性条件下、塩基性条件下のどちらでも行うことができる。酸性条件下での加水分解は、フィッシャーエステル化と逆の機構をたどることで進行する。すなわち、最初の段階はカルボニル酸素に対するプロトン化で、活性化されたカルボニル炭素に水が攻撃する。アルコールと水の酸性度はあまり違わないので、平衡をカルボン酸側に片寄らせるために水を大過剰用いる。アルカリ加水分解は、酸無水物と同様の機構で進行する。アルカリ加水分解の場合、初めに生成するカルボン酸はカルボキシラートイオンになるので、カルボン酸を得るためには反応終了後に酸で処理する必要がある。

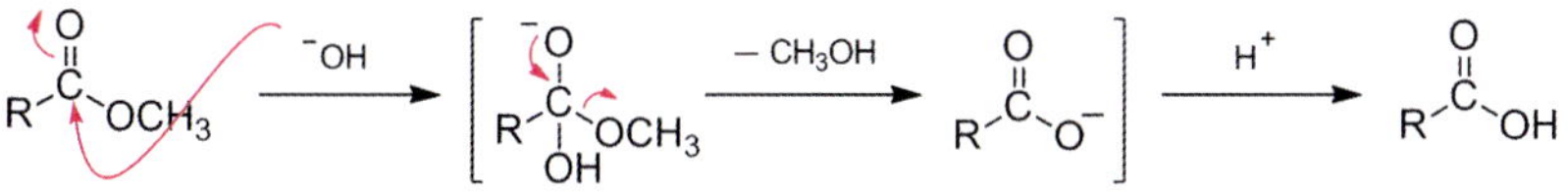

8・2 アシル置換反応および付加反応 91

カルボン酸のt-ブチルエステルは、カルボン酸にイソブテンを酸性条件下で反応させると得られる。イソブテンにプロトン化して生じる第三級カルボカチオンに、カルボン酸が付加する求電子付加の機構で進行する。t-ブチルエステルを酸で処理すると、E1脱離機構でカルボン酸に加水分解される。

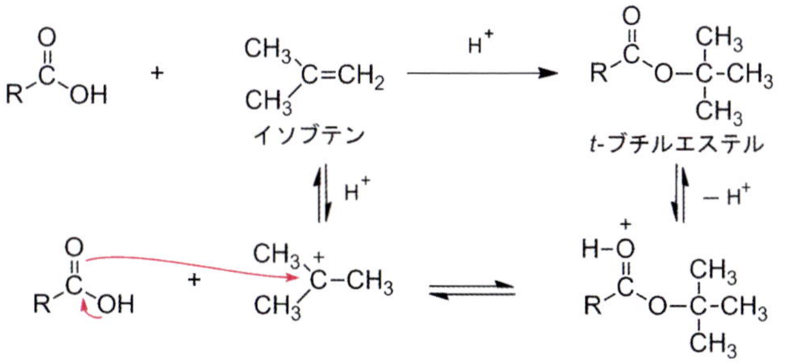

アミドをカルボン酸から合成する方法は単純ではない。カルボン酸とアミンを反応させると酸・塩基反応が起こり、アンモニウム塩となる。アンモニウム塩を脱水してアミドに変換するためには、熱分解条件といった苛酷な条件が必要である。

アミド amide

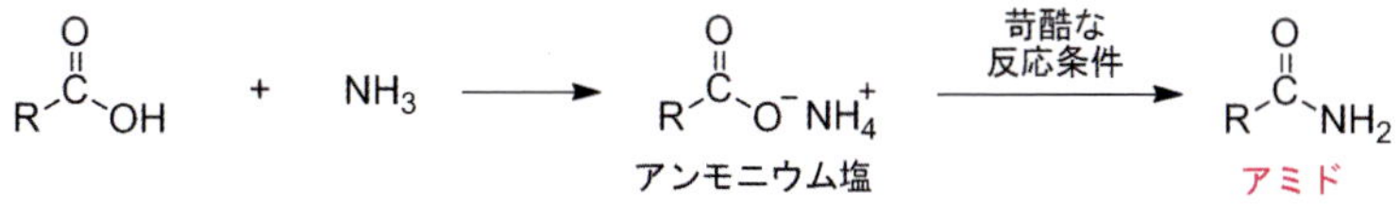

アミドはカルボン酸誘導体の中で最も反応性が低い化合物なので、酸ハロゲン化物、酸無水物、エステルなどにアミンを反応させれば容易に合成できる（8・2・2項）。しかし、ペプチドや酸・塩基に弱い官能基をもつアミドの場合は、カルボン酸とアミンから直接アミドを合成することが望ましく、そのための脱水縮合剤が数多く開発されている（11・3節参照）。

アミドは反応性が低いので、加水分解は強酸、強アルカリを用い、通常は加熱条件下で行われる。アルカリ加水分解では、アンモニアの脱離（**path b**）よりもヒドロキシ基の脱離（**path a**）が優先するが、最終的にカルボキシラートイオンになることで加水分解の方向にずれる。酸加水分解では、四面体中間体のアミノ基がプロトン化されることによってヒドロキシ基よりも良い脱離基（pK_a：〜9.3）となるので加水分解が進行する。

8・2・2 カルボン酸誘導体間での変換

カルボン酸誘導体の反応性は、【酸ハロゲン化物】＞【酸無水物】＞【エステル】＞【アミド】の順番であることを先に説明した。反応性の高い誘導体から低い誘導体に変換するには、対応する求核剤（たとえば、カルボキシラートイオン、メタノール、アンモニア）を作用させると容易に行うことができる。

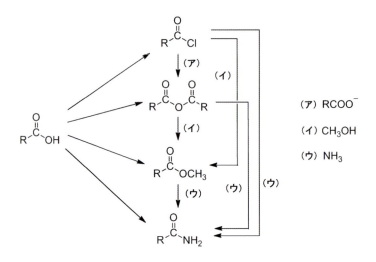

アミドからエステル、あるいは酸無水物へという逆の変換はむずかしい。たとえ四面体中間体が生成しても、アニオンとしてより安定な基が脱離して元に戻るからである。より反応性の高いカルボン酸誘導体を得るためには、カルボン酸に加水分解してから誘導すればよい。

X⁻の方が Nu⁻ より安定なら求核アシル置換が起こる（a）
Nu⁻の方が X⁻ より安定なら元に戻る（b）

8・2・3 求核付加反応

エステルに $LiAlH_4$ を反応させると、ヒドリド（H^-）が求核剤として作用する求核アシル置換反応が進行し、アルデヒドが初めに生成する。アルデヒドは $LiAlH_4$ とさらに反応して第一級アルコールを与える。

エステルにグリニャール試薬を反応させると、C^- が求核剤となりケトンが生成する。ケトンはグリニャール試薬とさらに反応して第三級アルコールを与える。

アミドの還元は、エステルの還元と異なる。アミドがアンモニア、あるいは第一級アミン由来の場合、アミドのプロトンは酸性プロトンなので、$LiAlH_4$ と反応すると水素が脱離して窒素原子はアニオン化される。アミドの求電子性は低下するが、求核性の高い $LiAlH_4$ は、カルボニル基に付加して四面体中間体が生成する。四面体中間体からイミン形成に伴って C−O 結合が開裂する。アルコールの pK_a はアミンの pK_a よりも小さい（酸性度が高い）ので、アルコキシドが脱離する。この段階がエステルの還元と最も異なる点である。イミンに対してさらに H^- が付加し、最後に酸で反応を停止すると第一級アミンが得られる。同様に、5員環ラクタムの還元では、5員環は開環せず、5員環アミン（N-メチルピロリジン）が得られる。このように、アミドの還元では C−N 結合は切断されず、C＝O 二重結合がそのまま CH_2（メチレン）に還元される。

94 第8章 カルボン酸誘導体の反応

8・3 ニトリルの反応

ニトリル nitrile

*5 ニトリル
RC≡N で表される化合物をニトリルといい、C≡N 基はシアノ基と呼ばれる。シアノ基の炭素原子はカルボン酸の炭素原子と同じ酸化度で、他のカルボン酸誘導体と似たような反応性を示すので、いっしょに扱われることが多い。ニトリルはアミドを脱水することでも得られる。

ニトリル[*5]の C−N 三重結合はカルボニル基と同様に分極し、炭素 $\delta+$、窒素 $\delta-$ となっている。したがって、炭素に Nu^-、窒素に E^+ が付加する。

	電気陰性度	
	炭素	2.5
	窒素	3.0

強く分極している

ニトリルを加水分解するとカルボン酸になる。ニトリルの加水分解は酸性条件下、塩基性条件下のどちらでも進行する。酸性条件下では $\delta-$ 性の窒素原子にプロトン化が起こり（H^+ が E^+）、初めにイミニウム塩が生成する。イミニウム塩に水が付加したのち、プロトンが移動する。この中間体はアミドの加水分解の中間体と同じである。アミドと同様な機構でカルボン酸に加水分解される。塩基性条件下では、C−N 三重結合に ^-OH が付加し（^-OH が Nu^-）、プロトンが移動してアミドを与える。以降はアミドの加水分解と同様の機構でカルボン酸になる。

酸性条件下での加水分解

塩基性条件下での加水分解

ニトリルはハロゲン化アルキルとシアニドイオン（^-CN）の S_N2 反応によって得ることができる（5・1 節）。また、シアニドイオン（^-CN）はアルデヒド、ケトンに付加してシアノヒドリンを与える（7・3 節）。ニトリルを加水分解するとカルボン酸になるので、シアニドイオンはカルボキシ基

（COOH）をアニオンとして導入する C1 ユニットとして有用である。

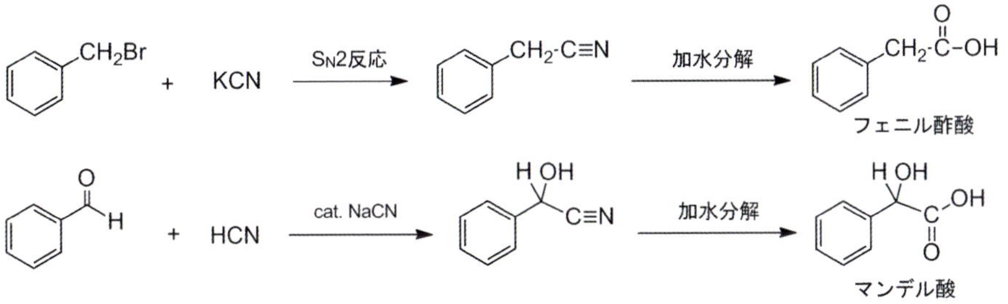

（構造式・反応式の図）

ニトリルは、カルボン酸への加水分解だけでなく、第一級アミンへの還元、アルデヒドへの部分還元、ケトン合成などニトリル特有の反応がある。以下、これらの変換について学ぶ。

ニトリルを LiAlH₄ で還元すると第一級アミンが得られる。ヒドリドイオン（H⁻）が求核剤として C−N 三重結合に付加し、生じる C−N 二重結合にさらに付加する。酸で反応を停止すると第一級アミンが得られる。

（反応式の図）

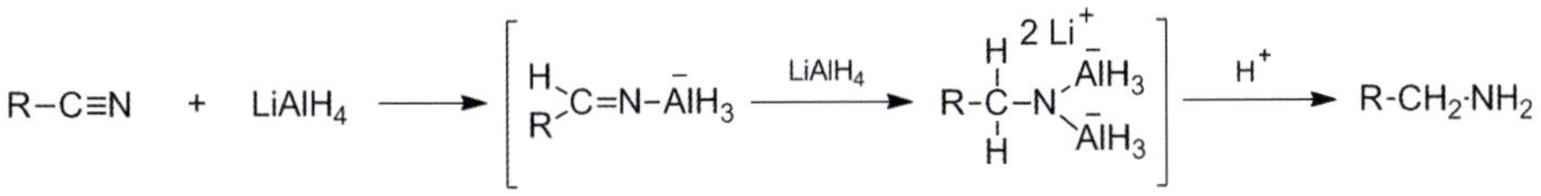

ニトリルに水素化ジイソブチルアルミニウム（DIBAL：diisobutylaluminium hydride）を反応させると、DIBAL の H⁻ が C−N 三重結合に付加しイミン中間体が生じる。酸を作用させるとイミンの加水分解が進行して、アルデヒドを与える。DIBAL は LiAlH₄ よりも反応性が低いので、イミンの段階で反応を停止することができる。

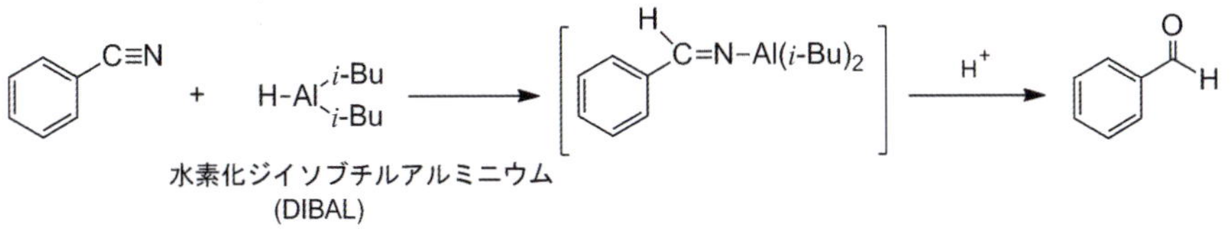

（反応式の図）

ニトリルにグリニャール試薬が付加すると、イミンの Mg 体が生成する。酸を作用させると、イミンの加水分解によってケトンを得ることができる。

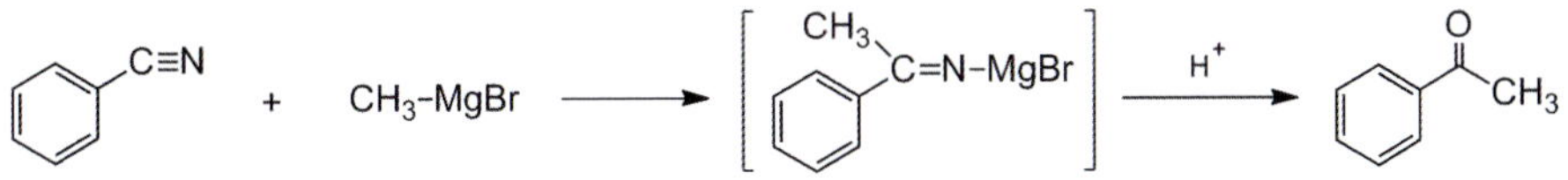

（反応式の図）

━━ 演 習 問 題 ━━

8・1 塩化ベンゾイル、ベンズアミド、安息香酸エチルエステル、無水安息香酸の求核アシル置換反応で、反応

96 ‖ 第8章 カルボン酸誘導体の反応

性が高い順に並べよ。

8・2 フェニル酢酸エチルエステルをフェニル酢酸から合成する酸性条件下、および塩基性条件下の二つの方法を示せ。

8・3 プロピオン酸 *t*-ブチルエステルを合成する方法を示せ。

8・4 フェニル酢酸に、以下の試薬を反応させたときの生成物の構造を示せ。

(a) ① LiAlH$_4$、② H$^+$、 (b) SOCl$_2$、 (c) CH$_3$OH（大過剰）、 H$_2$SO$_4$（触媒量）、 (d) NH$_3$（室温）

8・5 カルボン酸エステルから以下のアルコールを合成する方法を示せ。

8・6 以下の反応式で生成する化合物の構造を示せ。

COLUMN　　**長 鎖 脂 肪 酸**

炭素数が 15 以上のカルボン酸は長鎖脂肪酸と呼ばれる。アセチル CoA（炭素数 2）を出発物質としてマロニル CoA（炭素数 3）が脱炭酸的に結合して生合成されるので、長鎖脂肪酸の炭素数はほとんどが偶数である。炭素数や不飽和度（二重結合の数と位置）の違いによって様々なカルボン酸が知られている。

パルミチン酸（16：0*）やステアリン酸（18：0）などの飽和脂肪酸はエネルギー代謝に重要な役割を果たすが、不飽和脂肪酸も体の中で重要な役割を担っている。例えばアラキドン酸（20：4、$\Delta^{5,8,11,14}$）は、プロスタグランジン生合成の最初の出発物質となっている（第 15 章参照）。他にも、エイコサペンタエン酸（EPA：20：5、$\Delta^{5,8,11,14,17}$）、ドコサヘキサエン酸（DHA：22：6、$\Delta^{4,7,10,13,16,19}$）などは、サプリメントとしてよく聞く名前である。

長鎖脂肪酸は、細胞膜の構成成分であるリン脂質

の脂肪酸部分としても存在する。不飽和度が高くなればなるほど、リン脂質の相互作用は低くなり流動性が増す。不飽和度の高い DHA は細胞膜の流動性の保持に寄与している。

ω3、ω6 脂肪酸の数字は、カルボン酸と反対側から数えたときに最初に二重結合となる炭素の番号による。脂肪酸はカルボン酸側に伸びるように生合成されるので、ω3 脂肪酸と ω6 脂肪酸は別の経路によって生合成される。アラキドン酸は ω6 系に、EPA、DHA は ω3 系に属する。ω6 系ではリノール酸（18：2、$\Delta^{9,12}$）、ω3 系では α-リノレン酸（18：3、$\Delta^{9,12,15}$）が鍵となる脂肪酸である。これらはヒト自身では合成できないので、必須脂肪酸と呼ばれる。狭義ではリノール酸と α-リノレン酸が必須脂肪酸であるが、広義にはアラキドン酸、EPA、DHA も含まれる。

---

* 　長鎖脂肪酸を例えば「18：1、Δ^9」と表すとき、「18：1」は炭素数と二重結合の数を、「Δ^9」は二重結合の位置（カルボン酸の炭素を 1 として）を意味する。

第 9 章　カルボニル化合物の α 位での反応

カルボニル化合物の α 位は、電子求引性のカルボニル基に直結しているので、α 位の水素の酸性度は高い。そのため、プロトンが脱離し、エノール、あるいはエノラートイオン構造をとることができる。このようなエノールあるいはエノラートイオンは求核性があり、カルボニル基の α 位の炭素上で様々な求電子剤と反応する。本章では、特にアルキル化剤との反応について学ぶ。

9・1　ケト-エノール互変異性

第 7 章で学んだアルデヒド・ケトンに対する求核付加反応では、カルボニル炭素に求核剤が付加し、アルデヒド・ケトンは「求電子剤」として作用している。本節では、アルデヒド・ケトンは「求電子剤」としてだけでなく、「求核剤」としても作用できることを学ぶ。たとえば、アセトン[*1]と臭素を反応させると、ブロモアセトンが得られる。この反応では、アセトンが「求核剤」となり、求電子剤の臭素と反応している。臭素との反応だけでなく、α 位のアルキル化、カルボニル化合物の縮合反応など、ケトン・アルデヒドが求核剤として作用する反応には多くの重要な炭素−炭素結合反応がある（9・3 節、第 10 章）。

[*1]　**アセトン**
最も単純なケトンで、水やほとんどの有機溶媒と混ざる。沸点が低く（57 ℃）、蒸発しやすいので、化学実験でガラス器具の洗浄や乾燥に用いられる。

カルボニル化合物
carbonyl compound

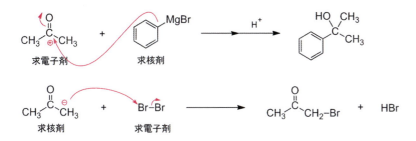

同じケトンが、「求核剤」にも「求電子剤」にもなりうる。どのようにしてアセトンが求核剤になるのかを考える前に、ケト-エノール互変異性について初めに学ぶ。アセトンは、100 % すべてがケトンとして存在しているのではない。ごくわずか (0.000001 %)「2-ヒドロキシプロペン」で示される構造の分子も存在する。この構造は、アルケンの「ene」とアルコールの「ol」を組み合わせて、「enol」エノールと呼ばれる。

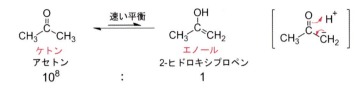

ケト–エノール互変異性

ケト–エノール互変異性 keto-enol tautomerism

ケトンとエノールは極めて速い平衡にあり、**ケト–エノール互変異性**と呼ばれ、比率はアルデヒド・ケトンによって異なる。

エノールはごくわずかしか存在しないが、求電子剤に対する反応性は高い。酸素原子の不対電子対が炭素–炭素二重結合に流れ込むので、通常のアルケン (2・2節) よりも反応性が高い。アセトンの臭素化は、エノールが臭素を攻撃して進行する (9・2節)。互変異性は平衡反応なので、エノールが反応して消費されると新たなエノールが直ちに生成する。このようにしてすべてのケトンが求電子剤と反応できる。エノールと求電子剤 E^+ との基本的な反応機構を示す。

ケト–エノール互変異性は酸触媒、塩基触媒によって加速される。酸触媒下では、カルボニル酸素に対するプロトン化が最初に起こり、次にα位のプロトンが脱離してエノールとなる。塩基触媒下では、塩基がα位のプロトンを引き抜き、最初にエノラートイオン[*2]が生じる。アセトン (pK_a:19.5) より水 (pK_a:15.7) の方が「強い酸」なので、エノラートイオンは水からプロトンを引き抜いてエノールになるとともに塩基 (HO^-) を再生する。

エノラートイオン enolate ion

[*2] **エノラートイオン**
エノールのヒドロキシ基からプロトンが脱離した陰イオンをエノラートイオンという (9・3・2項)。

エノールでは酸素原子の不対電子対がアルケンに流れ込むのに対し、エノラートイオンは負電荷が流れ込む。したがって、求核性はエノラートイオンの方がエノールよりも高い。酸素原子からの流れ込みがない通常のアルケンの求核性ははるかに低く、【エノラートイオン】＞【エノール】≫【通常のアルケン】の順番になる。

求核性の強さ

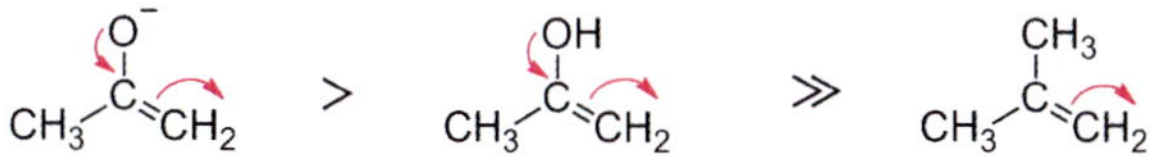

$$CH_3\text{-}C(O^-)\text{=}CH_2 \quad > \quad CH_3\text{-}C(OH)\text{=}CH_2 \quad \gg \quad CH_3\text{-}C(CH_3)\text{=}CH_2$$

9・2　ケトンの α 位のハロゲン化

　メチルケトンに臭素を反応させると、エノールを経由して臭素が 1 個導入されたモノブロモケトンが得られる。しかし、さらに臭素化が進行したジブロモケトン、トリブロモケトンは生成しない。一方、塩基性条件下での臭素との反応では、モノブロモ化で止まらず、ジブロモ化、トリブロモ化が進行する。なぜ、このような違いが起こるのだろうか。

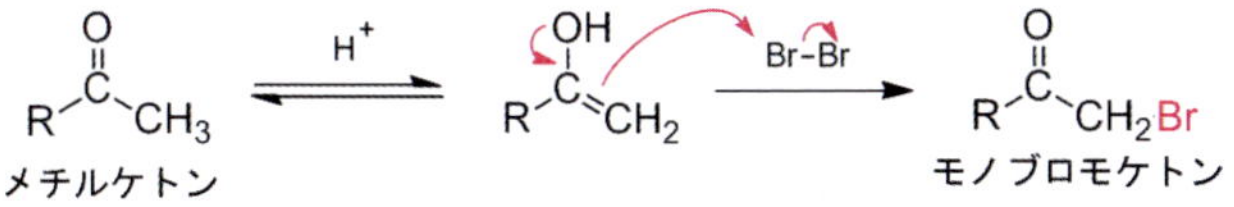

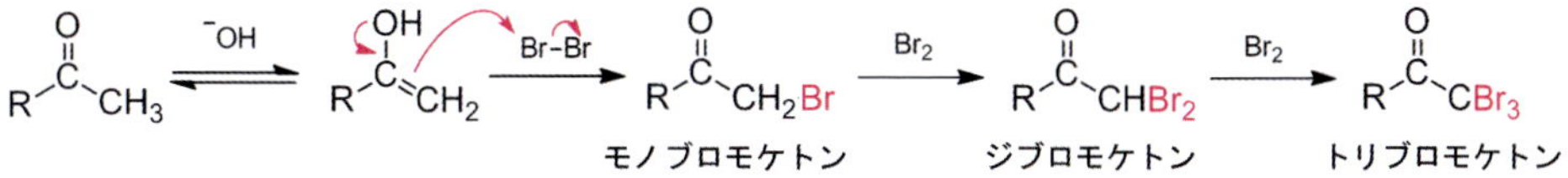

　酸性条件下でのエノールの生成は、カルボニル酸素原子の不対電子対がプロトンを攻撃することが最初の段階である。このようにして生成したエノールが臭素を攻撃して、α 位がブロモ化されたモノブロモケトンが得られる。二段階目の臭素化が進行するためには、カルボニル酸素原子がプロトン化されてエノールとならなければならない。しかし、臭素原子は電子求引性基なので、モノブロモケトンのカルボニル酸素の塩基性は、もとのメチルケトンに比べると弱くなる。その結果、プロトン化が起こりにくくなり、反応はモノブロモ化された段階で停止する[*3]。

*3　酸性条件下では、一段階目のブロモ化が二段階目、三段階目のブロモ化よりも進行しやすいということで、過剰の臭素を作用させるとジブロモケトン、トリブロモケトンも生成する。

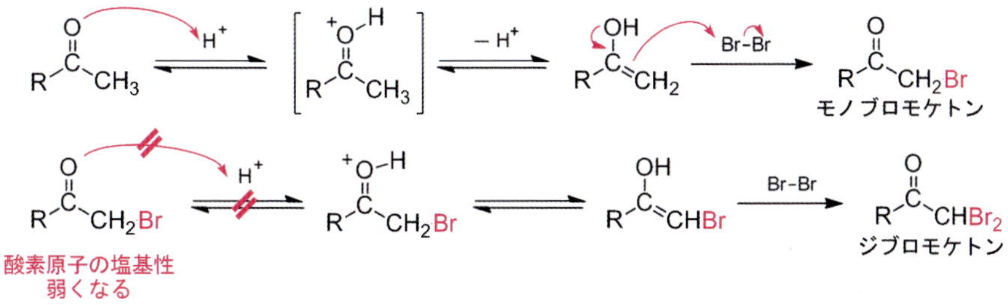

酸素原子の塩基性
弱くなる

　一方、塩基性条件下では、α 位が臭素化されると、臭素原子の電子求引性によって、α 位のプロトンの酸性は強くなる。そのため、原料のメチルケトンよりもプロトンが引き抜かれやすく、より速やかにエノラートイオンが生成する。そのため、臭素化はさらに進んでトリブロモケトンとなる。

ハロホルム反応
haloform reaction

＊4 ハロホルム反応
アセチル基をもつ化合物にハロ
ゲンと塩基を作用させるとトリ
ハロメタンが生成する反応。ヨ
ウ素を用いるヨードホルム反応
では、黄色のヨードホルムが沈
殿として析出するので、アセチ
ル基の有無を調べる定性反応と
なっている。

トリブロモケトンは水酸化物イオンの攻撃を受けてカルボキシラートイオ
ンとブロモホルムに開裂する（**ハロホルム反応**）[＊4]。

酸性条件、塩基性条件によって反応の最初の引き金が異なることが重要
である。

9・3 エノラートイオンの生成とアルキル化

9・3・1 エノールとエノラートイオン

ケト-エノールの平衡では、エノールは極めてわずかな比率でしか存在
しない。これに対し、エノラートイオンは、① ほぼ100 %ケトンから発生
させることができ、さらに、② エノールよりも反応性が高く、ハロゲン化
アルキルとも反応できる。したがって、合成的な有用性はエノラートイオ
ンの方がエノールよりもはるかに高い。本節では、エノラートイオンの生
成と、最も重要な反応の一つであるケトン・アルデヒドの α 位でのアルキ
ル化について学ぶ。

9・3・2 エノラートイオンの生成

アセトンの α 位の水素の pK_a は19.5である。したがって、アセトンに
ナトリウムエトキシド（$NaOCH_2CH_3$）を作用させてもエノラートイオンは
わずかしか生成しない。エタノール（pK_a：16）の方がアセトンよりも「強
い酸」なので、平衡は「弱い酸（アセトン）」と「強い酸の共役塩基」（ナトリ
ウムエトキシド）の側に片寄る。

アセトンからエノラートイオンをほぼ完全に発生させるためには、どの
ような塩基を用いればよいだろうか。酸・塩基の原理から、アセトンより
も「弱い酸の共役塩基」を用いればよいことが分かる。実際によく用いら
れている塩基はリチウムジイソプロピルアミド（$LiN(i\text{-}Pr)_2$：LDA）であ

9・3 エノラートイオンの生成とアルキル化　　101

る。ジイソプロピルアミン（pK_a：35）はアセトンよりも「弱い酸」で、LDA はその共役塩基である。したがって、LDA とアセトンを反応させると「強い酸」であるアセトンの共役塩基、すなわち、エノラートイオンと「弱い酸」であるジイソプロピルアミンに平衡は片寄る。pK_aの違いが大きいので、ほぼ 100 ％エノラートイオンが生成する。

　　LDA はジイソプロピルアミンとブチルリチウム（n-BuLi）から調製される。この反応も酸と塩基の反応と考えると理解しやすい。n-BuLi はブタン（pK_a ～ 50）の共役塩基なので、ブタンよりも「強い酸」のジイソプロピルアミンと反応させると「強い酸の共役塩基」である LDA になる[*5]。

*5　ジイソプロピルアミンは、LDA との反応では「弱い酸」となっているのに対し、n-BuLiとの反応では「強い酸」となっている。「強い」、「弱い」は相対的な関係なので、同じジイソプロピルアミンが相手によって「強い酸」にも「弱い酸」にもなる。

　　アセトンに直接 n-BuLi を作用させると、n-BuLi は塩基としてではなく、求核剤としてカルボニル基に付加する。したがって、α 位のプロトンを引き抜く塩基は、求核性のない強塩基でなければならない。

　　カルボニル基の α 位のプロトンが塩基によって引き抜かれて生じるカルボアニオンは炭素上に局在化せず、負電荷はカルボニル酸素によって共有され安定化される。C＝C－O は同一平面上にあり、p 軌道（立体的に示してある）は直交して存在する。したがって、プロトンが C－C＝O の平面に直交しているときに引き抜かれると、sp^3 軌道はねじれることなく sp^2 軌道に移行する。

102 第9章 カルボニル化合物の α 位での反応

9・3・3 活性メチレン化合物

アセトンの α 位の水素の酸性度が高いのは、電子求引性のカルボニル基と直結しているからである。アセチルアセトン（2,4-ペンタンジオン）の3位の炭素は二つのカルボニル基で二重に引っ張られている。そのため3位の水素原子の酸性度は高くなる（pK_a：9）。その他、エトキシカルボニル基（エステル）などの電子求引性基が二つ結合したアセト酢酸エチルやマロン酸ジエチルも酸性度が高くなる。これらの化合物は活性メチレン化合物と呼ばれる。

活性メチレン化合物
active methylene compound

アセト酢酸エチル（pK_a：11）はエタノールよりも強酸である。したがって、アセト酢酸エチルにナトリウムエトキシド（$NaOCH_2CH_3$）を作用させると、平衡はほとんどアセト酢酸エチルのエノラートイオンに片寄る。負電荷はカルボニル酸素、エステルカルボニルの酸素などにまたがって非局在化して安定化されている。

9・3・4 エノラートイオンのアルキル化

エノラートイオンとカルボアニオンは共鳴の関係にあり、負電荷は炭素上と酸素上に非局在化している。したがって、エノラートイオンが求電子剤を攻撃するとき、炭素上と酸素上の二ヵ所で反応する可能性がある。どちらで反応するかは様々な要因によって変わるが、一番大きな影響を及ぼすのは求電子剤の種類である。

9・3 エノラートイオンの生成とアルキル化 103

正電荷をもつほどに「反応性が高い」求電子剤の場合は、酸素上で反応することが多い。たとえば、極めて反応性が高い塩化アセチル、金属塩とみなすことのできる塩化トリメチルシリルなどは酸素上で反応する。エノラートイオンでは、酸素と炭素の電気陰性度の違いから、負電荷は酸素原子上に片寄っている。まさに、負電荷と正電荷をもつイオン同士がそのまま結合するような反応とみなせる。

一方、通常のハロゲン化アルキルとは炭素上で反応することが多い。S_N2 反応は、求核剤の最高被占軌道（HOMO）が求電子剤の最低空軌道（LUMO）を攻撃して進行する。エノラートイオンでは、炭素原子の方が酸素原子よりも HOMO の係数が大きいので、アルキル化は炭素上で優先的に進行する。ケトンの α 位でのアルキル化反応は、炭素－炭素結合を形成する最も重要かつ基本的な反応の一つである[*6,7]。

アセト酢酸エチルは、酸性度が高いのでナトリウムエトキシド（NaOEt）を作用させるとほぼ完全にエノラートイオンが生成し、ハロゲン化アルキ

＊6　フロンティア軌道理論
従来の有機電子論では、求核剤では最も電子密度が高いところで、求電子剤では最も電子密度が低いところで反応が起こるとされてきた。これに対し、福井謙一によって提唱されたフロンティア軌道理論では、最高被占軌道 HOMO と最低空軌道 LUMO（原子の最も外縁部に広がっているのでフロンティア軌道と呼ばれる）が反応に関与するとした。この業績によって福井謙一は 1981 年ノーベル化学賞を受賞した。

最高被占軌道（HOMO）
highest occupied molecular orbital

最低空軌道（LUMO）
lowest unoccupied molecular orbital

＊7　HOMO と LUMO
エノラートイオンでは、酸素原子の方が炭素原子より電気陰性度が大きいので、電荷の大小が反応を支配するような反応（正電荷をもった求電子剤などとの S_N1 的な反応）の場合は酸素上で反応する。これに対して、HOMO と LUMO が相互作用することが重要となる反応（アルキル化など S_N2 的な反応）の場合は、HOMO の係数が大きい（HOMO のフロンティア電子密度が大きい）炭素上で起こる。一方、求電子剤の LUMO は脱離基の結合性軌道の反対側にあり、求核剤の HOMO と相互作用する。その結果、S_N2 反応では立体反転が起こる。

104 第9章 カルボニル化合物のα位での反応

*8 Cアルキル化、Oアルキル化

エノラートイオンは、負電荷が炭素原子と酸素原子に非局在化した二つの共鳴構造をとり、それぞれの位置で求電子剤と反応することができる。炭素原子上でアルキル化が進行する場合をCアルキル化、酸素原子上でアルキル化が進行する場合をOアルキル化と呼ぶ。

ルと反応する。臭化ベンジルの場合はCアルキル化が起こるが、塩化メトキシメチル（MOMCl）のように反応性が高いハロゲン化アルキルの場合はOアルキル化が主反応となる[*8]。

アルキル化されたアセト酢酸エチルをアルカリ加水分解後、酸性条件下で加熱すると、脱炭酸が起こり、エノールを経由して4-フェニル-2-ブタノンが得られる。4-フェニル-2-ブタノンはアセトンから直接得ることもできる。

アセト酢酸エチルを出発原料とする方法は、加水分解、脱炭酸の工程を必要とすることがデメリットとなる。一方、アセト酢酸エチルは水よりも強い酸なので、湿気を気にする必要がなく、NaOEtを塩基として用いてアルキル化を行えるというメリットがある。LDAなどの強塩基を用い、ケトンから一段階でアルキル化する方法では、通常、無水の溶媒中、アルゴンや窒素などの不活性気体下で行われる。

9・3・5 エステルのエノラートイオンのアルキル化と
マロン酸エステル合成

酢酸エチルの α 位の水素の pK_a は 25 で、LDA を作用させると容易にエ
ステルエノラートイオンが生成する。エノラートイオンにハロゲン化アル
キルを反応させると、ケトンの場合と同様にアルキル化が進行して、α 位
が置換された酢酸エチル (2-フェニルプロピオン酸エチル) が得られる。

マロン酸ジエチルのアルキル化は、アセト酢酸エチルの場合と同様にエ
タノール中、NaOEt を塩基として行われる。得られた置換マロン酸ジエチ
ルをアルカリ加水分解、酸性条件下で加熱すると、脱炭酸が進行して α 位
がアルキル化された酢酸が得られる。

このように、マロン酸エステルを出発原料として酢酸の α 位にアルキル
基を導入する方法は、**マロン酸エステル合成** と呼ばれる。

マロン酸エステル合成
malonic ester synthesis

═══════ 演 習 問 題 ═══════

9・1 以下の化合物について、アンダーラインをつけた水素原子を酸性度が高い順に並べよ。

(a) $CH_3\overset{O}{\overset{||}{C}}C\underline{H_3}$　　(b) $C\underline{H_3}\overset{O}{\overset{||}{C}}OC_2H_5$　　(c) $(CH_3)_2CH\overset{}{\underset{(CH_3)_2CH}{}}N\underline{H}$　　(d) $C_2H_5O\underline{H}$

(e) $CH_3\overset{O}{\overset{||}{C}}C\underline{H_2}\overset{O}{\overset{||}{C}}OC_2H_5$　　(f) $CH_3\overset{O}{\overset{||}{C}}C\underline{H_2}\overset{O}{\overset{||}{C}}CH_3$

9・2 以下の化合物のエノール互変異性体の構造を示せ。1種類とは限らない。

(a)　　(b)　　(c) $CH_3\overset{O}{\overset{||}{C}}H$　　(d) $CH_3CH_2\overset{O}{\overset{||}{C}}OC_2H_5$　　(e) $CH_3CH_2\overset{O}{\overset{||}{C}}CH_3$　　(f)

106 ┃ 第9章　カルボニル化合物のα位での反応

9・3 以下のケトンに、(1) 酢酸中で臭素（1当量）を反応させたとき、(2) 塩基性条件下でヨウ素（過剰量）を反応させたときのそれぞれの生成物の構造を示せ。

(a) 2-メチルシクロヘキサノン　(b) アセトフェノン　(c) プロピオフェノン

9・4 2-ヘキサノンを、(a) ケトンの直接のアルキル化、および、(b) 活性メチレン化合物のアルキル化・脱炭酸を利用して合成する二つの方法を示せ。

COLUMN　活性メチレンを用いる多段階アルキル化も捨てたものではない

　ケトン・アルデヒドのα位でのアルキル化は、炭素骨格をつくり上げるうえで最も重要な手法となっている。本章ではα位でのアルキル化で二つの方法を学んだ。一つは、ケトンに LDA などの強塩基を作用させてエノラートイオンとしアルキル化剤を作用させる方法であり、もう一つは、活性メチレン化合物に NaOEt などの塩基とアルキル化剤を作用させる方法である。一段階でアルキル化する方が短い工程数なので前者がより優れていると思うかも知れないが、活性メチレン化合物を利用する方法も悪くない。

　本文ではアセト酢酸エチルエステルのアルキル化の例を示し、アセトンの直接アルキル化の替わりになることを学んだ。アセトン以外のケトンの場合は活性メチレン化合物をつくらなければならないが、ケトンに NaOEt などの塩基存在下に炭酸ジエチルを反応させることで容易に得ることができる。この反応は、第10章で学ぶエステル縮合（10・3節）と同じタイプの反応である。一段階でのアルキル化に比べ、合計三段階かかっていることになる。

　メリットとしては、無水溶媒を用いる必要がないこと、アルゴンや窒素といった不活性ガス雰囲気下で行う必要がないことを本文に記載したが、大スケールでの合成が比較的容易であることも挙げられる。多段階での合成では、原料や中間体をどれだけ確保できるかが合成の成否を左右してしまうことが少なくない。中間体を少量しかもっていないと、途中の工程を検討するのも心細いし、検討が不充分なまま先に進めることになりかねない。そのようなとき、大スケールで（といっても、せいぜい 100 グラム程度のスケールであるが）中間体を手にしていれば心強いし、様々な検討をすることができる。活性メチレン化合物の反応といったクラシカルな化学は実施例も多く、その意味でも安心して使える反応である。

第10章 カルボニル化合物の縮合反応

第9章ではカルボニル基のα位でのアルキル化反応について学んだ。本章では、カルボニル化合物が求電子剤となる反応について学ぶ。アルデヒド・ケトンとのアルドール反応は最も重要な反応の一つとなっており、環化反応への応用についても紹介する。また、2分子のエステルが縮合するクライゼン縮合、その分子内反応であるディークマン縮合についても学ぶ。

10・1 アルドール反応

アルドール反応は、アルデヒド・ケトン由来のエノラートイオンが求核剤として、もう一分子のアルデヒド・ケトンを攻撃する反応である。求核剤、求電子剤がともにカルボニル化合物で、これまでに学んだカルボニル化合物の二つのタイプの反応の「組合せ」である。アルドールの名前の由来は、生成物のβ-ヒドロキシカルボニル骨格がもつ二つの官能基、<u>ald</u>ehyde と alcoh<u>ol</u> から名付けられた。アルキル化反応ではα位の水素原子がアルキル基で置き換わるので「置換反応」と呼ばれるのに対し、アルドール反応では、α位の水素はアルドールのヒドロキシ基の水素に<u>形式的</u>に移動している。脱離する基はなく、アルドール生成物の分子式は原料の二つのカルボニル化合物の和になるので、「**アルドール付加**」と呼ばれる。

縮合反応 condensation reaction

アルドール反応 aldol reaction

アルドール付加 aldol addition

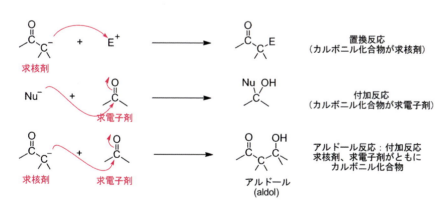

アセトアルデヒドにアルコール中で水酸化ナトリウムを作用させるとアルドール（3-ヒドロキシブチルアルデヒド）が得られる。この反応は、以下の各段階を経て進行する。わずかに生じるエノラートイオンがアセトアルデヒドのカルボニル基に求核付加し、アルコキシドイオンが生成する。アルコキシドイオンは溶媒の水と反応してアルドール付加体を与えるとともに、塩基触媒（HO⁻）を再生する。これらの三つの反応の左辺同士、右辺同士を加えると、全体では2分子のアセトアルデヒドからアルドール1分子

108 第10章 カルボニル化合物の縮合反応

が得られることが分かる。

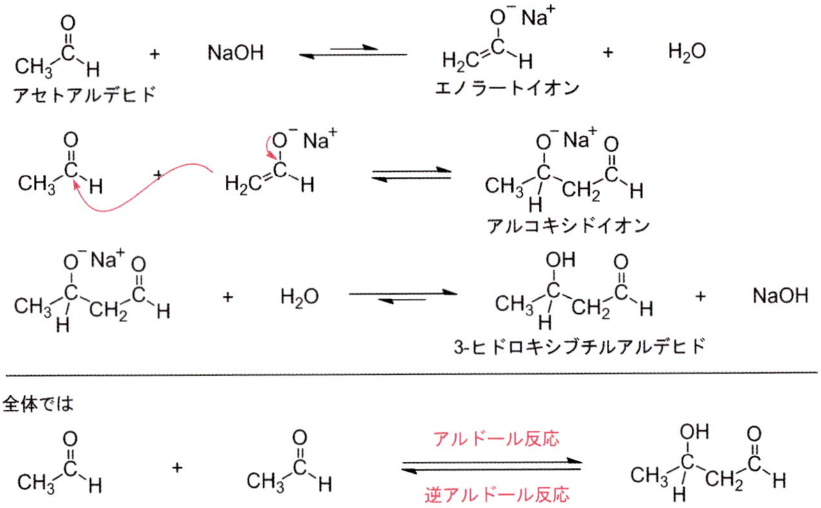

$$CH_3-CHO + NaOH \rightleftharpoons H_2C=CH-O^-Na^+ + H_2O$$
アセトアルデヒド　　　　　　　　　　　　　エノラートイオン

アルコキシドイオン

3-ヒドロキシブチルアルデヒド

全体では

アルドール反応
逆アルドール反応

　アルドール反応はすべての段階が平衡反応である。アルデヒド同士のアルドール反応では平衡はアルドール生成物側に寄っている。しかし、ケトン同士のアルドール反応など第四級炭素を生じるような場合には平衡は原料の側に寄る。アルドール付加体から原料のケトン・アルデヒドに戻る反応は**逆アルドール反応**と呼ばれる。

逆アルドール反応
retro aldol reaction

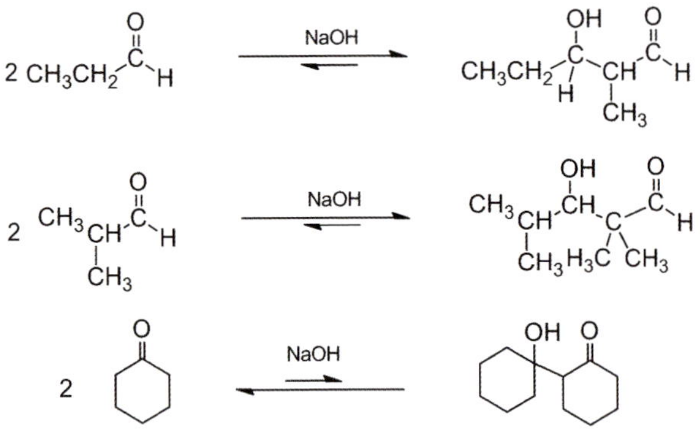

＊1　アルドール縮合
アルドール反応−脱水反応の一連の反応はアルドール縮合（aldol condensation）とも呼ばれる。

＊2　縮合反応
アルドール縮合のように、二つの分子が反応するとき、水分子など小さな分子が脱離しながら結合する反応を縮合反応と呼ぶ。水が脱離する反応は脱水縮合と呼ばれる。

　アルドール反応を加熱条件下で行うと、アルドール付加体から脱水が起こり、α,β-不飽和アルデヒド・ケトンが得られる。アルドール付加体からわずかに生じるエノラートイオンからヒドロキシイオンが脱離して脱水が起こる。シクロヘキサノンのようにアルドール付加体に不利な系でも、脱水によって平衡が生成物の側にずれる[1,2]。

アルドール反応－脱水反応は、酸性条件下でも起こる。アセトンを弱い酸性条件下におくと、メシチルオキシドが得られる。

酸触媒下、アセトンはエノール化して求核剤となる。もう一分子のアセトンはプロトン化されて求電子剤となる。これらが反応してアルドール付加体となり、さらに付加体のケトンがエノール化し、プロトン化されたヒドロキシ基が脱離してメシチルオキシドを与える。

　これらのアルドール反応の例は、同じカルボニル化合物同士の反応である。異なるケトンやアルデヒドを反応させるとどのような結果になるだろうか。単にアルカリ条件下に反応させると、いろいろな組合せのアルドール生成物を与える。たとえば、アセトアルデヒドとプロピオンアルデヒドを反応させる場合を考えてみる。アセトアルデヒド由来、プロピオンアルデヒド由来の2種類のエノラートイオンが生じ、それぞれ2種類のアルデヒドと反応するので、4種類のアルドール付加体が生成する可能性がある。これらのうちで、目的とする1種類の生成物だけを選択的に得ることは重要で、現在は様々な手法が開発されている（13・2節参照）。

110 第10章 カルボニル化合物の縮合反応

工夫しなくても1種類の生成物が選択的に得られる場合もある。アセトンとアセトアルデヒドをアルカリ条件下にアルドール反応させると、4-ヒドロキシ-2-ペンタノンが優先的に得られる。

4-ヒドロキシ-2-ペンタノン

求核性

求電子性

この組合せが優先

この結果は次のように説明される。アセトアルデヒド由来のエノラートイオンと、アセトン由来のエノラートイオンの反応性を比べると、置換基が多く結合しているアセトン由来のエノラートイオンの方が求核性が高い。また、アセトアルデヒドとアセトンでは、アセトアルデヒドの方が求核剤の攻撃を受けやすい（求電子性が高い）。その結果、アセトン由来のエノラートイオンと、アセトアルデヒドの組合せのアルドール反応が一番進行しやすい。

＊3 シクロアルケノン
シクロペンタン、シクロヘキサンなどのシクロアルカン（cycloalkane）にカルボニル基が加わると、シクロアルカノン（cycloalkanone：シクロペンタノン、シクロヘキサノンなど）と総称される。さらに炭素－炭素二重結合が環に組み込まれると、シクロアルケノン（cycloalkenone：シクロペンテノン、シクロヘキセノンなど）と一般的に呼ばれる。

＊4 1,4-ジケトン、1,5-ジケトン
2,5-ヘキサンジオンのカルボニル炭素の番号はIUPAC命名法では2位と5位であるが、分子内で環化するときには相対的な関係が重要となる。たとえば、1,4-ジケトンが環化すれば5員環のシクロペンテノンが、1,5-ジケトンが環化すれば6員環のシクロヘキセノンが生成する。そこで、1,4-ジケトン、1,5-ジケトンのように相対的に表すことが多い。

10・2 アルドール反応の応用

10・2・1 分子内アルドール反応：シクロペンテノンの合成

適当な位置に二つのカルボニル基をもつジケトンに塩基を作用させると、分子内でアルドール反応－脱水反応が進行してシクロアルケノン[＊3]が得られる。最も典型的な例は1,4-ジケトンの環化である[＊4]。2,5-ヘキサンジオン（相対的に1位と4位がカルボニル基）に塩基を作用させると、2-メチルシクロペンテノンが得られる。2,5-ヘキサンジオンからは2種類のエノラートイオンAとBが生成する可能性がある。エノラートイオンAからアルドール反応が起こると、5員環構造のアルドール付加体が生成し、

さらに脱水によってシクロペンテノンとなる。置換基の多いエノラートイオン B は熱力学的に安定であるが、歪みの大きい３員環になるのでアルドール反応は起こりにくい。したがって、この場合は歪みのないシクロペンテノンが選択的に得られる。

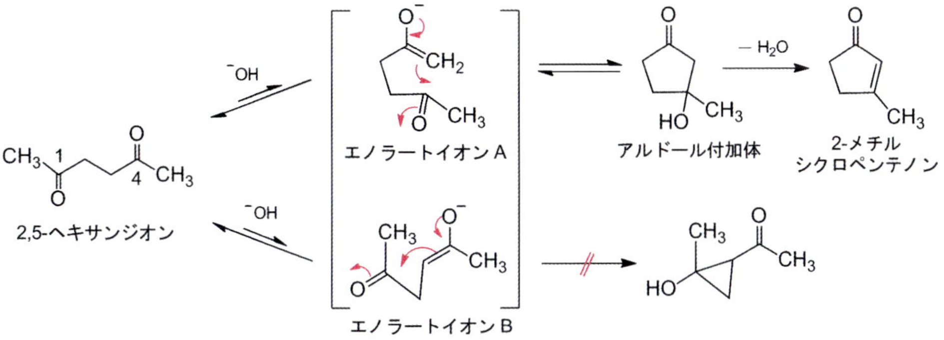

2,5-ヘキサンジオン

エノラートイオン A

アルドール付加体

2-メチル
シクロペンテノン

エノラートイオン B

10・2・2　ロビンソン環化

α,β-不飽和カルボニル化合物に対する共役付加（マイケル付加）とアルドール反応が続けて進行すると環状化合物が得られる。たとえば、2-メチルシクロヘキサノンとメチルビニルケトンに塩基を作用させると二環性化合物が得られる。このような環形成法は**ロビンソン環化**と呼ばれる。

ロビンソン環化
Robinson annulation

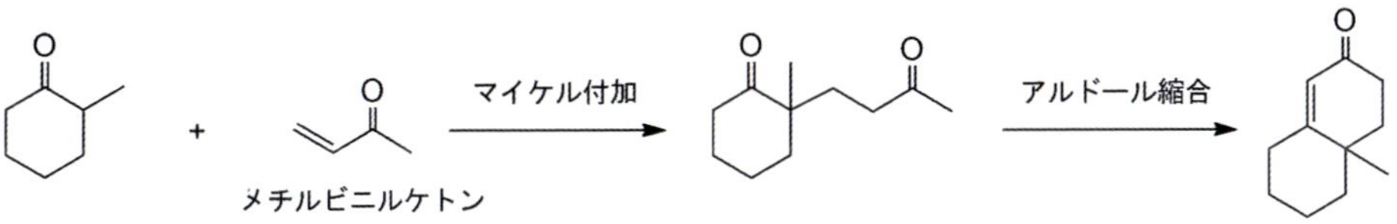

メチルビニルケトン

マイケル付加

アルドール縮合

　反応機構を以下の図に示す。2-メチルシクロヘキサノンから生じるエノラートイオン（熱力学的に安定な多置換のエノラートイオン）がメチルビニルケトンにマイケル付加すると 1,5-ジケトンとなる。1,5-ジケトンはさらに、塩基の作用によって分子内アルドール反応、脱水によって二環性エノンとなる。

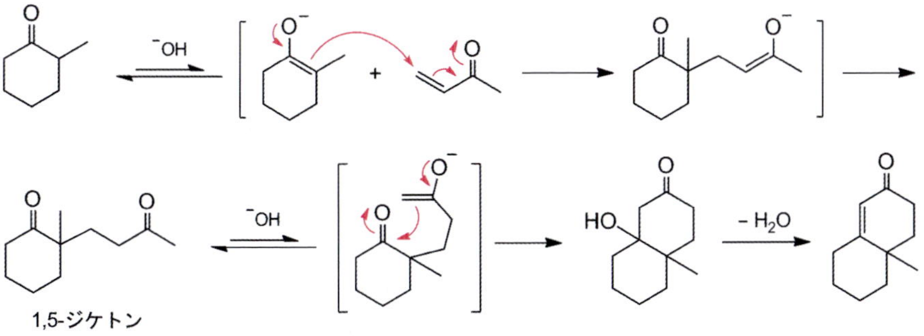

1,5-ジケトン

112 第 10 章 カルボニル化合物の縮合反応

クライゼン縮合
Claisen condensation

10・3 エステル縮合

　酢酸エチルに NaOEt を反応させると、2 分子の酢酸エチルが縮合して
アセト酢酸エチルが得られる。このようなエステル同士の縮合反応は**クラ
イゼン縮合**と呼ばれる。

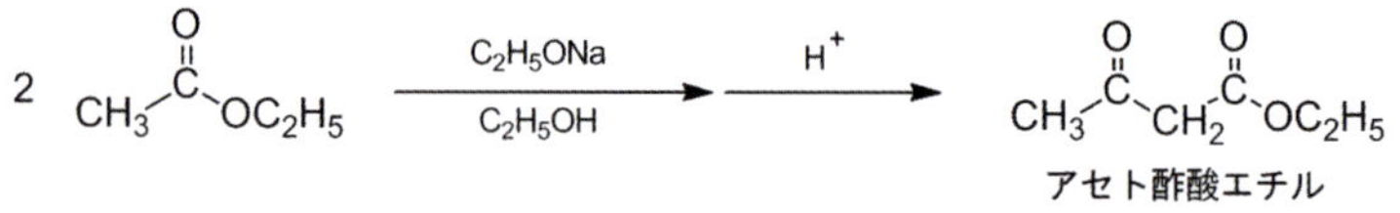

　クライゼン縮合は、エステルのエノラートイオンが求核剤として、もう
一分子のエステルが求電子剤として作用する求核アシル置換反応とみなす
ことができる。反応機構を下の図に示す。酢酸エチルからわずかに生じる
エステルのエノラートイオンが、もう一分子の酢酸エチルを攻撃して求核
アシル置換反応が起こり、アセト酢酸エチルが生成する。しかし、この段
階で生成したアセト酢酸エチルは、同時に生じた NaOEt によって活性な
プロトンを引き抜かれてアセト酢酸エチルの Na 塩とエタノールになる。
一連の反応は平衡反応である。この反応系に存在する酢酸エチル、エタノー
ル、アセト酢酸エチルの中で、最も酸性度の高いのはアセト酢酸エチルで
ある。したがって平衡反応は、共役塩基が最も安定なアセト酢酸エチルの
Na 塩の側にずれていく。反応の終了後に、酸を作用させるとアセト酢酸
エチルを得ることができる。平衡がクライゼン縮合生成物の側に進行する
ためには、生成する β-ケトエステルの α 位に活性な水素があることが必
要条件である。

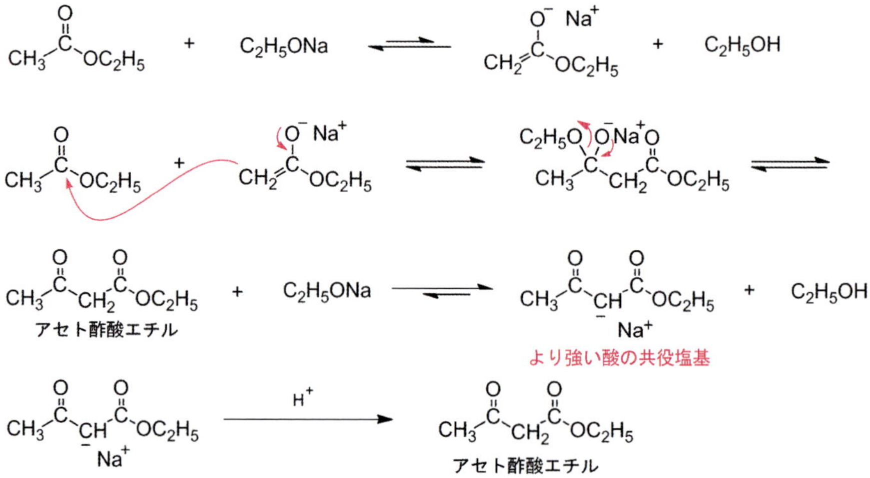

　たとえば、イソ酪酸エチルに NaOEt を作用させても縮合生成物の α 位
に水素はないので、安定化する要因がなく、クライゼン縮合生成物を得る
ことはできない。別の方法で合成した β-ケトエステルに NaOEt を作用さ

10・3 エステル縮合 113

せると、矢印のような電子移動を伴って 2 分子のイソ酪酸エチルに開裂する。

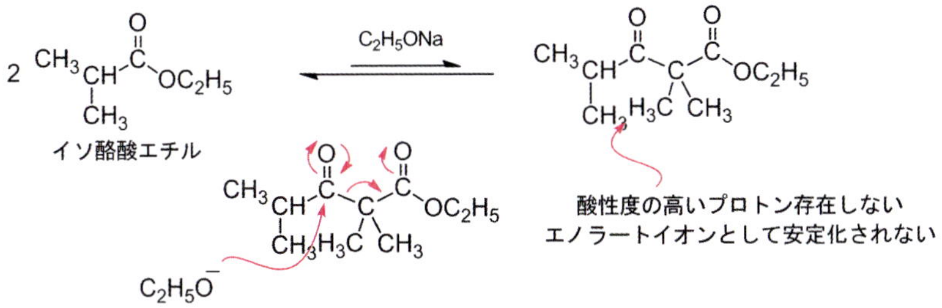

イソ酪酸エチル

酸性度の高いプロトン存在しない
エノラートイオンとして安定化されない

　分子内でのクライゼン縮合は**ディークマン縮合**と呼ばれる。アジピン酸ジエチルに NaOEt を作用させると、エステルのエノラートイオンがもう一方のエステル部分を攻撃し、5 員環が形成される。反応機構はクライゼン縮合と同じで、反応は β-ケトエステルの Na 塩の側にずれる。

ディークマン縮合
Dieckmann condensation

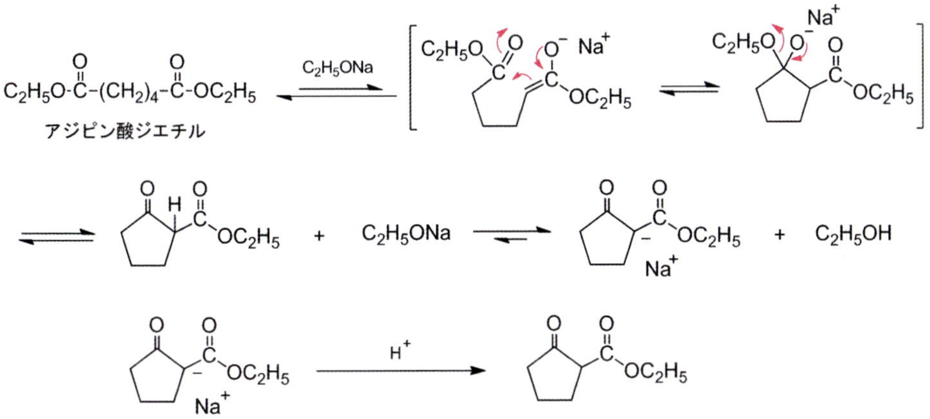

アジピン酸ジエチル

　ディークマン縮合は、二つのエステルの間のメチレン鎖の数が重要である。5 員環を与えるアジピン酸ジエチル、あるいは 6 員環を与えるピメリン酸ジエチルなどの場合は容易に進行する。メチレン鎖が長くなるとエントロピー的に環化が起こりにくくなる。

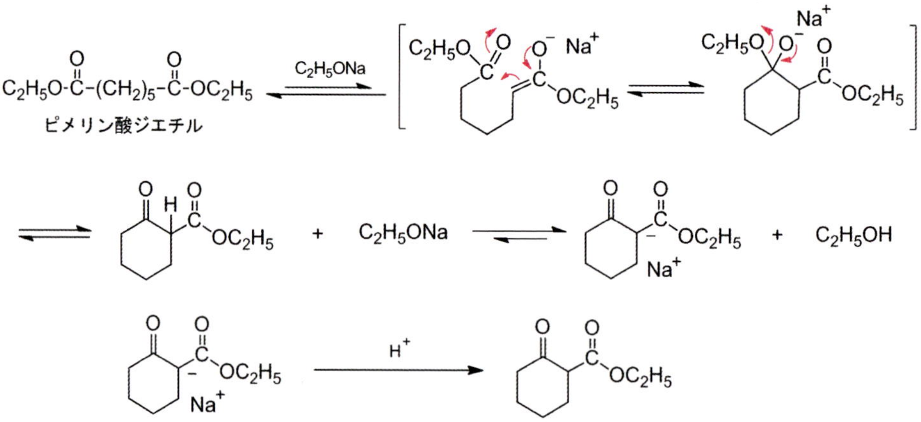

114 ‖ 第 10 章　カルボニル化合物の縮合反応

アジピン酸ジエチルの場合は、どちらのエステルからエノラートイオン
が生じても同じ生成物を与える。アジピン酸の α 位にメチル基が付いた非
対称なジエステルのディークマン縮合では、どのような生成物を与えるだ
ろうか。path **a** の環化が進行すると化合物 A が生成する。化合物 A の α
位には水素がないので、Na 塩として安定化できず、原料との間に平衡が
生じる。一方、path **b** の環化が起こると化合物 B が生成する。化合物 B の
α 位には水素があるので、Na 塩として安定化される。その結果、この非対
称なアジピン酸エステルからは化合物 B が選択的に得られる。

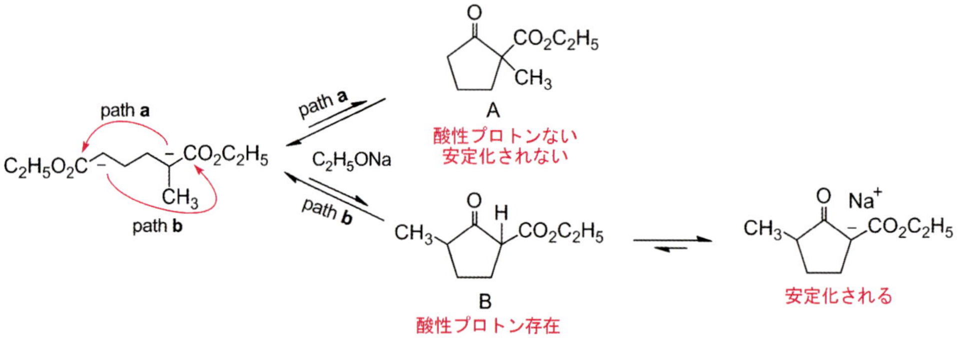

=== 演 習 問 題 ===

10·1 以下の化合物に水酸化ナトリウムを作用させてアルドール反応を行った。アルドール生成物の構造を示せ。
また、アルドール生成物から脱水が進行したアルドール縮合体の構造をそれぞれ示せ。

(a) 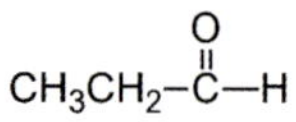 $CH_3CH_2-\overset{O}{\underset{\|}{C}}-H$　　(b) $CH_3CH_2-\overset{O}{\underset{\|}{C}}-C_6H_5$　　(c) $C_6H_5-CH_2-\overset{O}{\underset{\|}{C}}-H$　　(d) 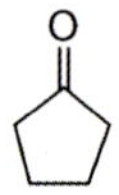 シクロペンタノン

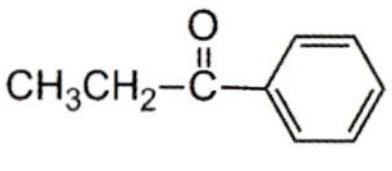

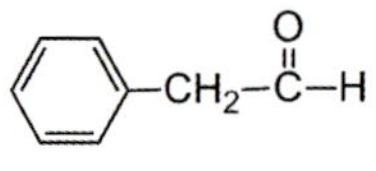

10・2 以下の化合物のアルドール縮合で得られるエノンの構造を示せ。1種類とは限らない。ただし、二重結合の立体異性は考えなくてよい。

(a) $CH_3CH_2-\overset{\displaystyle O}{\overset{\displaystyle \|}{C}}-CH_3$

(b)

10・3 分子内アルドール縮合を利用して以下のエノンを合成するためには、それぞれどのような化合物から出発したらよいか。

(a)

(b)

10・4 2-メチル-1,3-シクロヘキサンジオンとメチルビニルケトンのマイケル付加、分子内アルドール縮合を行った。一連の反応式を示せ。

2-メチル-1,3-
シクロヘキサンジオン

メチルビニルケトン

10・5 プロピオン酸エチルにナトリウムエトキシド（NaOCH$_2$CH$_3$）を作用させてクライゼン縮合を行った。反応式を示せ。

10・6 酢酸エチルとプロピオン酸エチルの混合物（1：1）にナトリウムエトキシドを作用させてクライゼン縮合を行った。生成する可能性のある化合物の構造を示せ。

COLUMN　環化：cyclization と annulation

　環化反応は一般的には「cyclization」と呼ばれる。でもロビンソン環化では「Robinson cyclization」ではなく、「Robinson annulation」と呼ばれる。「cyclization」と「annulation」の違いは？

　鎖状の分子から環状分子ができるときや、環状分子がさらに環化するときなど、いずれの場合でも環が生成する反応は「cyclization」である。A から B が生成する反応も「cyclization」ではあるが、このように、もとからある環と「辺」を共有するように環が形成される cyclization を特に「annulation」と呼ぶ。A から C への反応は、辺を共有するようにはなっていないので、通常の「cyclization」になる。したがって、annulation は cyclization の特殊なケースといえる。さらに、D から B への環化反応は、「transannulation」と呼ばれる。

C ← *cyclization* ← A → *annulation* → B ← *transannulation* ← D

第11章 アミンの反応

アミンは多くの点でアルコールと似たような反応（たとえば求核置換反応）をする。しかし、アミンは塩基性を有するため、アルコールの場合ほど単純でない。アミンのアルキル化とその問題点を知り、さらにアミンの合成法について学ぶ。また、タンパク質、ペプチドの構成単位となっているカルボン酸アミドをカルボン酸とアミンから合成する方法について学ぶ。

アミンに亜硝酸ナトリウムなどを作用させると反応性の高いジアゾニウム塩に変換される。これはアミン特有の反応で、アルコールとまったく異なる。特に重要な芳香族アミンの反応について学ぶ。

11・1 アミンのアルキル化

アミンには求核性があり、ケトン・アルデヒドと縮合してイミン、エナミンを与えることをすでに学んだ（7・5節）。本節ではアミンのアルキル化、および、アミンの合成について学ぶ。

アンモニアに臭化エチルを反応させると、S_N2 反応が進行して臭化モノエチルアンモニウムが生成する。塩基で中和するとモノエチルアミンが得られる。同様に、モノエチルアミンに臭化エチルを反応させ、生成するアンモニウム塩を中和するとジエチルアミンが得られる。

$$NH_3 \quad + \quad CH_3CH_2\text{-}Br \xrightarrow{S_N2\,反応} CH_3CH_2\overset{+}{\text{-}}NH_3 \; Br^- \xrightarrow{NaOH} CH_3CH_2\text{-}NH_2$$

臭化モノエチルアンモニウム　　　　　　モノエチルアミン

$$CH_3CH_2\text{-}NH_2 \quad + \quad CH_3CH_2\text{-}Br \xrightarrow{S_N2\,反応} \overset{CH_3CH_2}{\underset{CH_3CH_2}{}}\overset{+}{N}H_2 \; Br^- \xrightarrow{NaOH} \overset{CH_3CH_2}{\underset{CH_3CH_2}{}}NH$$

モノエチルアミン　　　　　　　　　　臭化ジエチルアンモニウム　　　　　　ジエチルアミン

しかし、これらの反応は単純ではない。臭化モノエチルアンモニウムは原料のアンモニアと反応して、エチルアミンと臭化アンモニウムになる。アルキル基で置換されたエチルアミンの方がアンモニアよりも求核性が高いので、エチルアミンは再び臭化エチルと反応してジエチルアンモニウム塩を生じる。

11・1 アミンのアルキル化 **117**

$$CH_3CH_2\text{-}\overset{+}{N}H_3 \quad + \quad NH_3 \quad \rightleftharpoons \quad CH_3CH_2\text{-}NH_2 \quad + \quad \overset{+}{N}H_4\,Br^-$$
$$Br^-$$

臭化モノエチルアンモニウム　　　　　　　　モノエチルアミン

$$\Big\downarrow CH_3CH_2\text{-}Br$$

$$CH_3CH_2\diagdown\overset{+}{N}H_2$$
$$CH_3CH_2\diagup \quad Br^-$$

臭化ジエチルアンモニウム

　アンモニアを大過剰用いれば、モノエチルアミンを主生成物として得ることができるが、通常はジアルキル化、トリアルキル化などの多重アルキル化が同時に進行して混合物を与える。

$$NH_3 \quad + \quad CH_3CH_2\text{-}Br \quad \longrightarrow \quad \begin{cases} CH_3CH_2NH_2 \quad\quad (CH_3CH_2)_2NH \\[6pt] (CH_3CH_2)_3N \quad\quad (CH_3CH_2)_4\overset{+}{N}\,Br^- \end{cases}$$

混合物

　第一級アミンに過剰量のヨウ化メチルを反応させると、第二級アミンなどを経て第四級アンモニウム塩が得られる。アンモニウム塩に酸化銀を作用させて加熱すると、トリメチルアミンが脱離してアルケンが得られる（**ホフマン脱離**）。ホフマン脱離では置換基のより少ないアルケンが主生成物として得られる（**ホフマン則**と呼ばれる）。ハロゲン化アルキルの脱離で、置換基のより多いアルケンが得られる（ザイツェフ則：5・2節）のと対照的である[*1]。

ホフマン脱離
Hofmann elimination

ホフマン則 Hofmann rule

[*1]　ホフマン脱離で、立体反発が小さく、より酸性度の高いプロトンが引き抜かれるのは、遷移状態が出発物質（原系）に近いところにある（early transition state と呼ばれる）ときである。結果として置換基のより少ないアルケンが生成する。一方、ザイツェフ則は、置換基のより多い、熱力学的により安定なアルケンを与えるので、遷移状態は生成物（生成系）に近いところにある（late transition state と呼ばれる）。

$$RCH_2\text{-}\underset{\overset{|}{NH_2}}{CH}\text{-}CH_3 \quad + \quad \underset{\text{過剰量}}{CH_3\text{-}I} \quad \longrightarrow \quad RCH_2\text{-}\underset{\overset{|}{I^-}}{\underset{}{CH}}\text{-}CH_3 \quad \xrightarrow[-\,AgI]{\overset{Ag_2O}{H_2O}} \quad RCH_2\text{-}\underset{\overset{|}{{}^-OH}}{CH}\text{-}CH_3$$

$$\overset{+}{N}(CH_3)_3 \qquad\qquad\qquad\qquad \overset{+}{N}(CH_3)_3$$

第四級アンモニウム塩

加熱

アンチ脱離 → $RCH_2\text{-}CH=CH_2 \quad + \quad (CH_3)_3N$
一置換アルケン
主生成物

アンチ脱離 → $RCH=CH\text{-}CH_3 \quad + \quad (CH_3)_3N$
二置換アルケン

　この選択性の違いは、次のように説明される。アンモニウム基（$(CH_3)_3N^+$）は電子求引性で、そのため β 位の水素の酸性度が高くなる。その結果、塩基によってプロトンが引き抜かれるとともにトリメチルアミンが脱離する E2 反応が進行する。置換基のより少ない炭素上の水素の方が酸性度が高いので、プロトンとして引き抜かれやすい。さらに、E2 反応の遷移状態を考えると、遷移状態 A（一置換アルケン：主生成物）の方が、

二置換アルケンを与える遷移状態 B、C よりも立体反発が小さい。このような電子的・立体的な要因によって置換基の少ないアルケンが優先して生成する。一方、ハロゲン化アルキルの場合は、ハロゲン原子の電子求引性はそれほど高くないので、プロトンの引き抜かれやすさよりも、生成するアルケンの熱力学的な安定性によって生成物が決まる（ザイツェフ則）。

遷移状態 A
一置換アルケン
主生成物

遷移状態 B
二置換アルケン
(E)-アルケン

遷移状態 C
二置換アルケン
(Z)-アルケン

11・2 アミンの合成

アンモニアとハロゲン化アルキルの反応では、多重アルキル化が常に問題となる。これは原料のアンモニアと生成物の第一級アミンが同じような反応性を示すからである。第一級アミンを選択的に合成するには、アンモニアに換わる別の「窒素源」を用いる必要がある。様々な方法が開発されているが、① アジ化ナトリウム、② フタルイミドカリウムを用いる二つの方法が一般的である。

アジ化ナトリウムは優れた求核剤で、ハロゲン化アルキル等と反応してアジ化合物（アジド）を与える[*1]。アジドは、LiAlH$_4$ や Pd 炭素触媒−水素で還元されてアミンを与える。アジドは爆発性があり危険な化合物だが、炭素数が大きくなると（最低 6 炭素以上）安定に取り扱うことができる。

*1 アジ化合物の共鳴構造式

$$\left[R-\overset{-}{N}=\overset{+}{N}=\overset{-}{N} \longleftrightarrow R-\overset{-}{N}-\overset{+}{N}\equiv N \right]$$

フタルイミド phthalimide

*2 フタルイミドの窒素原子は二つのカルボニル基に直結しているので、塩基性はなく、弱酸性を示す（pK_a は 8.3）。

フタルイミドカリウムはハロゲン化アルキルと反応して N-アルキルフタルイミドを与える[*2]。フタルイミドを臭化水素酸、あるいはヒドラジンで加水分解すると第一級アミンを得ることができる。

アミンは、アミドやニトリルの還元でも得ることができる（8・2節、8・3節）。

11・3 カルボン酸とアミンの脱水縮合によるアミドの合成

アミドはカルボン酸誘導体の中で反応性の低い化合物なので、酸塩化物や酸無水物などにアミンを反応させればアミドを合成できる（8・2節）。しかし、アミノ酸を順番に結合してペプチド鎖を伸ばすような場合、カルボン酸とアミンから直接アミドを合成する方が効率的で望ましい。そのための試薬が脱水縮合剤である。

カルボン酸と脱水縮合剤がはじめに反応し、カルボン酸が活性化された中間体が生成し、活性な中間体にアミンが攻撃してアミドを与える。様々な脱水縮合剤がこれまで開発されているが、最も代表的な脱水縮合剤はジシクロヘキシルカルボジイミド（DCC）である。カルボン酸とDCCから生成する活性中間体にアミンが攻撃してアミドを与える。同時に副生するジシクロヘキシル尿素は、DCCに水分子が形式的に付加した化合物である。DCC法は、ペプチドの自動合成に使われるほど高収率で進行する方法である。

ジシクロヘキシルカルボジイミド dicyclohexylcarbodiimide

120 | 第11章　アミンの反応

ジアゾニウム塩 diazonium salt

11・4　芳香族アミンの反応

　アニリンに亜硝酸ナトリウム（NaNO₂）を塩酸中で反応させるとジアゾニウム塩が生成する。ジアゾニウム塩に様々な求核剤を反応させると置換生成物が得られる。

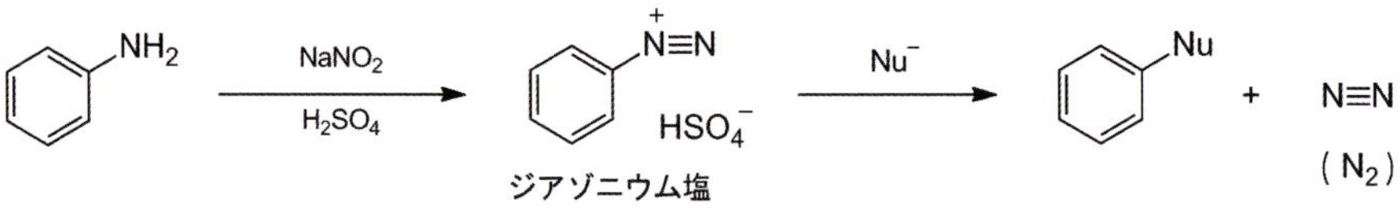

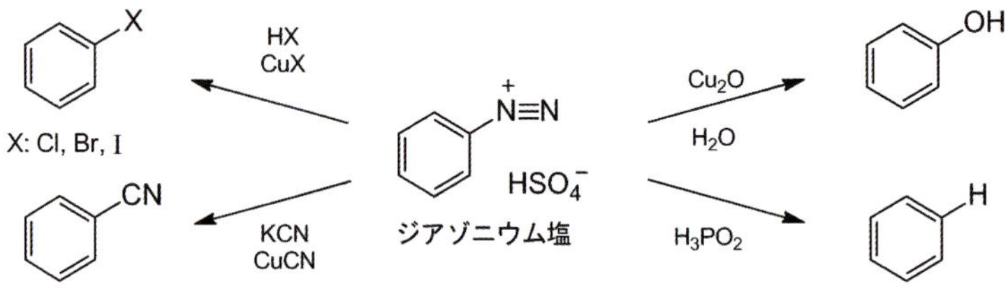

銅塩（I）の存在下で、塩酸、臭化水素酸、ヨウ化カリウム、シアン化カリウムを反応させると、対応するハロゲン化物、シアノ化物（ベンゾニトリル）が得られる。これらの反応は**ザンドマイヤー反応**[*3]と呼ばれる。さらに、ジアゾニウム塩に酸化銅の存在下で水と反応させるとフェノールが、ジ亜リン酸を作用させると還元体が得られる。

ザンドマイヤー反応
Sandmeyer reaction

[*3]　形式的には芳香族求核置換反応に分類されるが、一電子移動を伴うラジカル機構と考えられている（次ページ参照）。

　このようなジアゾニウム塩の反応は芳香族化合物に限られている。アルキルアミンから生成するジアゾニウム塩は不安定で、直ちに窒素が脱離して複雑な化合物を与える。

　ジアゾニウム塩の生成機構を以下に示す。亜硝酸にプロトン化が起こり、活性化された中間体にアニリンが攻撃し、図のような経路を経てジアゾニウム塩が生成する。

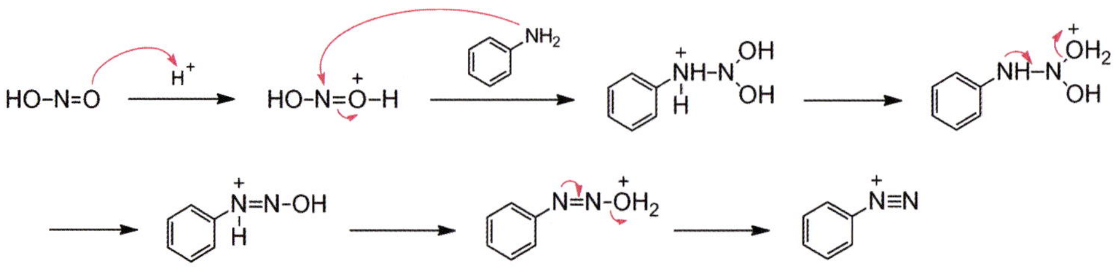

ジアゾニウム塩に銅塩(I)の存在下でハロゲン化物、シアノ化物を与えるザンドマイヤー反応は、下図に示すようにラジカル的な反応である。

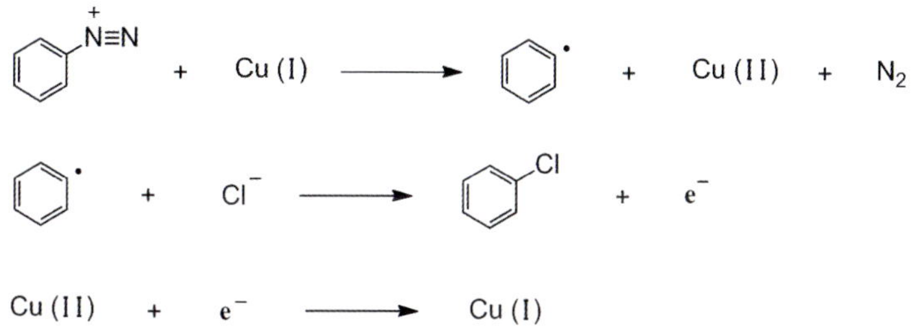

アニリンのような第一級アミンに換わり、第二級アミン(*N*-メチルアニリン)に亜硝酸を反応させると、*N*-ニトロソ化が進行する。また、第三級アミン(*N,N*-ジメチルアニリン)の場合には、芳香族求電子置換反応が進行する。

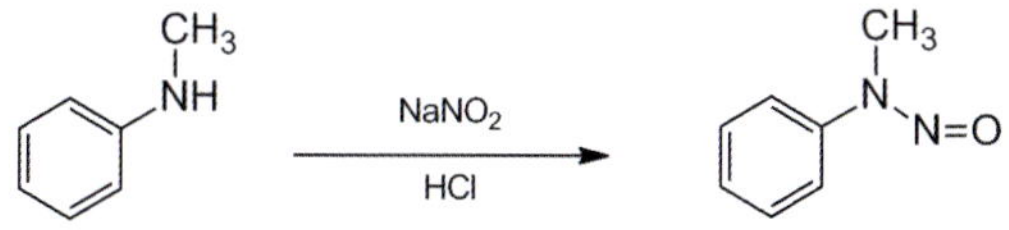

***N*-ニトロソ化合物**

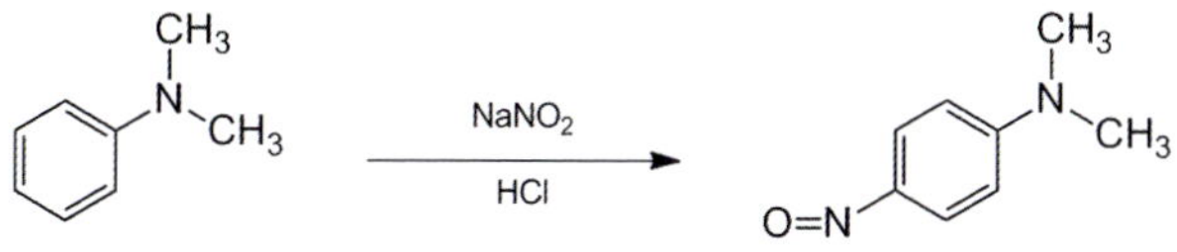

ジアゾニウム塩の反応の一つにジアゾカップリングがある。アニリン由来のジアゾニウム塩に*N,N*-ジメチルアニリンを反応させると、ジアゾニウム塩の三重結合に電子豊富なベンゼン環が付加し、アゾ化合物が得られる。置換基の違いによって様々な色を示し、アゾ化合物は色素として広く用いられている。

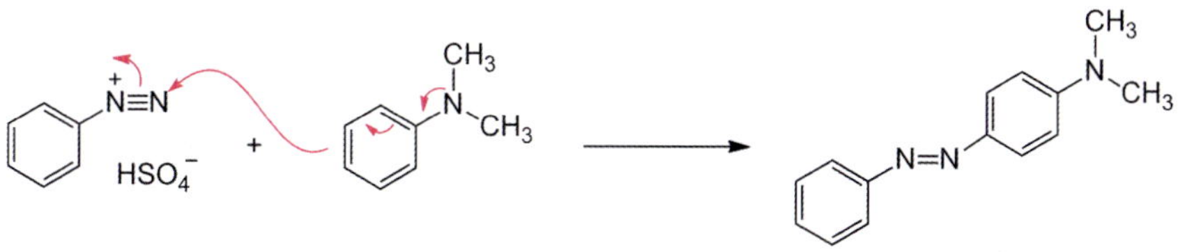

アゾ化合物（色素）

演習問題

11・1 以下のアミンに臭化エチルを過剰量反応させて生成する化合物の構造を示せ。

(a) CH_3-NH_2　(b) CH_3-NH-$CH_2CH_2CH_2CH_3$　(c) $(CH_3CH_2CH_2CH_2)_3N$　(d) 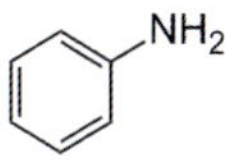

11・2 以下の第四級アンモニウム塩に酸化銀（Ag₂O）を作用させてホフマン脱離を行った。生成するアルケンの構造式を示せ。

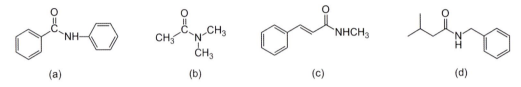

11・3 (S)-2-アミノブタンをハロゲン化アルキルと (a) ナトリウムアジド、あるいは (b) フタルイミドカリウムから合成したい。それぞれの方法について、出発原料、中間体、試薬・反応剤を示しながら反応式を記せ。

11・4 以下のカルボン酸アミドをカルボン酸から合成する方法を示せ。

11・5 (a) 安息香酸からベンジルアミンを合成する方法を示せ。一段階ではない。
(b) ベンゼンからアニリン、ジアゾニウム塩を経由してベンジルアミンを合成する方法を示せ。

COLUMN　生体内で重要な働きをしているアミン

アミノ酸、核酸塩基におけるアミンの重要性はよく知られているが、それ以外にも多くのアミンが生体内で重要な働きをしている。単純な構造をしているエタノールアミンは、リン脂質に組み込まれるとホスファチジルエタノールアミン（PE）となる。アミノ基がさらにアシル化（特に長鎖脂肪酸で）された N-アシルホスファチジルエタノールアミンは、脳の視床下部を刺激して食欲を抑制することから、肥満治療への応用が期待されている。

エタノールアミンのアミノ基にメチル基が三つ結合したアンモニウム塩はコリンと呼ばれ、リン脂質に組み込まれるとホスファチジルコリンとなる。ホスファチジルコリンはレシチンとも呼ばれ、細胞膜の代表的な構成成分となっている。また、コリンがアセチル化されたアセチルコリンは、最も代表的な神経伝達物質の一つとして知られている。アセチルコリンは、コリンアセチルトランスフェラーゼによってコリンとアセチル CoA から生合成され、情報を伝達したアセチルコリンは、アセチルコリンエステラーゼによって直ちにコリンと酢酸に分解される。毒ガスのサリンは、アセチルコリンエステラーゼの作用部位に不可逆的に結合するので、エステラーゼを失活させる。その結果、アセチルコリンの分解が阻害され神経伝達系が麻痺する。脳内のアセチルコリンの相対的減少はアルツハイマー病と、相対的増加はパーキンソン病と関連があるとされている。

中枢神経に存在する神経伝達物質ドーパミンはチロシンから生合成され、アドレナリンやノルアドレナリンの前駆物質でもある。これらはすべて交感神経系を興奮させる作用をもっている。

ヒスチジンから脱炭酸によって生合成されるヒスタミンは、血圧降下物質として発見されたが、その後の研究によって、血圧降下、血管透過性亢進、血管拡張など様々な薬理作用が認められた。一方、アレルギー反応や炎症の発現に介在物質として働いていることも明らかとなった。したがって、花粉症などのアレルギーの薬として、ヒスタミンなどの伝達物質の放出を防ぐ抗アレルギー薬、あるいは放出されたヒスタミンが受容体と結合するのを防ぐ抗ヒスタミン薬が広く用いられている。

他にも、モルヒネ、コカイン、ニコチンなどアルカロイドと総称されている化合物、スペルミン、スペルミジンといったポリアミンなど、生体内で生理作用を示す多くのアミンが知られている。

第12章 転位反応

転位反応は原子や置換基が同じ分子の他の位置に移動する反応である。反応の前後で炭素の骨格が変わるので、複雑そうにみえる場合もある。反応の前後で、どの結合が開裂して、どの結合が新たに生成するかを反応機構に基づいて考える必要がある。反応機構的には求核的な転位、求電子的な転位、シグマトロピー型の転位に分類される。これらのうち、最も代表的な転位反応を取り上げて説明する。

転位反応
rearrangement reaction

12・1 段階的な転位反応

12・1・1 ワーグナー‐メーヤワイン転位

隣が第四級炭素となっている第二級アルコールに酸を作用させると、ヒドロキシ基のプロトン化・水分子の脱離を経て第二級カルボカチオンが生じる。このカルボカチオンに対して、隣の炭素上から置換基 R^1 が転位すると、隣の炭素に新たに第三級カルボカチオンが生じる。最後に、第三級カルボカチオンからプロトンが脱離してアルケンが生成する。このような転位反応は**ワーグナー‐メーヤワイン転位**と呼ばれる。最初に生じる第二級カルボカチオンよりも、より安定な第三級カルボカチオンが生じることで転位反応が促進される。

ワーグナー‐メーヤワイン転位
Wagner-Meerwein
  rearrangement

電子供与性の高い置換基ほど転位しやすい。フェニル基 > ビニル基 > 第三級アルキル基 > 第二級アルキル基 > 第一級アルキル基 の順番となり、水素は転位しにくい。

イソボルネオールを酸で処理すると、同様にワーグナー‐メーヤワイン転位が進行してカンフェンが得られる（次ページの図）[*1]。分子を眺める向きを変えているので複雑そうに見えるが、炭素に番号をふると理解しやすい。2位のヒドロキシ基がプロトン化されて脱離するとき、脱離するC2‐O結合の反対側（アンチコプラナーな関係）にあるC6位の炭素（正確にはC6‐C1結合）が2位に転位し、1位に第三級カルボカチオンが生じる。最後に10位のプロトンが脱離してカンフェンを与える。C6‐C1結合が開裂し、新たにC6‐C2結合が形成されている。

*1 モノテルペン
モノテルペンは二つのイソプレン単位からなり、鎖状のゲラニルピロリン酸から生合成される炭素数10の化合物である。鎖状化合物に加え、カンフェン、松脂の主成分である α-ピネン、β-ピネン、柑橘類の皮に含まれるリモネンなどのような環式化合物が多く知られている。揮発性が高く、独特の香りをもつ。

124 第 12 章 転 位 反 応

イソボルネオール → 転位 → カンフェン

一方、ボルネオール（イソボルネオールと 2 位ヒドロキシ基の立体化学が異なる異性体）を同様に酸で処理すると、ワーグナー‐メーヤワイン転位が進行する。しかし、この場合はカンフェンでなく、α-ピネンと β-ピネンが生成する。最初の段階は 2 位ヒドロキシ基のプロトン化でイソボルネオールの場合と同じである。ボルネオールの場合、水が脱離すると同時に転位してくる基は、2 位ヒドロキシ基とアンチコプラナーな関係にある C7 位の炭素（正確には C7−C1 結合）という点が異なっている。1 位に第三級カルボカチオンが生じると、脱離可能なプロトンは 6 位と 10 位に存在する。H_A が脱離すると α-ピネンが、H_B が脱離すると β-ピネンが生成する[*2]。

> ***2 モノテルペンアルコール**
> モノテルペンのうち、ヒドロキシ基を有する化合物はモノテルペンアルコールと呼ばれている。モノテルペン炭化水素と同様に、独特の香りをもつ化合物が多い。ハッカ臭のするメントールが最もよく知られている。
> イソボルネオールやボルネオールのヒドロキシ基はコンホメーション（立体配座）が固定されているので、本文にあるように異なる反応経路をとる。

ボルネオール → 転位 → α-ピネン、β-ピネン

イソボルネオールとボルネオールの二つの例が示すように、重要な点は、脱離する基と反対側（アンチコプラナー）の軌道が転位してくることである。鎖状の系では自由に回転するため、電子供与性の高い基が転位するが、環状でコンフォメーションが固定されている系ではアンチコプラナーな関係にある基が転位する。

12・1・2 ピナコール転位

> **ピナコール転位**
> pinacol rearrangement
>
> **ピナコール** pinacol、
> 2,3-ジメチル-2,3-ブタンジオール
>
> **ピナコロン** pinacolone、
> 3,3-ジメチル-2-ブタノン

ピナコールを硫酸などの酸で処理すると、メチル基が転位してピナコロンが得られる。ピナコールの一方のヒドロキシ基にプロトン化が起こり、引き続き水が脱離すると第三級カルボカチオンが生じる。第三級カルボカチオンに対して隣の炭素原子上のメチル基が転位し、オキソニウムカチオンが生成する。最後にプロトンが脱離してピナコロンを与える。第三級カ

ルボカチオンに対してメチル基が転位するのは、転位によって生成するオキソニウムカチオンの方が第三級カルボカチオンよりも安定だからである。ピナコールは対称なジオールなので、どちらのヒドロキシ基がプロトン化されても同じ化合物（ピナコロン）を与える。

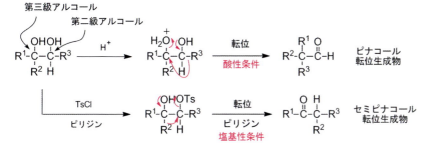

下図の例のように第二級アルコールと第三級アルコールを含む非対称なジオールの場合、どのような転位生成物が得られるであろうか。第三級カルボカチオンの方が第二級カルボカチオンより安定なので、酸性条件下では第三級アルコールの方から水が脱離し、第三級カルボカチオンが生成する。その結果、R^3 が転位した生成物（ピナコール転位生成物）が得られる。

一方、ジオールにピリジン中で塩化 p-トルエンスルホニル（塩化トシル）を作用させると、立体的に空いている第二級ヒドロキシ基が選択的にトシル化される。ヒドロキシ基よりもトシルオキシ基（p-TsO$^-$）の方が優れた脱離基なので、第二級カルボカチオンが生じる。その結果、第三級アルコール部分から第二級アルコール部分への転位が起こる。ピナコール転位と逆の向きに転位するので、セミピナコール転位と呼ばれる*3。

*3 トシル酸（p-トルエンスルホン酸）は酸性度が高いので（pK_a：−2.8）、トシル酸の共役塩基（p-TsO$^-$）はハロゲンイオンと同様に脱離基となる。ヒドロキシ基はプロトン化されて良い脱離基となるが（オキソニウムイオンのpK_a：−1.6）、p-TsO$^-$ は塩基性条件下でも優れた脱離基となる。アルコールから容易にトシル酸エステルが得られるので、ハロゲン化アルキルと同様に求核置換反応で汎用される。

12・1・3 ベックマン転位

ベックマン転位とは、オキシムからカルボン酸アミドに転位する反応で、硫酸等の酸によって進行する。シクロヘキサノンオキシムのベックマン転位では、ε-カプロラクタム（ナイロン6の原料）が得られる。

ベックマン転位
Beckmann rearrangement

126 第 12 章 転 位 反 応

シクロヘキサノン
オキシム

$-H_2O$　　H_2O

ε-カプロラクタム

　　反応機構は図に示したように、オキシムのヒドロキシ基にプロトン化が
起こり脱離しやすくなる。オキシムの N−O 結合とアンチの関係にある炭
素原子が電子不足の窒素原子に転位し、生じたアルキルジンアンモニウム
中間体に水が攻撃し、異性化して ε-カプロラクタムとなる。
　　アセトフェノンのように非対称なケトンからは、アンチ体、シン体の 2
種類のオキシムが得られる。これらの異性体にそれぞれ酸を作用させると、
アンチ体からはアセトアニリドが、シン体からは *N*-メチルベンズアミド
が生成する。ともに、N−O 結合とアンチの関係にある炭素原子が転位し
ていることが分かる。

アセトフェノンオキシム
アンチ体

$-H_2O$　　H_2O

アセトアニリド

アセトフェノンオキシム
シン体

$-H_2O$　　H_2O

N-メチルベンズアミド

12・1・4　クルチウス転位

イソシアナート isocyanate

*4　−N=C=O の部分構造を
有する化合物。ポリウレタンの
原料となるので、工業的にも重
要な化合物。

クルチウス転位
Curtius rearrangement

　　アシルアジドを加熱すると、窒素の脱離を伴って R 基が転位しイソシア
ナート[*4]になる。イソシアナートに水を反応させるとカルバミン酸とな
り、さらに二酸化炭素が脱離してアミンを与える。イソシアナートにアル
コールを反応させるとカルバマートになる（**クルチウス転位**）。ベンジルア
ルコール、*t*-ブタノールを用いると、それぞれ Cbz（ベンジルオキシカル
ボニル基）、Boc（*t*-ブトキシカルボニル基）で保護されたアミン（13・4・2
項）に一段階の反応で変換できる。

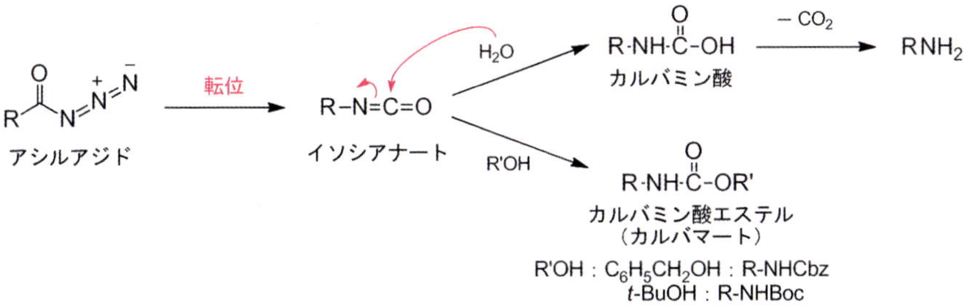

アシルアジドからイソシアナートに至る転位反応について反応機構を考えてみよう。アシルアジドから窒素分子が脱離するとニトレン[*5]と呼ばれる活性な中間体（もしくはニトレン様の中間体）が生じ、電子不足の窒素原子に R 基が転位してイソシアナートとなる。

ニトレン nitrene

[*5] 窒素原子上の価電子は 6 で、オクテット則を満たしておらず、強い求電子性を示す。

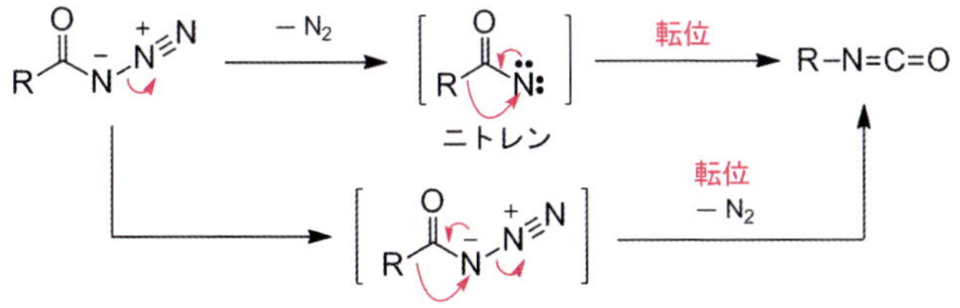

R 基が転位すると述べているが、炭素原子が転位するのでなく、切断される R と C=O の結合が、軌道ごと転位する。したがって、転位する炭素原子の立体化学は転位の前後で保持されている。

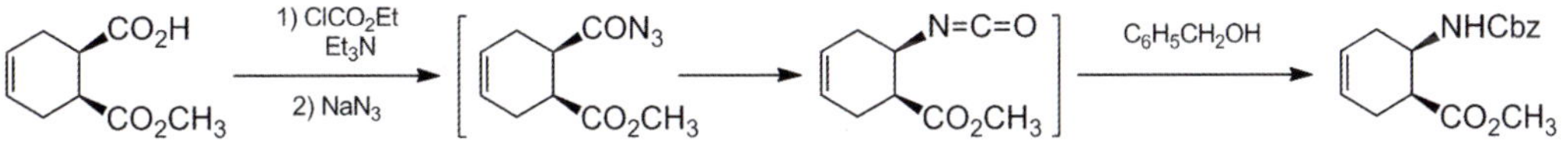

クルチウス転位の類似反応として、ホフマン転位、シュミット転位、ロッセン転位も知られている。いずれもカルボン酸誘導体からイソシアナートを経由してアミンを与える反応である。

12・1・5 ウォルフ転位

α-ジアゾケトンを加熱すると窒素分子が脱離し、反応性の高い α-ケトカルベンが発生する。カルベン炭素[*6]に R 基が転位し、ケテンが生成する。反応溶液にアルコールを加えるとエステルが得られる。この転位反応は**ウォルフ転位**と呼ばれる。前項で述べたクルチウス転位の窒素原子が炭素原子に置き換わった反応とみなすことができる。

カルベン carbene

[*6] 炭素原子上の価電子数は 6 で電荷をもたない。最も単純なカルベンは CH_2: で、ジアゾメタン（CH_2N_2）の分解によって発生させることができる。カルベンを配位子とする金属錯体が現在よく用いられている。

ウォルフ転位
Wolff rearrangement

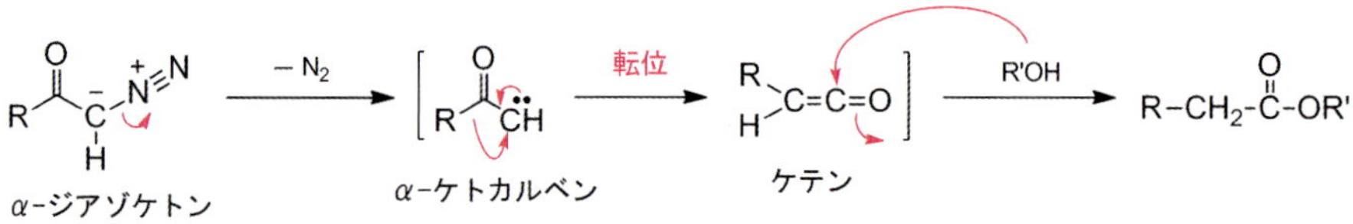

128 ∥ 第 12 章 転位反応

α-ジアゾケトン　α-ケトカルベン　ケテン

ジアゾメタン diazomethane

　α-ジアゾケトンはカルボン酸クロリドにジアゾメタンを反応させることで調製できる[7]。転位で生じるケテンにアルコールを反応させると、一炭素（ジアゾメタン由来）が増えたカルボン酸誘導体が得られることになる。ウォルフ転位を含む一連の反応はアルント-アイステルト反応と呼ばれる。

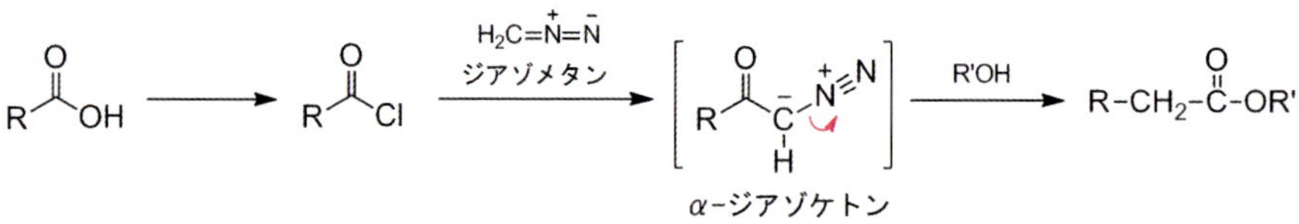

α-ジアゾケトン

[7]　ジアゾメタン
ジアゾメタンは沸点 −23℃の気体で、爆発性（衝撃などによって急激に窒素を出して分解）、発がん性を有する化合物である。通常はエーテル溶液として必要に応じて調製される。合成的には、カルボン酸からメチルエステルへの変換にしばしば用いられる。

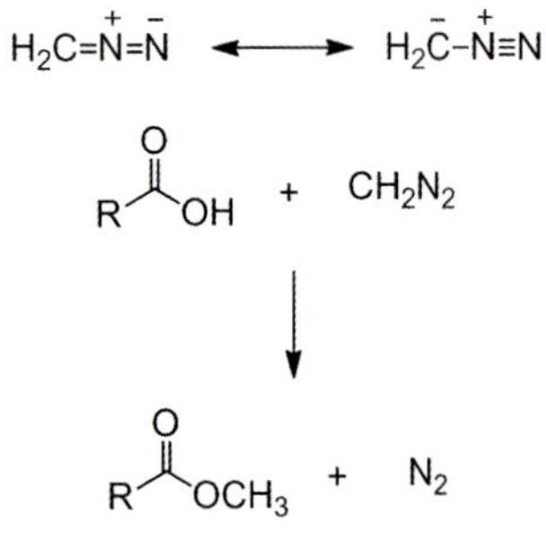

バイヤー-ビリガー酸化
Baeyer-Villiger oxidation

12・1・6　バイヤー-ビリガー酸化

　ケトンに m-クロロ過安息香酸（mCPBA：2・2節）などの過酸を作用させてエステルに変換する酸化反応は**バイヤー-ビリガー酸化**と呼ばれる。過酸の酸素原子がカルボニル炭素と α 位の炭素の間に挿入される。反応機構は下図に示したように、過酸が付加した中間体から、α 位の炭素が求電子性の酸素原子に転位するとともに、安息香酸がカルボキシラートイオンとして脱離する。

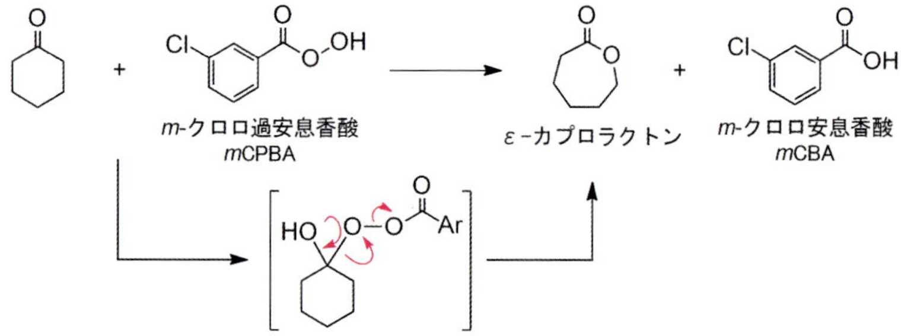

m-クロロ過安息香酸
mCPBA

ε-カプロラクトン

m-クロロ安息香酸
mCBA

　非対称なケトンの場合、電子供与性の高い炭素が転位する。すなわち、2-メチルシクロペンタノンの場合、2位（第三級炭素）が転位した生成物を優先的に与え、5位（第二級炭素）が転位したラクトンは生成しない。また、上述の転位反応の場合と同様に、転位する基（この場合は2位）の炭素原子の立体化学は保持されたまま転位する。

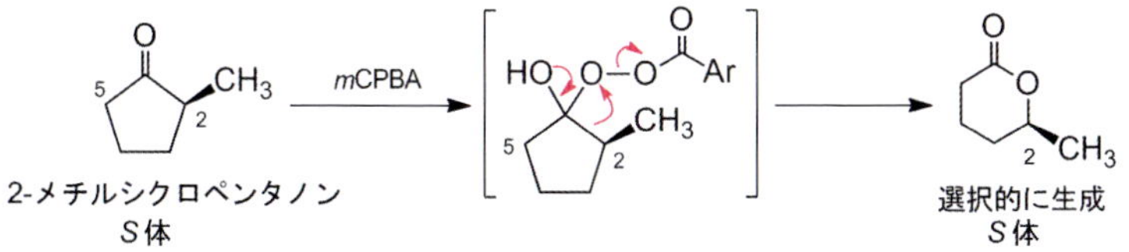

12・2 シグマトロピー転位 129

2-メチルシクロペンタノン
S体
選択的に生成
S体
生成しない

12・2 シグマトロピー転位

12・2・1 クライゼン転位

クライゼン転位は、アリルビニルエーテルが γ,δ-不飽和カルボニル化合物に転位する反応である。

クライゼン転位
Claisen rearrangement

アリルビニルエーテル　　6員環遷移状態　　γ,δ-不飽和カルボニル化合物

安定ないす形遷移状態

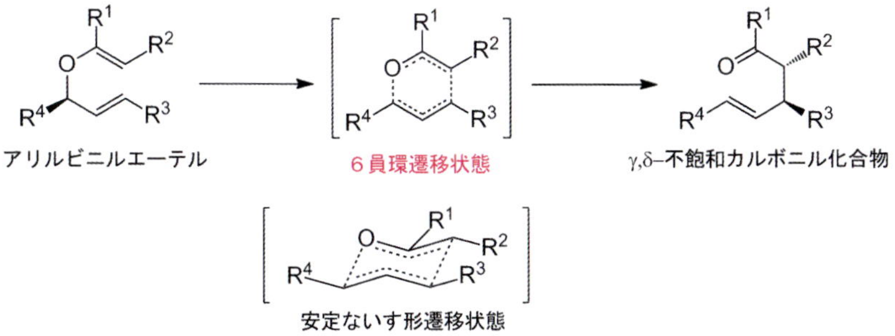

ディールス‐アルダー反応 (2・2節) と同様に、シグマトロピー型[*8]の周辺環状反応 (ペリ環状反応) で、6員環遷移状態を経由して協奏的に進行する。結合の開裂と生成のパターンから [3,3]**シグマトロピー転位**に分類される[*9]。

[*8] 「トロピー」は「変化」を意味するギリシャ語で、σ 結合が移動するので「シグマトロピー型」と呼ばれる。

シグマトロピー転位
sigmatropic rearrangement

[*9] [3,3] シグマトロピー転位
クライゼン転位では C–O 結合が開裂し、新たな C–C 結合が生成する。開裂する C–O 結合の炭素、酸素原子を 1 として順番に番号を付けると、新たに生成する C–C 結合の炭素はともに 3 となる。それぞれ 3 番目の原子同士が結合するので、[3,3] シグマトロピー転位と名付ける。

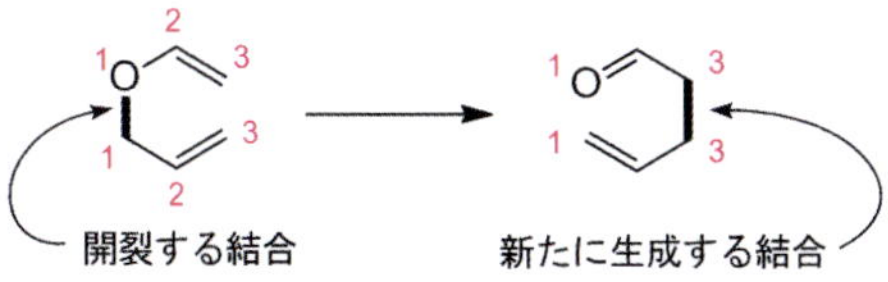

開裂する結合　　新たに生成する結合

安定ないす形の遷移状態を経由するので、アルケンの立体化学 (E または Z) が転位生成物の R^2、R^3 の相対的な立体化学に反映される。また、R^4 が結合している炭素の不斉は転位反応で消失するが、R^2、R^3 の結合している炭素に転写されている。

クライゼン転位にはいくつかのバリエーションがある。次ページ上の図に示すのはジョンソン‐クライゼン転位と呼ばれる反応である。アリルアルコールにオルト酢酸トリメチル ($CH_3C(OCH_3)_3$) を酸触媒下に反応させると、アセタール交換が起こり、新たなオルトエステルが生じる。加熱すると、メタノールが脱離してケテンアセタール構造をもつアリルビニルエーテルが生成する。

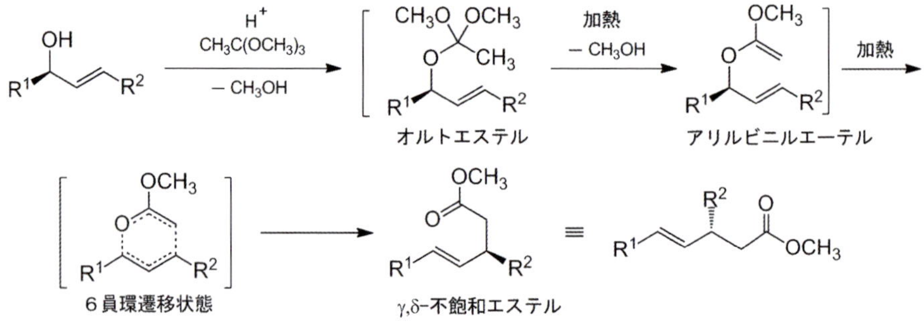

130 第12章 転位反応

H⁺
CH₃C(OCH₃)₃
− CH₃OH

オルトエステル

加熱
− CH₃OH

アリルビニルエーテル

加熱

6員環遷移状態

γ,δ-不飽和エステル

　6員環遷移状態を経由するクライゼン転位が進行すると、γ,δ-不飽和エステルが得られる。

アイルランド−クライゼン転位
Ireland-Claisen
　rearrangement

　γ,δ-不飽和カルボン酸を与えるもう一つのバリエーションが、アイルランド−クライゼン転位である。アリルアルコールをプロピオン酸エステルへと変換したのち、強塩基LDAをHMPA（ヘキサメチルホスホロトリアミド）存在下に作用させると、(Z)-O-エノラートを優先的に与える。エノラートイオンをシリル化するとケテンシリルアセタールが生成する。ケテンシリルアセタールは反応性が高く、加熱することなく転位反応が進行する。酸で反応を停止させると、2位と3位がシン体のγ,δ-不飽和カルボン酸が得られる。

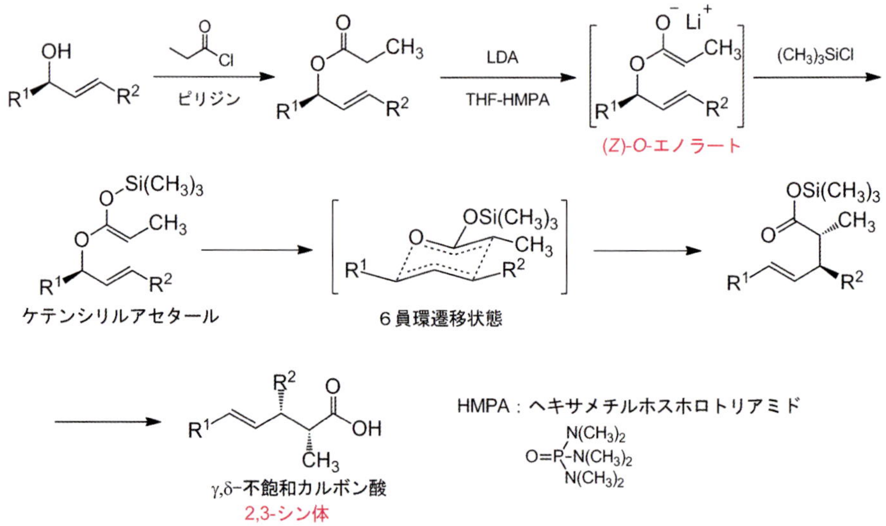

プロピオン酸クロリド
ピリジン

LDA
THF-HMPA

(Z)-O-エノラート

(CH₃)₃SiCl

ケテンシリルアセタール

6員環遷移状態

γ,δ-不飽和カルボン酸
2,3-シン体

HMPA：ヘキサメチルホスホロトリアミド

$$O=P \begin{matrix} N(CH_3)_2 \\ N(CH_3)_2 \\ N(CH_3)_2 \end{matrix}$$

　プロピオン酸エステルに、HMPA非存在下でLDAを作用させると、(E)-O-エノラートが優先的に生成する。同様にシリル化、昇温を行うと、この場合にはアンチ体が得られる。

12・2 シグマトロピー転位　131

*10 **エノラートイオンの選択的調製**

E-エノラート、あるいは Z-エノラートを選択的に調製できなければ、転位生成物は立体異性体の混合物になる。エステルの場合、HMPA 共存下に LDA を作用させると、下図 (a) のような遷移状態からプロトンが引き抜かれ、Z-エノラートが生成する。一方、HMPA を添加しないときは、下図 (b) に示したように、LDA の Li イオンがカルボニル基に配位した6員環遷移状態を経由して E-エノラートが生成する。

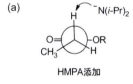

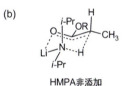

エノラートイオンを選択的につくり分けることによって、生成物の立体化学を制御することができ、また、転位の容易さも加わり、優れた方法となっている*10。

12・2・2 コープ転位

1,5-ヘキサジエンも、加熱するとクライゼン転位と同様に[3,3]シグマトロピー転位が進行する。酸素原子を含まないこの系は**コープ転位**と呼ばれる。コープ転位では、生成物も同様の1,5-ヘキサジエン骨格となるので平衡反応である。最も単純な1,5-ヘキサジエンの場合は、反応が進行しているのかどうか区別することができない*11。

コープ転位
Cope rearrangement

*11 **電子の動きを矢印で示せない**

これまで学んできた多くの反応では、求核剤から求電子剤に向けて矢印を書いて、電子の動き、反応の機構を理解してきた。これに対してコープ転位では、どちらから矢印を動かしても同じことになり、求核剤・求電子剤を定義することができない。これまでの反応と異なることが理解できよう。

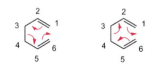

3,4-ジメチル-1,5-ヘキサジエンのように置換基が結合すると、反応の様子が明らかになる。この場合、300℃に加熱するとコープ転位が進行し、2,6-オクタジエンが生成する。2,6-オクタジエンは二置換アルケン構造なので、一置換アルケン構造の3,4-ジメチル-1,5-ヘキサジエンより熱力学的に安定である。その結果、平衡は2,6-オクタジエン側に片寄る。また、転位反応は安定ないす形遷移状態を経由するので、新たに生じる二つの二置換アルケンはトランス体となる。

通常の1,5-ヘキサジエン骨格のコープ転位は高温を必要とするが、ヒドロキシ基が結合すると反応は加速される。ヒドロキシ基が加わるので、オキシ-コープ転位と呼ばれる。コープ転位と最も異なる点は、コープ転位で生成するジエンの一方がエノール構造をとり、より安定なアルデヒド構

オキシ-コープ転位
oxy-Cope rearrangement

132 ‖ 第 12 章 転 位 反 応

造に異性化することである。そのため逆反応は進行しない。

オキシアニオン-コープ転位
oxyanion-Cope
    rearrangement

さらに、ヒドロキシ基をアルコキシドとすると転位反応は加速される。加速効果の著しさから、オキシアニオン-コープ転位と別称される。

極めて速く転位

═══ 演 習 問 題 ═══

12・1 以下のピナコール型の転位反応の生成物の構造を示せ。

(a)

$$CH_3\overset{OH}{\underset{CH_3}{\overset{|}{C}}}\overset{OH}{\underset{H}{\overset{|}{C}}}CH_3 \xrightarrow[\text{転位}]{H^+} A$$

$$\xrightarrow[\text{ピリジン}]{TsCl} B \xrightarrow[\text{ピリジン}]{\text{転位}} C$$

(b)

$$\xrightarrow[\text{転位}]{H^+} D$$

12・2 以下の転位反応の中間体、生成物の構造式を示せ。

(a)

$$\xrightarrow[\text{転位}]{H_2SO_4} A$$

(b)

$$\xrightarrow[\text{2) NaN}_3]{\text{1) ClCO}_2\text{Et, Et}_3\text{N}} [\ B\ \xrightarrow[\text{転位}]{}\ C\ ] \begin{array}{c} \xrightarrow{\bigcirc-CH_2OH} D \\ \xrightarrow{t\text{-BuOH}} E \end{array}$$

$$\xrightarrow[]{SOCl_2} F \xrightarrow[]{CH_2N_2} G \xrightarrow[\text{転位}]{} H \xrightarrow[]{CH_3OH} I$$

(c)

$$CH_3-\overset{O}{\overset{\|}{C}}-CH_2CH_3 \xrightarrow[\text{転位}]{m\text{CPBA}} J$$

(d)

$$\xrightarrow[\text{転位}]{m\text{CPBA}} K$$

演習問題 133

12・3 以下の [3,3] シグマトロピー転位の中間体、生成物の構造を示せ。

(a) 加熱 転位 → A

(b) 加熱 転位 → B

(c) CH_3O OCH_3 + HO R $\xrightarrow{H^+}$ C $\xrightarrow[- CH_3OH]{加熱}$ D $\xrightarrow{転位}$ E

(d) 加熱 転位 → F

12・4 シトラールは、β,γ-不飽和アルデヒドとプレニルアルコールを出発原料として、二つの [3,3] シグマトロピー転位を経て合成される。中間体の構造、二つのシグマトロピー転位の反応機構を示せ。

β,γ-不飽和アルデヒド プレニルアルコール CHO + OH → A $\xrightarrow{- H_2O}$ B $\xrightarrow[クライゼン転位]{加熱}$

C $\xrightarrow[コープ転位]{加熱}$ → CHO シトラール

COLUMN　古典的カルボカチオン *vs* 非古典的カルボカチオン

　本章で取り上げたワーグナー–メーヤワイン転位に限らず、S_N1 反応、E1 反応は、カルボカチオン中間体を経由する機構で説明されてきた。例えば、第

HO CH_3
$CH_3-C-C-CH_3$ $\xrightarrow[- H_2O]{H^+}$ $CH_3-C=C-CH_3$
H_3C H CH_3 CH_3

　カルボカチオン A は、正電荷が炭素原子上に非局在化した構造をしているが、それに対して B のように 3 個の炭素原子が 2 個の電子を介して結びつく三中心二電子結合が提唱された。A は古典的カルボカチオン、B は非古典的カルボカチオンと呼ばれ、真の構造はどちらかという議論が 1960 年代から 70 年代にかけて巻き起こった。

　議論の焦点となったのが 2-ノルボルニルカチオ

三級アルコールの酸触媒下での脱水反応は、A に示すようなカルボカチオンを中間体として経由する機構で説明されていた。

CH_3
$CH_3-C-C-CH_3$
H_3C H
A
古典的カルボカチオン

CH_3
$CH_3-C-C-CH_3$
H_3C H
B
非古典的カルボカチオン

ンで、このカチオンが古典的か非古典的かについて、両派を代表する研究者たちが感情をむき出しにして激しい論争を繰り広げた。

　古典的カルボカチオン派の主張は、2-ノルボルニルカチオンは 2 位がカチオンとなった C と 1 位がカチオンとなった D の間で平衡が存在するというもので、一方、非古典的カルボカチオン派は、E のような三中心二電子結合の構造を主張した。

134 第 12 章 転位反応

C
2-ノルボルニルカチオン
古典的カルボカチオン

D

E
非古典的カルボカチオン

　最終的には、平衡が起こらないような低温下で
NMR を測定しても 1 種のカチオンしか観測されな
いこと、および計算化学の結果から、非古典的カル
ボカチオン構造が妥当とされ決着がついた。その後、
2-ノルボルニルカチオンが三中心二電子結合をして
非古典的カルボカチオン構造をとっていることを示
す X 線結晶解析がなされた。

　古典的でも非古典的でも合理的に実験結果を説明
できるので、大論争が展開されたのであろう。アル
コールの脱水反応で次のような例も知られている。

　第二級アルコールの 3,3-ジメチル-2-ブタノール
の酸性条件下での脱水反応では、3,3-ジメチル-1-
ブテン、2,3-ジメチル-2-ブテン、2,3-ジメチル-1-
ブテンの 3 種類のアルケンが、それぞれ 3%、61%、

31%の収率で生成する。第二級アルコールから最初
に生成する第二級カルボカチオン F からそのまま
脱プロトン化が起これば、3,3-ジメチル-1-ブテン
しか得られないはずである。しかし、実際には 2,3-
ジメチル-2-ブテン、2,3-ジメチル-1-ブテンが主生
成物として得られている。これらのアルケンは、第
二級カルボカチオン F からメチル基が転位して生
じる第三級カルボカチオン G から、プロトンが脱
離して生成した化合物である。第二級カルボカチオ
ン F よりも第三級カルボカチオン G の方が熱力学
的に安定なので、メチル基が転位してから脱プロト
ン化が起こったものと考えられる。このように、古
典的カルボカチオン説でも実験結果を合理的に説明
できる。

3,3-ジメチル-
2-ブタノール

3,3-ジメチル-1-ブテン
3 %

2,3-ジメチル-2-ブテン
61 %

2,3-ジメチル-1-ブテン
31 %

第二級カルボカチオン
F

第三級カルボカチオン
G

非古典的カルボカチオン
H

　実際のカルボカチオンは、カチオンが局在化した
F や G でなく、非古典的カルボカチオン H が真の
構造であろう。実際には電子雲として存在する炭素-

炭素結合や炭素-水素結合をたった一本の棒「—」で
書き表すことのできる化学構造式の発明は、もの凄
いことだったのだと思う。

第13章 炭素骨格の形成 (1) −炭素鎖の伸長−

　これまでの各章で、官能基ごとの有機反応について学んだ。それらの多くは、AとBを反応させると何が得られるかという反応のパターンについてであった。本章と次の第14章では、これまでと逆の考え方を学ぶ。すなわち、Cを合成するためにはどうすればよいかを考えるための基本を学ぶ。

　有機化合物は炭素の骨格と官能基から成り立っている。これらの二つの点をいかに効率よく、効果的に組み上げるかについて学ぶ。本章では炭素鎖を伸長することに重点を置き、第14章では環構造を構築する手法について学ぶ。

13・1　逆合成解析の考え方

逆合成解析
retrosynthetic analysis

　ほとんどの有機化合物は、炭素を中心とした骨格に様々な官能基が組み込まれている。このような有機化合物を合成する際、炭素骨格がすでにできあがっていて、あとは官能基を整えるだけというケースは極めて稀である。多くの場合、炭素−炭素結合を形成する反応を何回か行い、炭素骨格を構築しなければならない。そのようなとき、炭素骨格の構築と同時に所望の官能基を整えることができれば、合成全体が効率的となり、工程数の短縮にもなり望ましい。

　また、目的とする化合物が複数の官能基を有する場合もしばしばある。それぞれの官能基の反応性（どのような求核剤・求電子剤と反応するか、反応しないか）を考慮して合成の経路を考える必要がある。

　同じ官能基が複数個存在する場合もしばしばある。たとえば、グリセロールの三つのヒドロキシ基のうち、一つのヒドロキシ基にだけアルキル化（モノアルキル化）を行うケースを考えてみる。想定されるモノアルキル化生成物は、1-*O*-アルキル化体、2-*O*-アルキル化体、3-*O*-アルキル化体の3種類である。目的のモノアルキル化体だけでなく、二つ、あるいは三つすべてのヒドロキシ基がアルキル化された化合物も副生することが考えられる[*1]。

*1　グリセロ脂質、グリセロリン脂質などで用いられる位置の表し方。グリセロールの骨格をフィッシャー投影式で示すとき、2位のヒドロキシ基を左側に出るように書き、上から1位、2位、3位と番号がつけられる。stereospecific numbering と呼ばれる。

1-*O*-アルキル化体
3-*O*-アルキル化体の
エナンチオマー

2-*O*-アルキル化体

3-*O*-アルキル化体
1-*O*-アルキル化体の
エナンチオマー

　ある特定のアルキル化体を選択的に得るためには、それ以外のヒドロキシ基は反応しないようにする必要がある。たとえば、1-*O*-アルキル化体を

保護基 protecting group

合成したい場合は、2位、3位のヒドロキシ基は反応しないように保護する（マスクするともいう）必要がある。1位のアルキル化を行った後に、保護基を外して（脱保護）ヒドロキシ基に戻すことによって目的の 1-O-アルキル化体を選択的に得ることができる。どのような保護基 P^1, P^2 にするかは、反応の種類、他の官能基を考慮して選択することになる。

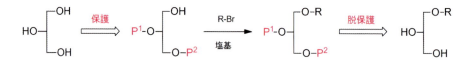

したがって、合成にあたっては、(1) 骨格の構築、(2) 官能基の変換、(3) 保護基の選択 を総合的に判断して合成経路を考えることになる。

逆合成解析
retrosynthetic analysis

最も論理的な合成経路の立て方に「**逆合成解析**」と呼ばれる手法がある。逆合成解析では、(1) 目的物の前駆体となる化合物（前駆体 A）を想定する。前駆体は1種類だけとは限らないので、複数個の前駆体（たとえば、前駆体 A-1 〜 前駆体 A-3）を想定できる。(2) それぞれの前駆体について、さらにその前駆体（前駆体 B）を想定する。このようにして系統樹（実際の合成と逆の変換なので、逆合成解析では図のような矢印を用いることになっている）のような合成経路の候補をリストアップする。これらの中で変換の容易さ、確実さ、原料の入手の容易さなどを総合的に考慮して合成経路（たとえば、前駆体 A-2 ⇒ 前駆体 B-2-2 ⇒ 前駆体 C-2-1-1）を選定する。

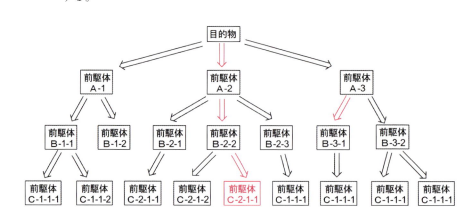

逆合成解析は、充分に可能性のある変換法を考えながら進めるが、既知の反応例に縛られる必要はない。もし前駆体 B-3-1 から前駆体 A-3 への変換（赤色の矢印）が困難そうに思えても、全体の合成経路が魅力的ならば、そのルートも検討に値する。

2-ペンタノールを例に具体的に逆合成解析を試みてみよう。

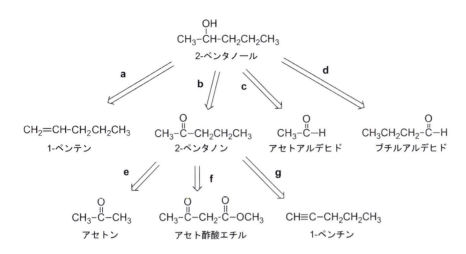

アルコールをアルケンの水和で得るとすると前駆体は1-ペンテン(ルートa)、アルコールをケトンの還元で得るとすると前駆体は2-ペンタノン(ルートb)となる。アルコールをグリニャール反応で得るとすると、アセトアルデヒド(ルートc)、あるいはブチルアルデヒド(ルートd)の二つが前駆体となる。これら第二段目の化合物はいずれも安価で入手容易な出発物質なので、逆合成解析を終了して実際の合成を始めることができる。しかしここでは逆合成の考え方を学ぶことが重要なので、これらのうち2-ペンタノンの逆合成をさらに進めると、e, f, gのような経路も立てることができる。直観で思いついた一つのルートにこだわらず、様々な可能性を論理的に考えることが逆合成解析のコツである。

13・2 官能基を足掛かりにした炭素-炭素結合形成 (1) -カルボニル基の反応-

13・2・1 アルデヒド・ケトンを利用する例

アルデヒド・ケトンなどのカルボニル化合物は、炭素-炭素結合形成において最もよく用いられる官能基の一つである。カルボニル基は強く分極し、カルボニル炭素は求核剤の攻撃を受ける(第7章)。一方、カルボニル化合物から調製されるエノラートイオンではα位が求核的となり求電子剤と反応する。さらに、α,β-不飽和カルボニル化合物ではβ位で求核剤の攻撃を受けやすく、共役付加反応が進行する。反応中心が炭素原子であるような求核剤、求電子剤を用いると、官能基の変換とともに新たな炭素-炭素結合が形成される。

アルデヒド・ケトンに対する付加反応

グリニャール試薬 (RMgX)、アルキルリチウム (RLi) など様々なカルボアニオン種は、アルデヒド、ケトンに対して求核付加し、炭素-炭素結

138 　第13章　炭素骨格の形成 (1) －炭素鎖の伸長－

合の生成とともに炭素鎖の伸長したアルコールを与える。ヒドロキシ基は
以後の変換のための官能基として利用することもできる。末端アセチレン
のリチオ体、シアニドイオンも、炭素求核剤としてカルボニル基に付加す
る。アルキンは Z アルケン、E アルケン、アルカンに選択的に変換できる
（第2章）。また、シアノ基は加水分解するとカルボキシ基、還元するとホ
ルミル基、アミノメチル基などの官能基に変換できる（第8章）。

　ホスホニウムイリドを用いるウィッティヒ反応を利用すると、アルデヒ
ド、ケトンから炭素鎖を伸長しつつアルケンを得ることができる。不安定
イリドを用いると Z アルケンが、安定イリドを用いると E アルケンが主
生成物として得られる有用な反応である（第7章）。

エノラートイオンのアルキル化反応

　ケトン、アルデヒド、あるいはカルボン酸エステルに、LDA（LiN(i-Pr)$_2$）

13・2 官能基を足掛りにした炭素−炭素結合形成 (1) −カルボニル基の反応− **139**

などの求核性の弱い強塩基を作用させるとエノラートイオンが発生する。エノラートイオンは求核性が強く、ハロゲン化アルキルなどの求電子剤と反応し、α 位で新たな炭素−炭素結合を形成できる。

カルボン酸エステルの場合も同様に、LDA を作用させるとエノラートイオンを発生させることができ、ハロゲン化アルキルなどとの反応によって新たな炭素−炭素結合を形成できる。

非対称ケトンの位置選択的アルキル化反応

2-メチルシクロヘキサノンのように非対称なケトンに、LDA を低温下（たとえば、−78 ℃）で作用させてエノラートイオンとし、臭化ベンジルを反応させると、置換基の少ない側（メチル基の結合していない側）の α 位でアルキル化された化合物が優先的に得られる。

この選択性は以下のように説明される。LDA によるプロトン引き抜きは、より酸性度が高く、置換基が少なくて立体的に空いている位置で起こりやすい。すなわち、2-メチルシクロヘキサノンの場合、2 位よりも 6 位のプロトンの方が引き抜かれやすい。言い換えるならば、引き抜きの反応速度は $k_1 > k_2$ となる。そして、反応速度の比率（k_1 と k_2 の比率）が、生成するエノラートイオンの比率となる。低温下では、生成するエノラートイオンは異性化することなく、ハロゲン化アルキルと反応するので、反応速度 k_1 と k_2 の比率が生成物の比率となる。2-メチルシクロヘキサノンの場合、アルキル化生成物の比率から、k_1 と k_2 の比率は約 10 : 1 と推定される。エノラートイオン生成の際の反応速度の違いがアルキル化された異性体の生成比となるので、この反応は「速度論支配」の反応と呼ばれる[*1]。

*1 **滴下の順番も重要**
LDA の溶液に 2-メチルシクロヘキサノンを滴下すると、反応溶液中には常に過剰の LDA が存在し、加えられた 2-メチルシクロヘキサノンは LDA によってプロトンが引き抜かれ、置換基の少ないエノラートイオン A が優先的に生成する（次ページの図）。一方、2-メチルシクロヘキサノンの溶液に LDA を滴下すると（滴下の順番が逆）、初めはエノラートイオン A が多く生成するが、反応系には過剰の 2-メチルシクロヘキサノンが共存する。すると、速度論的に多く生じるエノラートイオン A と、2-メチルシクロヘキサノンとの間でプロトンの交換が起こる。その結果、熱力学的により安定なエノラートイオン B を優先して与える。このように、エノラートイオンの生成では滴下の順番のような実験条件の違いも選択性に大きく影響する。

140 ┃ 第13章　炭素骨格の形成 (1) －炭素鎖の伸長－

$$k_1 : k_2$$
$$ca\ 10 : 1$$

$$A : B$$
$$ca\ 10 : 1$$

　置換基の多い位置（メチル基の結合している位置）でアルキル化するにはどうすればよいだろうか。直接エノラートイオンを発生させるのでなく、シリルエノールエーテルを経由する方法が開発されている。すなわち、2-メチルシクロヘキサノンに塩化トリメチルシリル（Me₃SiCl）とトリエチルアミン（Et₃N）をジメチルホルムアミド（DMF）中で加熱すると、置換基のより多いシリルエノールエーテルが優先的に得られる。

＊2　速度論支配 vs 熱力学支配
エノラートイオンの生成速度の差が生成物の異性体比に反映される反応は速度論支配（kinetic control）の反応、生成物の熱力学的安定性が生成物の比率に反映される反応は熱力学支配（thermodynamic control）の反応と呼ばれる。2-メチルシクロヘキサノンから二種類のシリルエノールエーテルをつくり分ける反応は、まさに速度論支配・熱力学支配の代表的な例になる。
　2-メチルシクロヘキサノンに低温下、LDA を作用させる反応では、二種類のエノラートイオンが不可逆的に生成し、それぞれエノラートイオンの位置でアルキル化が起こる。エノラートイオンの生成比、すなわち生成の速度比が異性体比になるので、この反応は速度論支配の反応になる。
　一方、Et₃N、Me₃SiCl を DMF 中で加熱する反応では、はじめに二種類のシリルエノールエーテルが生成するが、この条件下ではシリルエノールエーテルから出発物質のケトンに戻る逆反応が常に起こっている。このような出発物質のケトンを介した平衡によって、最終的には熱力学的に安定な異性体へと収束するので、この反応は熱力学支配の反応になる。

　この選択性は以下のように説明される。トリエチルアミンは塩基性が低く、平衡は原料のケトンの側に片寄っている。ごくわずかに生成するエノラートイオン（トリエチルアンモニウム塩）は、Me₃SiCl と反応して、シリルエノールエーテルとトリエチルアミンの塩酸塩を与える。加熱条件下なので、塩素イオンがシリルエノールエーテルのシリル基を攻撃し、トリエチルアンモニウムエノラートに戻る反応も起こる。その結果、熱力学的により安定な置換基の多いシリルエノールエーテルが優先的に得られる。したがって、この反応は「熱力学支配」の反応と呼ばれる＊2。

Et₃N : (CH₃CH₂)₃N ;　Me₃SiCl : (CH₃)₃SiCl

このようにして得られる2種類のシリルエノールエーテルを分離精製した後、それぞれの異性体にメチルリチウム (CH₃Li) を作用させると、エノールエーテルの位置を保持したままで対応するリチウムエノラートを発生させることができる。引き続きハロゲン化アルキルを反応させると、もともとのシリルエノールエーテルの位置でアルキル化された化合物を得ることができる。

極性転換

カルボニル基に対する付加反応では、カルボニル炭素は C^+ として求核剤 C^- と反応する。もし、カルボニル炭素が C^- として求電子剤 C^+ と反応できれば、まったく逆の新しい炭素-炭素結合の形成法となる。カルボニル炭素の極性が逆になるので、**極性転換**(ドイツ語の Umpolung がそのまま使われる)と呼ばれる。カルボニル基がそのまま C^- となったアシルアニオンを利用することは無理で、実際にはアシルアニオン等価体が合成に利用される。

代表的なアシルアニオン等価体に1,3-ジチアンのリチオ体がある。1,3-ジチアンの2位のプロトンは酸性度が高く、強塩基によって引き抜かれてカルボアニオンとなる。このようにして調製されるカルボアニオンは、ハロゲン化アルキル等と反応して2-置換1,3-ジチアンとなり、新たな炭素-炭素結合が形成される。2-置換1,3-ジチアンに強塩基を作用させ、アルキル化を行うと 2,2-二置換1,3-ジチアンを与える。1,3-ジチアンはホルムアルデヒドのジチオアセタールで、ホルムアルデヒドにプロパン1,3-ジチオールを作用させることで得られる*³。2-置換1,3-ジチアン、2,2-二置換1,3-ジチアンを加水分解すると、それぞれアルデヒド、ケトンに変換できる。

極性転換 Umpolung

チオアセタール thioacetal

*3 チオアセタール
チオアセタールは、アセタールの酸素原子が硫黄原子に置き換わった化合物なので、チオアセタールと呼ばれる。1,3-ジチアン由来のカルボアニオンは、隣接する硫黄原子の空のd軌道と相互作用することによって安定化されている。硫黄原子が酸素原子となった1,3-ジオキサンではカルボアニオンを安定化できないので、このような変換はできない。チオアセタールはアセタールと同様にカルボニル基の保護基として用いられるが、酸に対して極めて安定である。そこで、加水分解は水銀塩、銅塩など、硫黄原子と親和性の高い重金属塩の存在下で行われる。同族元素なので似た性質を示すことが多いが、それぞれの元素の特徴が現れる場合もよくある。

142 ‖ 第 13 章　炭素骨格の形成 (1) －炭素鎖の伸長－

したがって、2-リチオ-1,3-ジチアンはホルムアルデヒドのアシルアニオン等価体、2-リチオ-2-置換-1,3-ジチアンはアルデヒドのアシルアニオン等価体である。

アルドール縮合
aldol condensation

アルドール縮合

2 種類のアルデヒド、あるいはケトンを塩基性条件で反応させると、アルドール反応が進行し、アルドール (β-ヒドロキシカルボニル化合物) が生成する (第 10 章)。反応条件を苛酷にすると、脱水が起こり、α,β-不飽和カルボニル化合物が得られる。官能基の形成とともに炭素－炭素結合が形成されるので、有用な合成反応となりうる。アセトアルデヒドとアセトンの場合は、生じる 2 種類のエノラートイオンのうち、アセトン由来のエノラートイオンが求核性が強く、求電子性はアセトアルデヒドの方が強い。このため、可能な 4 種類のアルドール付加体のうち、4-ヒドロキシ-2-ペンタノンが優先的に生成する。

これは例外的なケースで、常にこのような選択性が見られるわけではない。たとえば、アセトフェノンとプロピオフェノンの混合物に NaOEt などの塩基を作用させると、4 種類のアルドール縮合生成物を与える。アセトフェノンとプロピオフェノン由来の 2 種類のエノラートイオンが生じ、それぞれがアセトフェノンとプロピオフェノンと反応するからである。選択性を出すためには、求核剤となるエノラートイオンあるいはその等価体を選択的に調製し、もう一方の求電子剤となるカルボニル化合物と反応させる必要がある。

13・2 官能基を足掛りにした炭素−炭素結合形成 (1) −カルボニル基の反応− 143

アセトフェノン + プロピオフェノン

一つの方法は、一方のケトンにLDAを作用させてエノラートイオンを調製し、次いで求電子剤となるケトンを加える方法である。これにより、目的とする1種類のアルドールを得ることができる。このアルドール反応は塩基性条件下での反応である*4。

*4 一方のカルボニル化合物を求核剤とし、もう一方のカルボニル化合物を求電子剤とする選択的なアルドール反応を交差アルドール (cross aldol) という。

また、エノラートイオン等価体としてシリルエノールエーテルを用いる酸性条件下でのアルドール反応も開発されている。ルイス酸 (たとえば四塩化チタン：$TiCl_4$) の存在下でシリルエノールエーテルとケトンを反応させると、活性化されたカルボニル基にシリルエノールエーテルが攻撃してアルドール生成物を選択的に得ることができる。

144 ‖ 第13章　炭素骨格の形成 (1) －炭素鎖の伸長－

＊5　位置特異的と位置選択的
出発原料のエノールの位置の違いに応じて異なる位置異性体を与えることを位置特異的という。一方、2-メチルシクロヘキサノンに強塩基を作用させ、置換基のより少ないエノラートイオンを発生させる反応は位置選択的という。これらの違いは、得られる異性体の比率の程度でなく、反応物の構造が生成物の構造に反映されるかどうかで定義される。

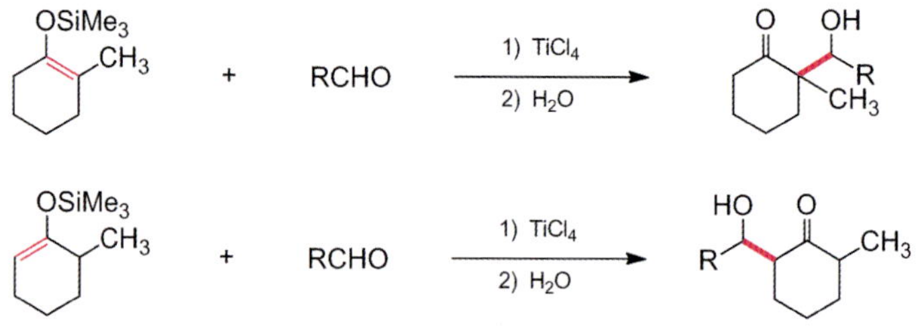

＊6　ジアステレオ選択的、
**　　　　エナンチオ選択的**
たとえば、プロピオフェノンとベンズアルデヒドのアルドール反応を行うと、下図に示したアルドール生成物が得られる。この反応で二つの不斉炭素（1、2で示した炭素）が新たに生じる。メチル基とヒドロキシ基の相対的な立体化学が異なる異性体はジアステレオマーの関係にあり、一方のジアステレオマーを選択的に与える反応をジアステレオ選択的反応と呼ぶ。
　また、このようにして得られる一方のジアステレオマーも、絶対立体配置が逆のエナンチオマーの混合物（ラセミ体）である。一方のエナンチオマーを与える反応をエナンチオ選択的反応と呼ぶ。

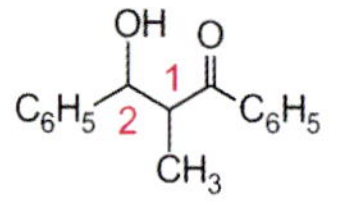

遷移金属触媒
transition metal catalyst

＊7　鈴木-宮浦カップリング、根岸カップリングの業績によって、鈴木　章博士、根岸英一博士はヘック博士と共に2010年度ノーベル化学賞を授与された。

上述の2-メチルシクロヘキサノン由来の2種類のシリルエノールエーテルにルイス酸の存在下でアルデヒドを作用させると、位置特異的にエノールの炭素上でアルドール反応が進行する[5]。

アルドール反応では、複数の不斉炭素が同時に生じることが多い。現在は、ジアステレオ選択的、さらにエナンチオ選択的なアルドール反応が数多く開発されている[6]。

13・3　官能基を足掛かりにした炭素－炭素結合形成 (2) －アルケン・アルキンの反応－

13・3・1　アルケンを利用する例

アルケンは骨格の一部となっているだけでなく、アルコール、ハロゲン化アルキル、カルボニル化合物などに変換できる有用な化合物でもある（第2章）。アルケン、あるいは共役ジエンは環を形成する反応で重要な出発物質となっているが（第14章）、アルケンの炭素上で炭素骨格を伸長する手法は限られている。アルケンがカルボニル基と共役した電子不足アルケンの場合は共役付加によって炭素鎖を伸長できるが、ハロゲン化アルケニルは、ハロゲン化アルキルで進行するような求核置換反応は起こらない。

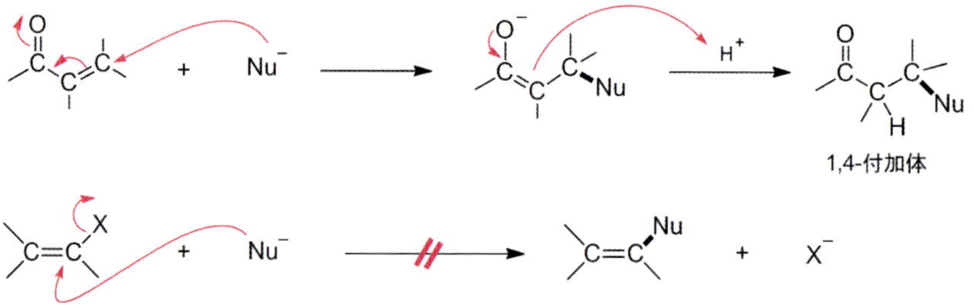

大学学部レベルで学ぶアルケンを利用する炭素－炭素結合の形成法はこのように限られているが、大学院レベルになると**遷移金属触媒**を用いる多くの反応例を学ぶ。

　次ページの図に、アルケンを利用する最も代表的なカップリング反応であるスティレカップリング、鈴木－宮浦カップリング、根岸カップリングと呼ばれる反応例を示した[7]。いずれも遷移金属のPd触媒を用いることで、ハロゲン化アルケニルとアリール基、アルケニル基をカップリングす

ることができる。

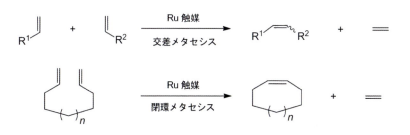

R : アリール、アルケニル等

オレフィンメタセシスと呼ばれる反応も開発されている。アルケンの合成法を一変させる手法で、開発者のグラブス博士は2005年ノーベル化学賞を受賞した。2種類のアルケンからエチレンの脱離とともに新たなアルケンを与える交差メタセシス、ジエンが環化する閉環メタセシスが特に汎用されている。

オレフィンメタセシス
olefin metathesis

交差メタセシス
cross metathesis

閉環メタセシス
ring closing metathesis

これらのように、遷移金属を用いるとアルケンの合成法が一挙に増えるとともに、アルケンの合成的な有用性も大幅に拡がる。

13・3・2 アルキンを利用する例

末端アルキンの水素は酸性度が高いので、BuLi や NaNH$_2$ などの強塩基を作用させると容易にアセチリドイオンとなり、ハロゲン化アルキルなどの求電子剤と反応して新しい炭素－炭素結合を形成できる（第2章）。トリメチルシリルアセチレン[*8]も同様に、末端アルキン部分で炭素鎖 R^1 を伸長できる。シリル基をフッ化物イオンなどで脱離させ、再び強塩基、ハロゲン化アルキル R^{2}X を反応させると、アセチレンの両末端に炭素鎖を伸長できる（次ページ図）。

アルキンはアルカン、シスアルケン、トランスアルケンへと選択的に変換できるので、アルキンの性質を利用する一連の反応は炭素骨格の構築に有用な方法となっている。

[*8] トリメチルシリルアセチレンは沸点が53℃で、気体のアセチレン（沸点 −81℃）より取り扱いが容易である。

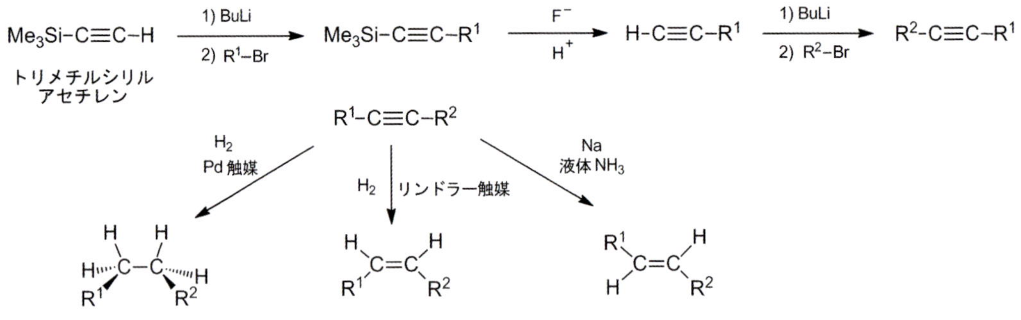

146 ┃ 第13章　炭素骨格の形成 (1) －炭素鎖の伸長－

$$Me_3Si-C\equiv C-H \xrightarrow[\text{2) } R^1-Br]{\text{1) BuLi}} Me_3Si-C\equiv C-R^1 \xrightarrow[H^+]{F^-} H-C\equiv C-R^1 \xrightarrow[\text{2) } R^2-Br]{\text{1) BuLi}} R^2-C\equiv C-R^1$$

トリメチルシリル
アセチレン

$$R^1-C\equiv C-R^2$$

H₂ Pd 触媒 ↙　　H₂ リンドラー触媒 ↓　　Na 液体 NH₃ ↘

13・4　官能基の変換と保護基の使い方

13・4・1　保護基としての条件

　保護基の必要性について、ヒドロキシ基を例に「逆合成解析の考え方」で簡単に説明した (13・1 節)。13・1 節では複数個あるヒドロキシ基をどのように区別するかについて説明したが、保護しなければならない官能基はヒドロキシ基だけでなく、カルボニル基、カルボキシ基、アミノ基など多岐にわたる。複雑な骨格と多くの官能基を含む分子の合成にあたっては、保護基なしで合成することは極めてむずかしい。多段階合成では、酸性条件下での反応、塩基性条件下での反応など、条件の異なる様々な反応を駆使する。全体的な合成戦略、合成ルートを考える際に、炭素－炭素結合の形成、官能基の変換と同時に保護基の選択も考慮する必要がある。

　ヒドロキシ基を例にとって、保護、脱保護の流れを下図に示した。目的とする変換の際に、ヒドロキシ基が反応しないように、① ヒドロキシ基の保護、② 変換、③ 脱保護という操作が必要となる。ヒドロキシ基がなければ 1 工程で済むところを、保護、脱保護の工程が加わって 3 工程になる。したがって、保護、脱保護の段階は高収率で進行することが必須となる。

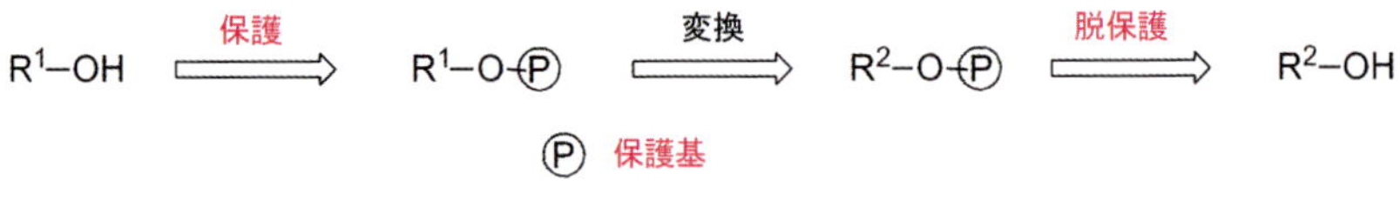

$$R^1-OH \xrightarrow{\text{保護}} R^1-O-\textcircled{P} \xrightarrow{\text{変換}} R^2-O-\textcircled{P} \xrightarrow{\text{脱保護}} R^2-OH$$

$\textcircled{P}$　保護基

　保護基の導入、脱保護が高収率で進行するだけでなく、どのような条件下で脱保護を行えるかを考慮して保護基を選択する必要がある。様々な保護基の中から、その後の変換に最も好都合な保護基を選択する。そのためには、酸性条件下で安定で、塩基性条件下で脱保護できる保護基、あるいは逆に、塩基性条件下で安定で、酸性条件下で脱保護できる保護基、さらに、酸性、塩基性条件下のいずれでも安定で、特定の条件下で脱保護できる保護基が必要となる。これはヒドロキシ基の保護基に限らず、他の官能基の保護基でも同様である。

13・4・2 保護基の種類

ヒドロキシ基、アミノ基、カルボニル基、カルボキシ基の代表的な保護基と、一般的な脱保護の方法について簡単に説明する。

ヒドロキシ基の保護

ヒドロキシ基の保護基としては、アシル系保護基、シリル系保護基、ベンジル系保護基、アセタール系保護基が汎用される。アシル系保護基は酸性条件下で比較的安定であるが、アルキルリチウム（R−Li）やグリニャール試薬（R−MgX）などとは反応する。アルカリ加水分解で脱保護できる。シリル系保護基は最もよく用いられる保護基である。トリメチルシリル（TMS）エーテルは酸に対して極めて弱いが、シリル基のアルキル基を嵩高くすることで酸に対する安定性を上げることができ、多くの置換シリル基が開発されている。シリル系保護基はフッ化物イオン（F^-）によって容易に脱保護できる。ベンジルエーテルは酸性、塩基性の条件下でともに安定で、加水素分解（たとえば、Pd 炭素−水素）によって脱保護される。アセタール系保護基（たとえば、MOM 基）は酸によって脱保護される[*9]。

*9 アルコールのアルキル化（ウィリアムソンのエーテル合成）は、脱離などの競争反応が起こるため収率が低いことが多い。しかし、臭化ベンジル（Bn-Br）、塩化メトキシメチル（CH_3OCH_2Cl：MOM-Cl）などは脱離の可能性がなく、しかも反応性が高いので、収率良くヒドロキシ基を保護することができる（6・4節）。

ヒドロキシ基の保護基

$R-O-\overset{\overset{O}{\|\|}}{C}-CH_3$　(R−OAc)	酸性条件下で安定	OH^-で脱保護
$R-O-Si(CH_3)_3$　(R−OTMS)	塩基性条件下で安定	F^-、H^+で脱保護
$R-O-CH_2C_6H_5$　(R−OBn)	酸性条件下で安定 塩基性条件下で安定	H_2-Pd 炭素で脱保護
$R-O-CH_2-OCH_3$　(R−OMOM)	塩基性条件下で安定	H^+で脱保護

アミノ基の保護

アミノ基の保護基としては、カルバマート系の保護基が最も頻繁に使われる。カルバマートを加水分解してカルバミン酸にすると、脱炭酸が起こりアミンを与える。カルバマートのアルコール部分の違いによって脱保護の条件が異なる（12・1・4項）。

$$R-NH-\overset{\overset{O}{\|\|}}{C}-O-R' \xrightarrow{\text{カルバマートの加水分解}} R-NH-\overset{\overset{O}{\|\|}}{C}-O-H \xrightarrow{\text{脱炭酸}} R\cdot NH_2 + CO_2$$

カルバマート　　　　　　　　　　　　カルバミン酸

ベンジルオキシカルボニル基（Cbz 基）は加水素分解により、*tert*-ブトキシカルボニル基（*t*-Boc 基）は酸処理により、9-フルオレニルメチルオキシカルボニル基（Fmoc 基）は第二級アミン処理により、それぞれカルバミン酸を経由してアミノ基に脱保護される。Fmoc 基はペプチド合成機でペプチド鎖を合成する際に汎用されている。

また、ベンジルアミンは加水素分解によってアミンに変換される。

アミノ基の保護基

$R-NH-\overset{\overset{\displaystyle O}{\|}}{C}-O-CH_2C_6H_5$ (R−NHCbz)　　酸性条件下で安定　　H$_2$-Pd 炭素で脱保護

$R-NH-\overset{\overset{\displaystyle O}{\|}}{C}-O-C(CH_3)_3$ (R−NHBoc)　　塩基性条件下で安定　　H$^+$で脱保護

$R-NH-\overset{\overset{\displaystyle O}{\|}}{C}-O-CH_2$ (R−NHFmoc)　　第二級アミンで脱保護

$R-NH-CH_2C_6H_5$　　(R−NHBn)　　酸性条件下で安定 塩基性条件下で安定　　H$_2$-Pd 炭素で脱保護

カルボニル基の保護

　最も重要な保護基はアセタールである。アルキルリチウム（R−Li）やグリニャール試薬（R−MgX）などと反応せず、酸処理によって容易にカルボニル基を再生できる。しかし、酸に対する安定性は高くなく、シリカゲル等での分離精製の際に分解することもある。一方、チオアセタールは酸に対して極めて安定で、Hg^{2+}塩、Ag$^+$塩などの重金属塩を用いる方法で加水分解できる。

アセタール　　塩基性条件下で安定　　H$^+$で脱保護

チオアセタール　　酸性条件下で安定 塩基性条件下で安定　　Hg^{2+}、Ag$^+$で脱保護

　アセタールで保護することによるケトエステルの選択的還元を以下に再掲する（7・2節）。還元されやすさはケトン＞エステルであるが、アセタール化することによって反応性を逆転させることが可能になる。

ケトエステル　→ アセタール化 → LiAlH$_4$還元 → 脱アセタール化（加水分解）→ ケトアルコール

カルボキシ基の保護

　カルボキシ基は通常、エステルとして保護される。メチルエステル、エチルエステルが一般的である。t-ブチルエステルはメチルエステルなどよりも若干アルカリ加水分解に対して抵抗する。トリフルオロ酢酸

（CF₃CO₂H）などの酸性条件下で加水分解できる。ベンジルエステルは加水素分解条件下で脱保護できる。

$$R-\overset{\displaystyle O}{\overset{\|}{C}}-O-CH_3 \qquad \text{酸性条件下で安定} \qquad OH^- で脱保護$$

$$R-\overset{\displaystyle O}{\overset{\|}{C}}-O-C(CH_3)_3 \qquad \text{塩基性条件下で安定} \qquad H^+ で脱保護$$

$$R-\overset{\displaystyle O}{\overset{\|}{C}}-O-CH_2C_6H_5 \qquad \text{酸性条件下で安定} \qquad \begin{array}{l} OH^- で脱保護 \\ H_2\text{-Pd 炭素で脱保護} \end{array}$$

13・4・3 複数の官能基の効率的な保護

複数の官能基を含む化合物に変換反応を施すとき、保護基の使用は必要なことである。それぞれの官能基に一つずつ保護基を導入しなければならない場合もあるが、複数の官能基をまとめて保護することも有力な戦略となる。特に、1,2-ジオール、1,3-ジオールの場合は、二つのヒドロキシ基をアセタールとしてまとめて保護することが多い。アセトンとのアセタール（イソプロピリデンアセタール）、あるいはベンズアルデヒドとのアセタール（ベンジリデンアセタール；実際にはベンズアルデヒドジメチルアセタールを用いることが多い）が汎用される。ベンジリデンアセタールを水素化イソブチルアルミニウム（i-Bu₂AlH、DIBAL）で還元すると、一方のヒドロキシ基がベンジル保護されたジオールに変換できる。

1,2-アミノアルコールの場合は、カルバマート、あるいは Boc 化とイソプロピリデン化して保護する例が多い。

150 ┃ 第13章 炭素骨格の形成 (1) －炭素鎖の伸長－

＊10 保護する、しない？
複雑な骨格の化合物を合成する際、保護基を使用しないで達成できれば最も望ましいが、官能基を保護せざるを得ないことが多い。研究者の間で、「保護基の使用はやむを得ない」、「保護基の使用は合成の品を落とす」、という議論（ディベートの類）がよくなされる。必要最低限に使用するのが望まれている。

まとめて保護することにより、化合物はコンパクトな構造となり、所望の変換がすみやかに進行することが期待される。あるいは、保護基が反応剤の接近を制御することで立体選択的な変換も期待される。このように、保護基は、単に官能基が反応しないようにするだけでなく、戦略的な意図をもって選択されることもあり、保護基の選択が合成の成否を決める場合もある＊10。

━━━━━ 演 習 問 題 ━━━━━

13・1 ベンジルアルコールから以下の 2-フェニルエタノール (a)、3-フェニルプロパノール (b)、4-フェニルブタノール (c) をそれぞれ合成する方法 (数工程) を示せ。

ベンジルアルコール

2-フェニルエタノール (a)　　3-フェニルプロパノール (b)　　4-フェニルブタノール (c)

13・2 アジピン酸ジエチルから 2-メチルシクロペンタノンを合成する方法 (数工程) を示せ。

アジピン酸ジエチル　　　　　　　　　　　　　　2-メチルシクロペンタノン

13・3 アセトンと 2-ブタノンから出発し、以下のアルドール付加体 A、B、C をそれぞれ選択的に得る方法を示せ。

A　　　　　　　　B　　　　　　　　C

COLUMN　ヒドロキシ基の保護基：シリル系保護基

ヒドロキシ基を保護するとき、アシル系保護基、シリル系保護基、エーテル系保護基、アセタール系保護基などが一般的に用いられている。これらの中でも、特にシリル系保護基は最も頻繁に利用されている。本文に記載したトリメチルシリル基は酸に対する安定性が低く、メチル基を他の置換基に変えた多くのシリル系保護基が開発されている。それぞれの反応性の違いを利用し、使い分けることで、選択

的な変換が可能となっている。そこで本コラムでは、シリル系保護基について紹介する。

アルコールのシリル化は、塩基の存在下でアルコールにハロゲン化シリルを反応させると高収率で進行する。脱保護(脱シリル化)は、酸で処理するか、フッ化物イオンを作用させることで行うことができる。ケイ素原子とフッ化物イオンの高い親和性を利用している。

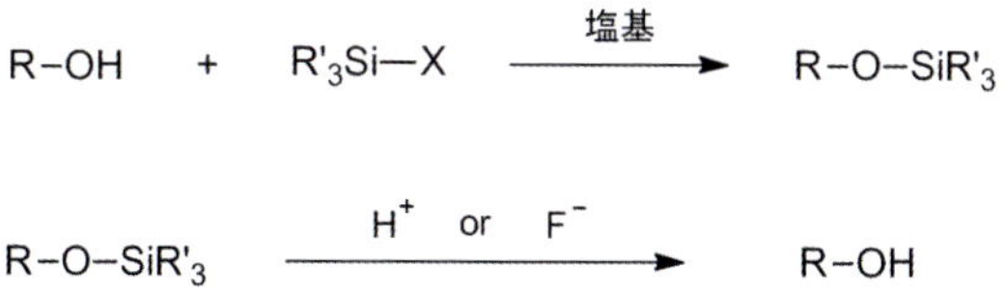

$$R\text{-}OH \quad + \quad R'_3Si\text{-}X \quad \xrightarrow{\text{塩基}} \quad R\text{-}O\text{-}SiR'_3$$

$$R\text{-}O\text{-}SiR'_3 \quad \xrightarrow{H^+ \text{ or } F^-} \quad R\text{-}OH$$

シリルエーテルの安定性はシリル基の置換基によって大きく影響を受ける。置換基が大きくなればなるほど酸に対する安定性は増す。代表的なシリル基と、それらの酸性条件下、塩基性条件下での安定性を以下に示す。

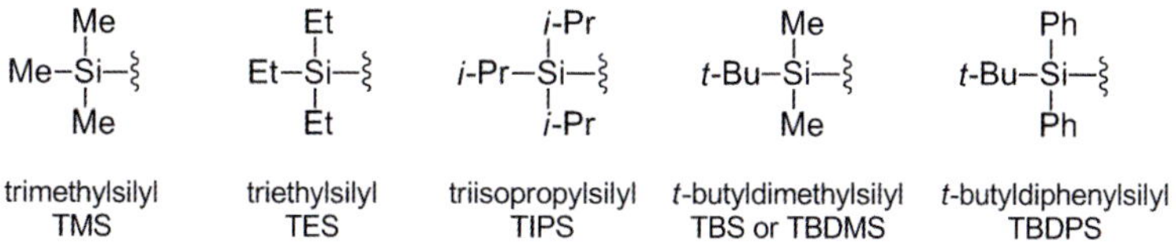

Me Me–Si–⅖ Me	Et Et–Si–⅖ Et	i-Pr i-Pr–Si–⅖ i-Pr	Me t-Bu–Si–⅖ Me	Ph t-Bu–Si–⅖ Ph
trimethylsilyl TMS	triethylsilyl TES	triisopropylsilyl TIPS	t-butyldimethylsilyl TBS or TBDMS	t-butyldiphenylsilyl TBDPS

酸性条件下での安定性　　TMS < TES < TBS < TIPS < TBDPS

塩基性条件下での安定性　　TMS < TES < TBS ~ TBDPS < TIPS

最も単純なトリメチルシリルエーテル（TMS エーテル）は酸に対して弱く、シリカゲルカラムクロマトグラフィーなどで分離精製する段階でも徐々に分解する。しかし、第三級アルコールの保護基として有用である。最もよく用いられているのは TBS 保護基である。

シリル化剤の X としては Cl が最も多く（たとえば TMSCl、TBSCl など）、反応性が低い場合は脱離能の高い TfO 基（たとえば、TMSOTf、TBSOTf など）が用いられる。

その他、ジオールを保護する場合、シリレンアセタールが用いられたり、ヌクレオシドの 3'、5'位のジオールを保護するときに、シロキサン構造をもつ保護基がよく用いられている。

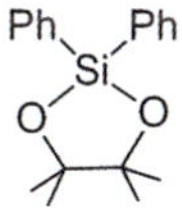

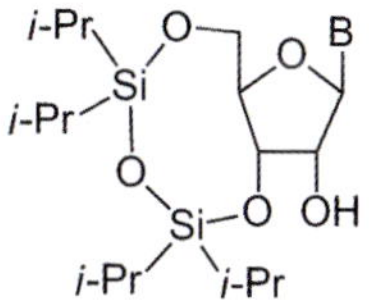

嵩高いシリル化剤を用いると、立体的に空いているヒドロキシ基だけを選択的に保護することもできる。シリル化、および脱シリル化が極めて容易で、しかも多くの場合、ほぼ定量的に進行するのがシリル保護基の特徴である。様々なシリル系保護基を使い分けることで、複雑な構造の化合物の合成が達成されている。

第14章 炭素骨格の形成 (2) −環状骨格の形成−

　環状骨格を形成する手法には、反応としても興味深いものが多く、環の員数に応じて特有の反応が知られている。本章では、6員環、5員環、4員環、3員環形成反応について代表的な反応を説明する。

14・1 シクロヘキサン環の形成

14・1・1 ロビンソン環化反応

　ロビンソン環化反応 (10・2節) は、共役付加、アルドール反応・脱水の組合せである。2-メチルシクロヘキサノンとメチルビニルケトンをNaOEt の存在下に反応させると、共役付加が進行して 1,5-ジケトンが生じる。側鎖のメチルケトン部分でエノラートイオンが発生すると、同一分子内のシクロヘキサノン部分を攻撃してアルドール付加体が生じる。最後に脱水が起こって二つの6員環が縮環した不飽和ケトンが得られる[*1]。

　2-メチルシクロヘキサノンからは2種類のエノラートイオンの生成の可能性がある。NaOEt のような弱塩基の場合は、熱力学的により安定な置換基の多いエノラートイオンが優先的に生じる。

*1 **アニュレーション**
すでにある環状化合物に、一辺を共有するように新たな環を構築することをアニュレーションと呼ぶ。ロビンソン環化はロビンソンアニュレーションとも呼ばれる (第10章コラム参照)。
アニュレーション annulation

　2-メチルシクロヘキサン-1,3-ジオンとメチルビニルケトンの場合も同様に、共役付加、アルドール、脱水が進行する。この反応で得られる化合物はウィーランド-ミッシャーケトンと呼ばれ、両方のエナンチオマーをつくり分ける手法も確立されている。ウィーランド-ミッシャーケトンは、縮環した6員環を含むステロイドやテルペノイド類の合成における重要な出発原料となっている。

ウィーランド-ミッシャーケトン
Wieland-Miescher ketone

　2-メチルシクロペンタン-1,3-ジオンとメチルビニルケトンから得られ

る下記のトリケトンに触媒量の (S)-プロリン（天然型の L-プロリン）を
作用させると、同様なアルドール型の反応と脱水反応が進行する。トリケ
トンはアキラル[*1]な分子なので、シクロペンタン環の二つのカルボニル基
はエナンチオトピック[*2]な関係にある。したがって、NaOEt などの塩基触
媒を用いると、シクロペンタン環の二つのカルボニル基に対して同じ比率
でアルドール反応が起こる。その結果、ラセミ体を与える。しかし、(S)-
プロリンを用いると、側鎖のメチルケトン部分がプロリンのアミンと反応
してエナミンとなる。すると、シクロペンタン環の二つのカルボニル基は
等価でなくなり（ジアステレオトピック[*2]な関係）、path a と path b の速
度が異なる。この場合は、path a の経路が優先的に進行してキラルなヘイ
オース - パリッシュケトンを与える。L-プロリンの換わりに D-プロリン
を用いると、鏡像体のヘイオース - パリッシュケトンが得られる。

アキラル achiral

*1 キラル（chiral）の反意語
で、achiral の最初の「a」は否定
の意味を表す接頭辞。トリケト
ンの場合は不斉炭素が存在せ
ず、対称面があるのでアキラル
な分子となる。また、不斉炭素
が存在しても、メソ体のように
分子に対称面が存在する場合は
アキラルとなる。

エナンチオトピック
enantiotopic

*2 エナンチオトピック、ジ
アステレオトピックなどについ
ては本章コラム参照。

ヘイオース-パリッシュケトン
Hajos-Parrish ketone

14・1・2 ディールス - アルダー反応

ディールス - アルダー反応は、ジエンとジエノフィルの軌道が相互作用
し、6 員環遷移状態を経て進行する電子環状反応である（2・2 節）。反応機
構の面から興味深いだけでなく、シクロヘキサン骨格を一段階の反応で合
成でき、しかも最大四つの不斉炭素の立体化学を制御できることから、最
も重要な反応の一つとなっている。

ディールス - アルダー反応
Diels–Alder reaction

最も一般的なディールス - アルダー反応は、電子豊富なジエンと電子不
足なジエノフィルの組合せが多い。その中でも、ダニシェフスキー - 北原
ジエンとして知られるジエンは、1 位のメトキシ基と 3 位のトリメチルシ
リルオキシ基が協奏的に作用する、極めて反応性に富んだジエンである。
数多くのシクロヘキサン骨格を含む天然物などの合成に活用されている。

ダニシェフスキー-北原ジエン
Danishefsky-Kitahara diene

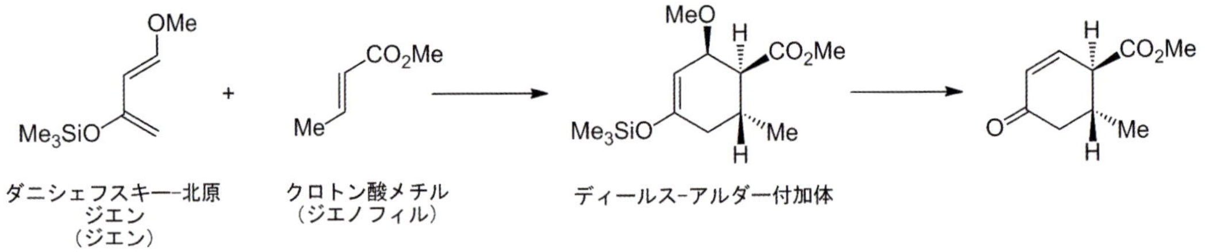

154 ┃ 第14章 炭素骨格の形成 (2) －環状骨格の形成－

ダニシェフスキー–北原
ジエン
（ジエン）

クロトン酸メチル
（ジエノフィル）

ディールス–アルダー付加体

14・2 シクロペンタン環の形成

14・2・1 1,4-ジケトン類からのアルドール・脱水反応

1,4-ジケトンに塩基を作用させると分子内でのアルドール・脱水反応が
進行し、シクロペンテノン類を合成できる（10・2節）。

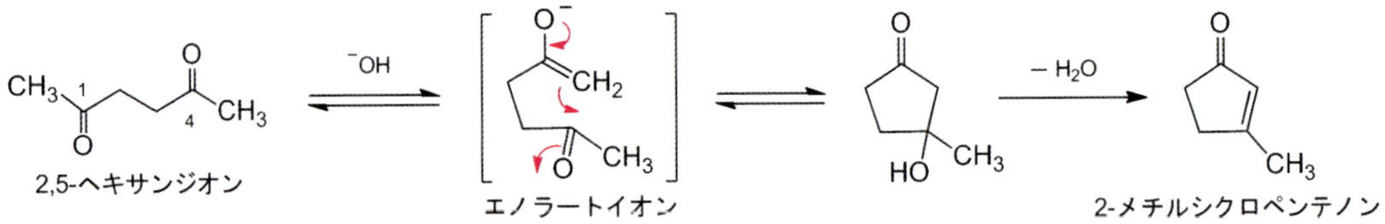

2,5-ヘキサンジオン

エノラートイオン

2-メチルシクロペンテノン

2,5-ヘキサンジオンは対称なので、どちらのケトン部分からエノラート
イオンが発生しても同じ化合物（2-メチルシクロペンテノン）を与える。
非対称でも一方のケトンがメチルケトンの場合は、熱力学的により安定な
エノラートイオンを経由し、1-置換-2-メチルシクロペンテノンを優先的
に与える。

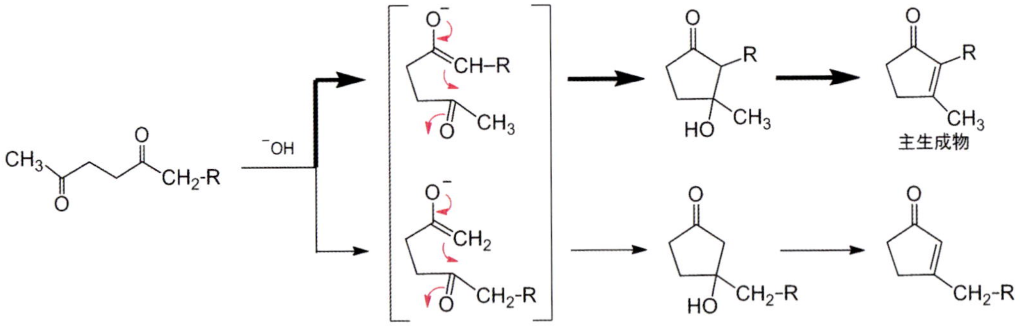

主生成物

ルイス酸 Lewis acid

ジエノンにルイス酸（LA^+）を作用させると、ジエンの末端炭素が結合
してシクロペンテノン骨格を与える、ナザロフ環化も知られている。

14・4 シクロプロパン環の形成 | 155

カルボニル炭素にルイス酸が配位しペンタジエニルカチオンが生じ、周辺環状反応が進行して5員環が形成される。

14・3 シクロブタン環の形成

シクロブタン環を形成する直接的な反応は、二つのアルケンの [2+2] 環化付加反応である。[2+2] 環化付加は熱的に禁制で、通常は光照射下で行われる。電子不足のアルケンと電子豊富なアルケンの組合せが最も一般的である。光によって電子不足アルケン（この場合はシクロペンテノン）からビラジカルが発生し、アルケンと反応する機構で進行する。

[2+2]環化付加反応
[2+2] cycloaddition

14・4 シクロプロパン環の形成

シクロヘキセンの存在下にクロロホルムに塩基を作用させると、シクロヘキサン環にシクロプロパン環が縮重した二環性化合物が得られる。この反応では、クロロホルムから生じるジクロロカルベンとアルケンが反応してシクロプロパン環が形成される。ジクロロカルベンは、クロロホルムから脱プロトン化して生じるカルボアニオンから、さらに塩素イオンが脱離することで生成する。

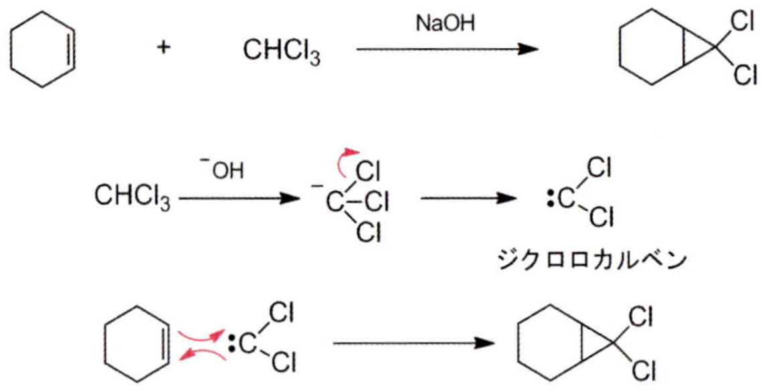

156 第14章 炭素骨格の形成 (2) －環状骨格の形成－

CHCl$_3$ $\xrightarrow{\ ^-\text{OH}\ }$:CCl$_2$ ジクロロカルベン

シモンズ-スミス反応
Simmons-Smith reaction

　塩素原子などが置換されていないシクロプロパン化としては、ジヨードメタンと亜鉛－銅合金を用いる方法が知られており、シモンズ－スミス反応と呼ばれる。

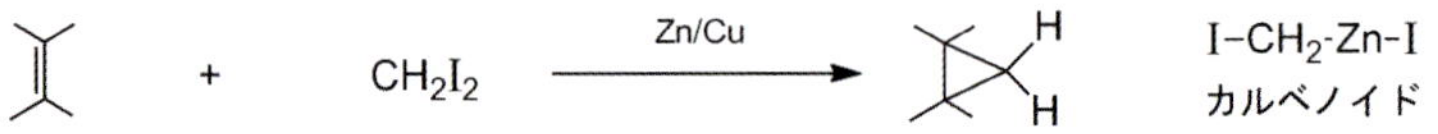

I-CH$_2$-Zn-I
カルベノイド

　ジヨードメタンと亜鉛から有機亜鉛化合物が生成し、アルケンと反応する。有機亜鉛化合物はカルベンと同様の反応性を示すので、カルベノイド（カルベン等価体という意味）と呼ばれる。

　ジアゾ酢酸エステルは酢酸ロジウムと反応し、窒素分子の脱離を伴ってロジウムカルベノイドが生じる。金属カルベノイドはアルケンと反応してシクロプロパン環を形成する。

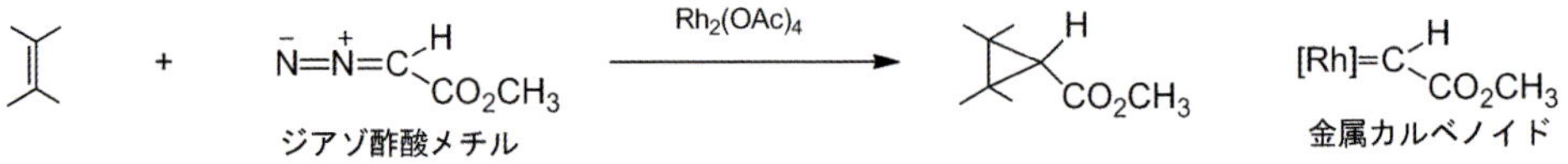

ジアゾ酢酸メチル

[Rh]=C(H)(CO$_2$CH$_3$)
金属カルベノイド

　カルベンの反応は、アルケンの π 結合の間に挿入する反応とみなすことができる。

COLUMN　いろいろな対称要素：エナンチオトピック・ジアステレオトピック・ホモトピック

　ヘイオース-パリッシュケトンの前駆体のトリケトンは、図に示すような対称面をもつのでアキラルな分子である。シクロペンタン環の二つのカルボニル基は、対称面に対してお互いに鏡像の関係にある。このような関係にあることを**エナンチオトピック**と呼ぶ。一方、側鎖のケトン部分がキラルなプロリンとエナミンを形成すると、このキラリティによってシクロペンタン環の二つのカルボニル基は鏡像の関係でなくなる。このような関係を**ジアステレオトピック**と呼ぶ。

　エナンチオトピックな関係にある二つのカルボニル基に対して側鎖のエノラートイオンが攻撃するとき、path a のように反応するとキラルなヘイオース-パリッシュケトン A が、path b のように反応するとヘイオース-パリッシュケトン B が生成する。A と B はエナンチオマー（対掌体、鏡像体）の関係にある。path a と path b は周りの立体的な環境はまったく同じなので、A と B は 1：1 で生成する。すなわち、ラセミ体として得られる。

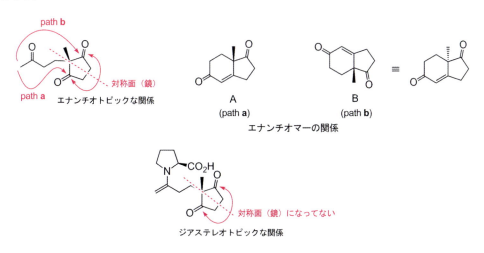

　もう一例、メソ酒石酸について同じように考えてみる。メソ酒石酸の2位と3位は不斉炭素だが、図のような対称面があるので、アキラルな分子である。1位と4位のカルボキシ基、および2位と3位のヒドロキシ基はそれぞれエナンチオトピックな関係にある。たとえば、1位のカルボキシ基をエステル化するとキラルなモノエステル C が生成する。一方、4位のカルボキシ基をエステル化するとモノエステル D となる。C と D はエナンチオマーの関係にある。

　したがって、エナンチオトピックな関係にある官能基に何らかの反応を行うと、両エナンチオマーが 1：1 で得られることになる。ただし、1：1 で得られるのは、反応剤がアキラルな場合である。キラルな反応剤が攻撃する場合は、反応の遷移状態がジアステレオトピックな関係になり、どちらかのエナンチオマーが優先して得られることになる。

158 | 第 14 章 炭素骨格の形成 (2) −環状骨格の形成−

エナンチオトピック、ジアステレオトピックだけでなく、**ホモトピック**という術語もある。L-酒石酸にはメソ酒石酸とは別な対称要素がある。●印で示した軸の周りに180度回転させるとEという構造になる。Eはもとの構造式と重なり合う[*]。このようなとき、1位と4位のカルボキシ基、2位と3位のヒドロキシ基はホモトピック（等価という意味）な関

係にあるという。先のメソ酒石酸の場合と同様に、1位と4位のカルボキシ基をそれぞれエステル化すると、キラルなモノエステルFとGが生成する。これらは同じ化合物である。このように、ホモトピックな関係にある官能基に何らかの反応をさせると、同じ化合物が得られる。化合物にはいろいろな対称要素があることが分かるであろう。

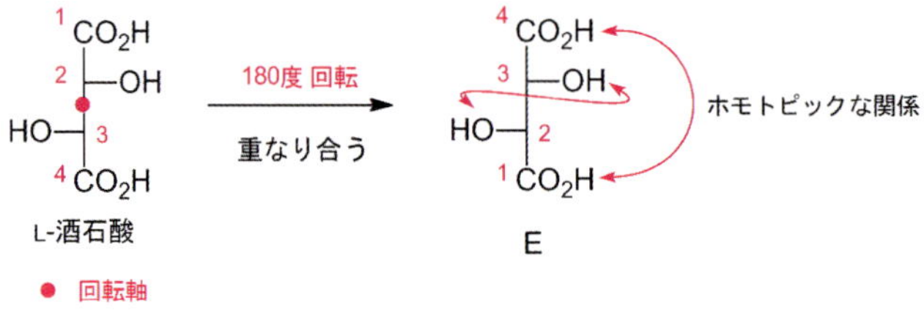

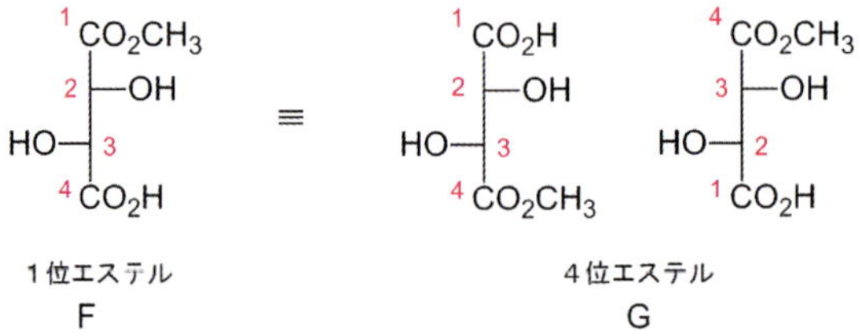

L-酒石酸 → 180度 回転 / 重なり合う → E

ホモトピックな関係

● 回転軸

1位エステル F ≡ 4位エステル G

---

[*] 軸の周りに180度回転させると重なり合う対称要素は C_2 対称性と呼ばれる。C_2 の2は $360/180 = 2$ に由来し、軸は C_2 対称軸と呼ばれる。

第15章 実際の合成例：プロスタグランジン

本書の最後に、実際の例としてコーリー博士（ハーバード大学、1990年ノーベル化学賞受賞）によって達成されたプロスタグランジンの合成を紹介する。これは半世紀も前の合成であるが、本書で取り上げた基本的な反応が効果的に利用されている。さらに、合成経路の立て方、進め方は現在でも充分に通用する素晴らしい合成である。

15・1　プロスタグランジンとは

プロスタグランジンは、アラキドン酸から生合成される生体物質で、血圧低下作用、血小板凝集作用、平滑筋収縮作用など、様々な生理作用を超微量で強力に示す。これらは、シクロペンタン環にカルボキシ基を含むC1-C7の側鎖（α鎖）と、C13-C20までの側鎖（ω鎖）が結合した基本骨格から成り立っている。シクロペンタン環の官能基の違いなどによって、プロスタグランジンD(PGD)からプロスタグランジンI(PGI)まで多くの種類が見出されている。たとえば、シクロペンタン環の9位と11位にヒドロキシ基が結合しているシリーズはプロスタグランジンFと呼ばれ、9位がカルボニル基となり、11位にヒドロキシ基が結合しているシリーズはプロスタグランジンEと呼ばれる。逆に11位がカルボニル基となり、9位にヒドロキシ基が結合しているシリーズはプロスタグランジンDと呼ばれる。プロスタグランジンIは二環性で、エノールエーテル結合となった構造をしている。PGE_2、$PGF_2\alpha$ などの下付きの数字は、炭素−炭素二重結合の数を意味していて、5位、6位が飽和した化合物はそれぞれ PGE_1、$PGF_1\alpha$ というように系統的に命名されている。

プロスタグランジン
prostaglandin

アラキドン酸

プロスタグランジン$F_2\alpha$

プロスタグランジンE_2

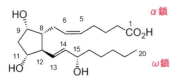
プロスタグランジンD_2

プロスタグランジンI_2

160 ║ 第15章　実際の合成例：プロスタグランジン

プロスタグランジン類はその構造によって、それぞれ主な生理作用が異なる。プロスタグランジン類は、必要に応じて局所的に生合成されるので、生体から得られる量は極めて微量で、生理作用の研究にはそれぞれ純粋なサンプルが必要で、化学合成が果たした役割は極めて大きい。さらに、医薬品としての可能性が高いことから、コーリー博士の合成を契機として、多くの合成化学者、製薬企業の研究者によって、プロスタグランジンおよび関連化合物の合成研究が展開された。現在、そのいくつかは医薬として実用化されている[*1]。

*1　PGE_2 は陣痛誘発・促進剤として用いられている。

15・2　コーリー博士によるプロスタグランジンの合成

15・2・1　合成戦略の立案1：コーリーラクトン（共通鍵中間体）の想定

コーリーラクトン
Corey lactone

プロスタグランジン類の中でも最も代表的な、プロスタグランジン $F_2\alpha$（$PGF_2\alpha$）とプロスタグランジン E_2（PGE_2）の合成を紹介する。この合成が発表されたのは1969年と、50年も前のことである。光学活性体でなくラセミ体としての合成で、その後、コーリー博士自身をはじめ多くのグループによって、はるかに効率的な不斉合成[*2]が数多く報告されているので、「古典的な合成」ともみなせる。奇をてらった合成でなく、むずかしい反応も使わず、できあがってからみると「コロンブスの卵」的な印象さえ感じられる、極めてオーソドックスな合成といえる。

様々なプロスタグランジン類を共通の合成中間体からつくり分けられるような汎用性の高い合成法を開発するというのが、コーリー博士の基本的な考えであった。PGE_2 と $PGF_2\alpha$ は、共通する側鎖（α 鎖と ω 鎖）が結合しており、α 鎖は Z アルケン、ω 鎖は E アルケンを含んでいる。アルケンはアルデヒドとホスホニウムイリドとのウィッティヒ反応で得られること、そして、不安定イリドは Z アルケンを、安定イリドは E アルケンを優先的に与えることをすでに学んだ（7・4節）。したがって、α 鎖は仮想の中間体1に、末端にカルボキシ基を有する不安定イリドを用いれば導入できる。一方、PG の ω 鎖の15位はヒドロキシ基であるが、E アルケンを与える安定イリドを用いて、カルボニル基（α,β-不飽和ケトン）として導入してからアルコールに還元すれば ω 鎖とすることができる。ここまでは、まだ骨格の組み立て方を考えている段階で、実際の合成にあたっては、6位

*2　不斉合成
一方のエナンチオマーを選択的に合成すること。一対のエナンチオマーは化学的・物理的性質は同じであるが、生体内ではまったく異なる分子として機能する。世界規模の薬害を引き起こしたサリドマイドは、一方のエナンチオマーのみに催眠作用が認められ、逆のエナンチオマーは催奇性を示した。このように、不斉合成の意義は大きい。

と 13 位のどちらを先にアルデヒドとしてウィッティヒ反応を行うかなど、詳細はさらに具体的に考えなければならない。

次に、シクロペンタン環の 9 位、11 位のヒドロキシ基、カルボニル基（アルデヒド）について考えてみよう。$PGF_2\alpha$ はともにヒドロキシ基であるが、PGE_2 では 9 位がカルボニル基、11 位がヒドロキシ基となっているので、仮想の中間体 1 の二つのヒドロキシ基を区別しなければならない。したがって、次の段階では、仮想の中間体 1 の構造的な特徴をもとに、二つの同じ官能基をどのように区別するか、そして、より合成に即した中間体を考えることになる。

仮想の中間体 1 の 8 位と 9 位の置換基はシスの関係にある。したがって、ヒドロキシ基とアルデヒドの間でヘミアセタールを形成できる（7・2 節）。ヘミアセタールはラクトンを部分還元すると得られるので、中間体 1 は中間体 2 から誘導できると考えられる。中間体 2 のようなラクトンを考えると、二つのヒドロキシ基を容易に区別できそうである。

＊3　鍵中間体
ある標的分子の合成を考えるとき、逆合成解析の手法について前に学んだ（13・1 節）。一つ前の前駆体の候補をリストアップしながら一段階ずつ逆合成を進め、入手が容易な化合物になるようにするというのが逆合成解析の基本的な考え方である。同時に、標的分子の構造を見て、直観的に（あるいは論理的に）鍵となるような中間体を想定する（決めてかかる）という合成計画の立て方もよく採られている。コーリーラクトンが鍵中間体に相当する。

仮想の中間体 1　　仮想の中間体 1
ヘミアセタール構造　　仮想の中間体 2（ラクトン構造）　　実際の合成中間体（コーリーラクトン）

中間体 2 のヒドロキシ基をアセチル基で保護し、ホルミル基（アルデヒド）は第一級アルコールの酸化で導くと考えると、「コーリーラクトン」と呼ばれる実際の鍵中間体を想定することができる[＊3]。コーリーラクトンは、PGE_2、$PGF_2\alpha$ はもとより、様々なプロスタグランジン類の共通の合成中間体となりえる、汎用性が高く有用な化合物である[＊4]。

ここで、どのような経路でコーリーラクトンから PGE_2 と $PGF_2\alpha$ に誘導できるかを考えてみよう。実際に計画を立てる際には、逆合成解析と合成経路の両方向を同時に意識しながら考えを進めていくのが常である。コーリーラクトンの第一級ヒドロキシ基を酸化してアルデヒド（中間体 2）とし、安定イリドを作用させると、ω 鎖に相当する E アルケンが導入された中間体 3 となる（次ページ図）。3 の不飽和ケトン部分を還元したのち、ラクトンを半還元してラクトール（中間体 4）とする。ラクトールはヒドロキシアルデヒドと等価体なので、ホスホニウムイリドを作用させるとウィッティヒ反応が進行し、α 鎖に相当する Z アルケンが導入された中間体 5 とすることができる。中間体 5 のヒドロキシ基の保護基を脱保護すると $PGF_2\alpha$ となる。中間体 5 の保護されていないヒドロキシ基を酸化すると中間体 6 となり、最後に二つのヒドロキシ基の保護基を脱保護すると

＊4　合成の目的に応じた合成戦略
コーリー博士のプロスタグランジン合成では、様々な誘導体合成に適用可能な汎用性の高い合成法の開発も意図し、共通の鍵となる中間体（コーリーラクトン）が設定されている。これにより、様々な誘導体の合成が可能となり、それぞれの誘導体の生理作用が明らかとなった。一方、ある特定の化合物のみの合成を考えると、まったく異なるアプローチが効果的になる場合も多い。このように、合成戦略を立案するときは、研究の目的を考慮して立てることが大切である。

第15章 実際の合成例：プロスタグランジン

酸化

安定イリド
ω鎖の導入

コーリーラクトン　　　　中間体 2　　　　　　中間体 3

ω鎖の還元、保護

ラクトンの還元

不安定イリド
α鎖の導入

脱保護　　PGF$_2\alpha$

中間体 4　　　　　　　　　中間体 5

9位の酸化

P^1、P^2：保護基

脱保護　　PGE$_2$

中間体 6

PGE$_2$ を合成できることになる。これがコーリーラクトンからの PGE$_2$、PGF$_2\alpha$ の合成の基本計画となる。

　この合成スキームの中で保護基について考えてみよう。鍵中間体のコーリーラクトンの 11 位ヒドロキシ基はアセチル基で保護されている。その後の中間体では、11 位と 15 位のヒドロキシ基は具体的でなく、それぞれ P^1、P^2 として示されている。11 位の保護基がアセチル基である理由の一つは、コーリーラクトンに至る合成（後述）のしやすさによる。アセチル基のまま最後まで合成を進めることができれば理想的であるが、長い工程を必要とする合成では、途中の段階で保護基を他の保護基に付け換えなければならないケースが多い。アセチル基は、ラクトンをヘミアセタールに半還元する段階で還元的に脱保護されてしまい、9 位と 11 位の区別がつかなくなる。PGF$_2\alpha$ の合成にあたっては区別する必要はないが、PGE$_2$ の合成にあたっては問題となる。そこで、ω 鎖を導入して不飽和カルボニル部分を還元した後、11 位と同じ保護基（実際の合成では P^1 と P^2 は同一）で保護している。同じ保護基にすれば、同時に脱保護することができる。具体的な保護基については、実際の合成のところで示す。また、P^1 と P^2 を異なる保護基とすれば、PGD$_2$ の合成も可能となる。合成の工程だけを記載すると、中間体 5 に対して、① 9 位ヒドロキシ基の保護（OH $\Rightarrow$ OP^3）、② 11 位ヒドロキシ基の脱保護（OP^1 $\Rightarrow$ OH）、③ 11 位ヒドロキシ基の酸化、④ 9 位と 15 位ヒドロキシ基の脱保護（OP^2 $\Rightarrow$ OH、OP^3 $\Rightarrow$ OH：同時もしくは二

15・2　コーリー博士によるプロスタグランジンの合成 ‖ 163

段階）となる。現在は多くのヒドロキシ基の保護基が開発されているので、
目的にあった保護基の選択はむずかしくない。

15・2・2　合成戦略の立案2：コーリーラクトンの合成戦略

　コーリーラクトンが得られれば、PGE_2 と $PGF_2\alpha$ の合成ができそうであ
る。それでは、コーリーラクトンはどのようにして導けるだろうか。コー
リーラクトンは中間体9の不飽和カルボン酸から合成できそうである。不
飽和カルボン酸にハロゲン（ヨウ素など）を作用させると、ハロラクトン
化反応（2・2節）が進行して中間体8が得られる。ハロラクトン化反応を
利用すると、ラクトン環が形成されると同時に、立体選択的（8位と9位が
シス）、および位置選択的（10位でなく9位）に酸素官能基（ヒドロキシ基）
を導入できる。ハロラクトン化で生じる9位のハロゲン置換基はラジカル
還元によって水素に変換できる。

　中間体9の構造をみると、8位の酢酸ユニットと11位のヒドロキシ基が
シスの関係にある。カルボキシ基とヒドロキシ基をラクトンとして環化し
た化合物が中間体10となる。すなわち、中間体10を加水分解すれば中間
体9にすることができる。中間体10は、中間体11のケトンのバイヤー–
ビリガー酸化（12・1・6項）で得ることができる。バイヤー–ビリガー酸化
では、より置換基の多い側に酸素が挿入されるので、所望の中間体10が得
られるはずである。中間体11は、置換シクロペンタジエンとケテン等価体
（実際の合成では、5-メトキシメチルシクロペンタジエンと α-クロロアク
リロニトリル：p.165の図の1と2）のディールス–アルダー反応で合成で
きると考えた。ディールス–アルダー反応の際、置換シクロペンタジエン
とケテン等価体との反応は、保護されたヒドロキシメチル基（12位の側鎖）
と反対側（立体反発がない）で起こるので、中間体11が立体選択的に得ら
れるはずである。このように、相対的な立体化学を制御しながらシクロペ

P：保護基

164 第15章 実際の合成例：プロスタグランジン

ンタン環上の四つの置換基を導入することができる。

　以上が合成の計画に相当する。50年も前の合成なので、学部レベルの基礎的な反応の組合せからなっていることが理解できるであろう。

15・2・3　実際の合成

　PGE_2 と $PGF_2\alpha$ の合成を、出発原料から一段階ずつ追ってみよう。まず初めに、コーリーラクトンまでの経路について説明する（次ページ図）。

第1工程（1＋2⇒3）：この工程で重要なことは、ケテン等価体としてどのようなジエノフィルを選ぶかである。コーリー博士らは、ケテン等価体として α-クロロアクリロニトリルを考えた。このディールス‐アルダー反応で求められるジエノフィルとして必要な条件は、充分に電子不足であること、および、反応後にケトンに変換可能な置換基を有していることである。α-クロロアクリロニトリルは塩素原子とシアノ基の二つの電子求引性基が置換されているので、電子不足なアルケンという条件は満たしている。また、反応後、塩素原子をヒドロキシ基に変換すれば、シアノヒドリンとなるので、ケトンに変換可能である。実際の合成では、銅塩を触媒として用いた。銅触媒は、ルイス酸としてシアノ基に配位してジエノフィルを活性化し、ディールス‐アルダー反応が進行しやすくなる。

第2工程（3⇒4）：塩基性条件下、塩素原子がヒドロキシ基に置き換わり、中間にシアノヒドリンを経由してケトン4となる。

第3工程（4⇒5）：ケトン4に m-クロロ過安息香酸（mCPBA）を作用させるバイヤー‐ビリガー酸化である。酸素原子は置換基の多い側に挿入されるので、ラクトン5が選択的に得られる。

ラジカル還元 radical reduction

＊5　ラジカル還元
AIBN (azobisisobutyronitrile) が光、または熱によって窒素分子の脱離を伴い、ラジカルを生じる。このラジカルは n-Bu₃SnH と反応してイソブチロニトリルとトリブチルスズラジカルとなる。トリブチルスズラジカルはハロゲン化アルキルのハロゲン原子を引き抜き、ハロゲン化トリブチルスズと炭素ラジカルとなる。炭素ラジカルは n-Bu₃SnH の水素を引き抜き、アルカンとハロゲン化トリブチルスズになる。このようにして生成するトリブチルスズラジカルは再びハロゲン化アルキルと反応して、ラジカル反応が繰り返される。

第4工程（5⇒6⇒7）：ラクトン環をアルカリ加水分解し、得られる不飽和カルボン酸6にヨウ素とKIを作用させるとヨードラクトン化反応が進行して、ヨードラクトン7が得られる。ヨウ素とKIが反応するとKI₃となり、均一系でヨードラクトン化反応を行うことができる。また、5員環と5員環からなる2環性化合物の場合、シス体しか組むことができない。ヨウ素原子は攻撃してくるカルボン酸とアンチの立体化学をとっている。

第5工程（7⇒8）：11位のヒドロキシ基をアセチル化して保護している。第7工程でメトキシ基の脱保護条件下にもつ保護基としてアセチル基が選択されている。

第6工程（8⇒9）：10位のヨウ素原子を水素原子に還元する工程である。トリブチルスズヒドリド（n-Bu₃SnH）と触媒量のラジカル開始剤 AIBN（アゾビスイソブチロニトリル）を用いるラジカル的な還元が最もよく用いられている（反応機構については側注＊5）。

15・2　コーリー博士によるプロスタグランジンの合成　165

第1工程
cat. Cu(BF$_4$)$_2$

第2工程
aq. KOH
DMSO

1

2

3　>90%

4　80%

第3工程
mCPBA
NaHCO$_3$
CH$_2$Cl$_2$

第4工程
NaOH
H$_2$O

I$_2$, KI

5　95%

6

7　80%

第5工程
Ac$_2$O
pyridine

第6工程
n-Bu$_3$SnH
AIBN

第7工程
BBr$_3$
CH$_2$Cl$_2$

8

9　99%

99%
コーリーラクトン

AIBN : azobisisobutyronitrile

(AIBN)

$-\overset{|}{\underset{|}{C}}-X$ ＋ $(n\text{-}C_4H_9)_3SnH$ ⟶ $-\overset{|}{\underset{|}{C}}-H$ ＋ $(n\text{-}C_4H_9)_3SnX$

光または熱

2 CH$_3$-Ċ-CH$_3$ ... ＋ N≡N

CH$_3$-Ċ-CN ＋ $(n\text{-}C_4H_9)_3SnH$ ⟶ CH$_3$-C-H ＋ $(n\text{-}C_4H_9)_3Sn\cdot$

$(n\text{-}C_4H_9)_3Sn\cdot$ ＋ $-\overset{|}{\underset{|}{C}}-X$ ⟶ $(n\text{-}C_4H_9)_3Sn-X$ ＋ $-\overset{|}{\underset{|}{C}}\cdot$

$-\overset{|}{\underset{|}{C}}\cdot$ ＋ $(n\text{-}C_4H_9)_3SnH$ ⟶ $-\overset{|}{\underset{|}{C}}-H$ ＋ $(n\text{-}C_4H_9)_3Sn\cdot$

第7工程（9 ⇒ コーリーラクトン）：メチルエーテルを脱保護してヒドロキシ基とする工程である。エーテルは反応性が低いが、ルイス酸のホウ素原子に配位することで活性化される。Br$^-$ がメチル基を攻撃して（S$_N$2反応）アルコールと臭化メチルを与える。

次に、コーリーラクトンから PGF$_2\alpha$ の合成について説明する。

R-CH$_2$-O-CH$_3$ Br$^-$
$^-$BBr$_3$

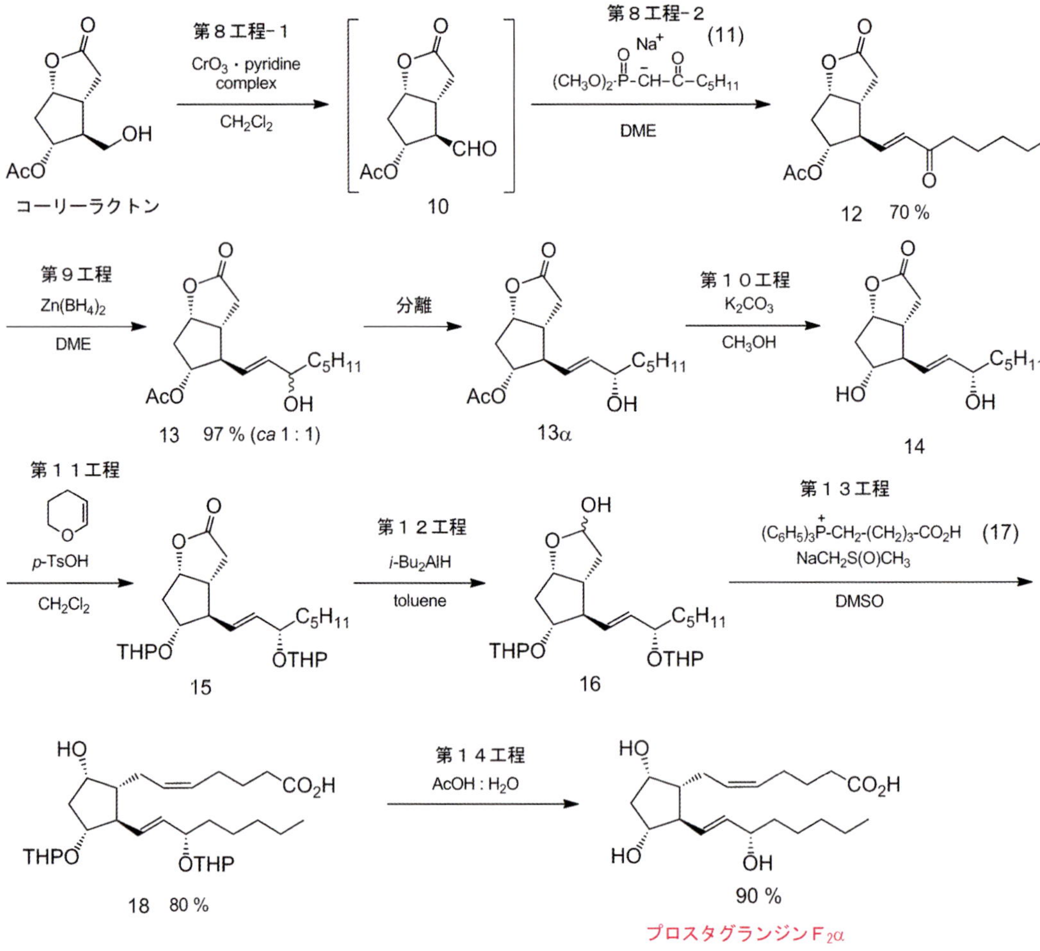

第15章　実際の合成例：プロスタグランジン

コーリーラクトン

第8工程-1
CrO₃・pyridine complex
CH₂Cl₂

10

第8工程-2
(11)
(CH₃O)₂P-CH-C-C₅H₁₁
Na⁺
DME

12　70%

第9工程
Zn(BH₄)₂
DME

13　97%（ca 1：1）

分離

13α

第10工程
K₂CO₃
CH₃OH

14

第11工程
p-TsOH
CH₂Cl₂

15

第12工程
i-Bu₂AlH
toluene

16

第13工程
(C₆H₅)₃P-CH₂-(CH₂)₃-CO₂H　(17)
NaCH₂S(O)CH₃
DMSO

18　80%

第14工程
AcOH：H₂O

90%
プロスタグランジンF₂α

第8工程（コーリーラクトン ⇒ 10 ⇒ 12）：第一級アルコールをクロム酸ピリジン錯体（コリンズ試薬）でアルデヒド 10 に酸化し、β-ケトホスホナートとのホーナー－ワズワース－エモンズ反応（7・4節）によって炭素鎖を伸長する工程である。酸化反応は塩化メチレン中で行われるので、アルデヒドの段階で止まり、カルボン酸まで酸化されることはない。また、ホーナー－ワズワース－エモンズ反応では E アルケンが選択的に得られる。

第9工程（12 ⇒ 13α）：ケトンの還元である。水素化ホウ素亜鉛（Zn(BH₄)₂）を用いる理由は、選択的にケトンを還元するためである。より一般的な水素化ホウ素ナトリウム（NaBH₄）を用いると、共役ケトンの二重結合が還元される副反応が起こる可能性がある。この還元では、ヒドロキシ基の立体化学の違いによる2種類の異性体（目的とする 13α 体と 13β 体）を生じる。これらは、シリカゲル薄層クロマトグラフィーによって分離することができる。不要な 13β 体は、酸化マンガン（Ⅳ）などによって不飽和ケトン 12 に戻すことができる。

第 10 工程 (13α ⇒ 14)、第 11 工程 (14 ⇒ 15)：α 鎖を導入するために 11 位と 15 位のヒドロキシ基の保護基を付け換える工程である。アセチル基では次の i-Bu$_2$AlH 還元で脱保護され、9 位と 11 位ともに無保護のヒドロキシ基となる。PGF$_2$α を合成するだけなら、これらのヒドロキシ基を区別する必要はない。しかし、PGE$_2$ や PGD$_2$ を合成するためには、これらのヒドロキシ基を区別できなければならない。そこで、第 12 工程の i-Bu$_2$AlH による還元条件にもつ保護基に付け換える必要がある。まず、第 10 工程のアルカリ加水分解でヒドロキシ基に戻している。第 11 工程では、酸性条件下ジヒドロピランを作用させ、11 位と 15 位のヒドロキシ基を同時にテトラヒドロピラニルエーテルとして保護している。テトラヒドロピラニルエーテルはアセタール構造をもつので、酸性条件下に加水分解することができる[*6]。

テトラヒドロピラニルエーテル
tetrahydropyranyl ether

[*6] **テトラヒドロピラニルエーテル**
塩基性条件下に安定なアルコールの保護基である。アルコールにジヒドロピランを酸性条件下に反応させると、アルケンに対するアルコールの付加が起こり、テトラヒドロピラニルエーテルが得られる。アセタール構造なので酸性条件下で加水分解され、もとのアルコールに戻すことができる。テトラヒドロピラニルエーテルとして保護すると、新たな不斉炭素（＊印の炭素）が生じるので、アルコール部分に不斉炭素があるとジアステレオマーの混合物となる。

第 12 工程 (15 ⇒ 16)：ラクトンからヘミアセタール（この場合は環状のヘミアセタールなのでラクトールとも呼ばれる）への半還元の工程である。LiAlH$_4$ を用いるとヘミアセタールの段階で止めることがむずかしく、ジオールにまで還元されやすい。しかし、i-Bu$_2$AlH は当量を合わせやすく、ヘミアセタールの段階で止めることができる。

ラクトール 16 は開環したヒドロキシアルデヒド 16′ と平衡関係にあり、アルデヒド構造をとるときにウィッティヒ反応（第 13 工程）が進行する。

第 13 工程 (16 ⇒ 18)：ラクトール 16 とイリド 17 とのウィッティヒ反応である。NaCH$_2$S(O)CH$_3$ はジメチルスルホキシドの Na 体で、塩基としてホスホニウム塩のプロトンを引き抜き、イリドを発生させる。イリド 17 は不安定イリドなので、Z アルケンが優先的に生成する。

168 第15章 実際の合成例：プロスタグランジン

第14工程 (**18** ⇒ PGF$_2\alpha$)：最終工程で、テトラヒドロピラニルエーテルを酢酸−水の酸性条件下で脱保護して PGF$_2\alpha$ の合成を完成している。

最後に、中間体 **18** から PGE$_2$ の合成について説明する。

第15工程 (**18** ⇒ **19**)：PGF$_2\alpha$ 合成の中間体 **18** のクロム酸化の工程である。11 位と 25 位の二つのヒドロキシ基はあらかじめテトラヒドロピラニルエーテルとして保護してあるので、酸化されるヒドロキシ基は 9 位だけとなっている。

第16工程 (**19** ⇒ PGE$_2$)：PGF$_2\alpha$ 合成と同様の条件下でテトラヒドロピラニルエーテルを脱保護して PGE$_2$ の合成を完成している。PGE$_2$ は β-ヒドロキシケトン構造をしているので、強い酸性条件下では脱水反応まで進行する可能性がある。酢酸−水という比較的弱い酸性条件下では、そのような副反応は進行しない。

DMSO : dimethyl sulfoxide
DME : dimethoxy ethane
THP : tetrahydropyranyl
p-TsOH : p-toluenesulfonic acid

15・2・4 プロスタグランジン合成の課題と意義

コーリー博士による PGF$_2\alpha$ と PGE$_2$ の合成は、コーリー博士自身も述べているが、解決すべき点がいくつも残されている。たとえば、① ラセミ体の合成である、② 不飽和ケトン **12** の還元が立体選択的でない、などがある。その後、この合成法をベースにして、コーリー博士はより優れた合成法を開発している。さらに、その他多くの研究者もプロスタグランジン類の合成研究を取り上げ、まったく異なるアプローチによる合成も達成されている。

プロスタグランジンの合成は、生体中に極微量存在する重要な化合物を充分な量、また様々な類縁化合物を提供することで、生体のメカニズムの解明、医薬品の開発につながった優れた合成の一例である。また、合成困難な化合物の合成に挑戦することを通して、新しい手法・反応が開発されている。

演習問題解答

第2章　脂肪族炭化水素の反応

2・1

2・2

(a) 1-ブテンでは 2-ブロモブタンが主生成物になるものの、1-ブロモブタンも副生する。(b) 1,4-ジメチル-1-シクロヘキセンでは 1-ブロモ-1,4-ジメチルシクロヘキサンが主生成物となる。(c) 2-ヘキセンでは 2-ブロモヘキサンも生成する。

2・3

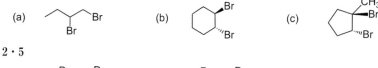

(a) 1-メチルシクロペンテンでは 2-メチルシクロペンタノールが少量生成する。(b) メチル基とヒドロキシ基がトランスであることに着目。1-メチルシクロペンテンにヒドロホウ素化を行えば、ホウ素原子はメチル基のついていないアルケン炭素に、メチル基と反対側から結合する。酸化的処理を行うことでメチル基とトランス側にヒドロキシ基を導入できる。

2・4

(a) ![] (b) ![] (c) ![]

2・5

(a) ![] (b) ![] (c) ![]

2・6

![]

2・7

![] カルボニル基とカルボキシ基のカルボニル炭素原子を結合することでシクロペンテン骨格が決まる。次に、メチルケトンとなることからアルケン炭素にメチル基が結合していることが分かる。また、もう一方のアルケン炭素には置換基が結合していないとすると、アルデヒド経由でカルボキシ基となることが分かる。

2・8

A　CH₃-C≡C-CH₂CH₃　　B　CH₃-CH₂-CH₂-CH₂CH₃　　C　![]

D　![]

第3章 ベンゼンと芳香族炭化水素の反応 (1) －求電子置換反応－

3・1

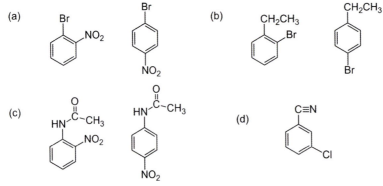

(a) ブロモ基はオルト・パラ配向性不活性化基。(b) エチル基はオルト・パラ配向性活性化基。(c) アセトアミド基はオルト・パラ配向性活性化基。(d) シアノ基はメタ配向性不活性化基。

3・2
(a) フェノール、トルエン、クロロベンゼン、ニトロベンゼン (b) アセトアニリド、エチルベンゼン、ブロモベンゼン、ベンズアルデヒド (c) アニソール、ベンゼン、ブロモベンゼン、安息香酸メチル

3・3
(a) (1) ニトロ化、(2) 塩素化 (b) (1) シアノ化、(2) シアノ基の加水分解、(3) ニトロ化、(4) ニトロ基の還元 (c) (1) アセチル化、(2) 塩素化、(3) アセチル基の還元

(a) 最初にベンゼンの塩素化を行うと、クロロ基はオルト・パラ配向性なので o-、あるいは p-クロロニトロベンゼンを生成する。(b) m-アミノ安息香酸が目的物なので、メタ配向性の安息香酸のニトロ化、ニトロ基の還元を考える。安息香酸はベンゼンのシアノ化、加水分解で得られる。(c) クロロ基、エチル基ともにオルト・パラ配向性なので、クロロベンゼン、エチルベンゼンを経由することができない。しかしエチル基はメタ配向性基のアセチル基から還元によって変換できる。したがって、ベンゼンのアセチル化、アセトフェノンの塩素化、アセチル基の還元という経路で合成できる。

3・4

3・5

第4章　ベンゼンと芳香族炭化水素の反応 (2) －その他の反応－

4・1

(a) (b)

4・2

(a) (b)

(a) どちらのプロトンが引き抜かれても同じベンザインが生成し、ベンザインの二つのsp炭素にアミノ基が攻撃することで二種類の異性体が生成する。(b) 引き抜かれるプロトンの違いによって二種類のベンザインが生成する。それぞれのベンザインの二つのsp炭素にアミノ基が攻撃する。可能な四種類の生成物のうち、二つは同じ化合物なので合計三種類の異性体が生成する。

4・3

(a) (b)

(a) メチル基、イソプロピル基ともに酸化されてカルボキシ基となる。(b) ベンゼン環に直結する二つのメチレン (CH_2) 部分が酸化され、カルボキシ基となる。

4・4

(a) (b) (c)

4・5　安息香酸、ベンゼン、アニソール

第5章　ハロゲン化アルキルの反応

5・1

と　　第三級ハロゲン化アルキルなので、安定な第三級カルボカチオンを経由する。生成物はラセミ体で得られる。

5・2

5・3

5・4

（主生成物）

5・5

(a) 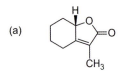 図のようなコンホメーションをとり、H_Aが引き抜かれると二置換アルケンが、H_Bが引き抜かれると三置換アルケンが生成する。ザイツェフ則に従い、三置換アルケンが主生成物となる。

(b) 図のようなコンホメーションをとり、H_Aが引き抜かれ二置換アルケンが生成する。H_Bは臭素原子とアンチコプラナーでないので引き抜かれない。

5・6

(a)   (b)

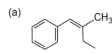 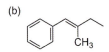

セレノキシドの酸素アニオンによって引き抜かれるプロトンは、メチル基のプロトンとH_Aの二種類ある。

セレノキシドの酸素アニオンによって引き抜かれるプロトンはメチル基のプロトンだけ。H_Bは反対側にあり、引き抜くことはできない。

第6章 アルコール・エポキシドの反応

6・1

(a) (b)

(a) 2-メチルシクロヘキサノールの脱水では、3-メチルシクロヘキセンも少量生成する可能性がある。

(b) 2-ペンタノールの脱水では、1-ペンテンも少量生成する可能性がある。

6・2

(a) (b) (a)の遷移状態 (b)の遷移状態

6・3 (a) (1) 三臭化リンで臭素化（立体反転）、(2) KCN でシアノ化（立体反転）

(b) (1) 塩化トシルとピリジンでトシル化（立体保持）、(2) KCN でシアノ化（立体反転）

アルコールの臭素化は反転、アルコールのトシル化は立体保持。シアノ基の置換反応は立体反転。(a) 立体保持のシアノオクタンを合成するためには2回立体反転する必要がある。(b) 立体反転のシアノオクタンを合成するためには、1回だけ立体反転しなければならない。

6・4 (a) 塩化メチレン中、PCC で酸化 (b) アセトン-水中、クロム酸で酸化

6・5 (i) 1-メチルシクロヘキサノールの Na アルコキシドとヨウ化メチルを反応させる。

(ii) 1-メチルシクロヘキサノールの Na アルコキシドと臭化エチルを反応させる。

(iii) 1-メチルシクロヘキサノールの Na アルコキシドと臭化エチルの反応では E2 反応が起こり、また、ナトリウムエトキシドと 1-メチル-1-ブロモシクロヘキサンの反応でも E2 反応が起こり、目的の S_N2 反応は起こらないから。

6・6 (a) 触媒量の OsO$_4$ と化学量論量の共酸化剤（N-メチルモルホリン-N-オキシドなど）を用いて酸化する。

(b) mCPBA を用いてエポキシドとし、次にエポキシドを酸で処理して開環する。

第7章　アルデヒド・ケトンに対する求核付加反応

7・1 (a) (i) ベンズアルデヒドに CH$_3$CH$_2$MgBr、(ii) プロピオンアルデヒドに C$_6$H$_5$MgBr、(iii) プロピオフェノンに NaBH$_4$

(b) (i) アセトフェノンに CH$_3$CH$_2$MgBr、(ii) プロピオフェノンに CH$_3$MgI、(iii) メチルエチルケトンに C$_6$H$_5$MgBr

7・2

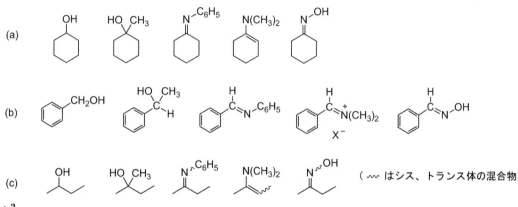

7・3

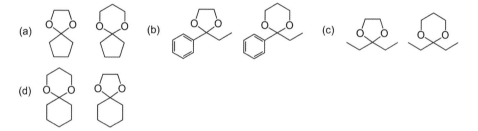

7・4

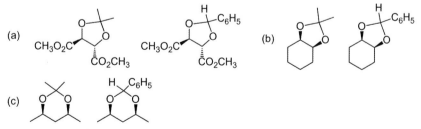

1,2-ジオール、あるいは 1,3-ジオールに酸触媒下、アルデヒドやケトンを反応させるとアセタールが生成する。

174 演習問題解答

7・5

(a) （構造式） (b) （構造式） (c) （構造式）

不安定イリドとアルデヒドのウィッティヒ反応では Z アルケンを、安定イリドとアルデヒドの反応では E アルケンを与える。

第8章　カルボン酸誘導体の反応

8・1　塩化ベンゾイル、無水安息香酸、安息香酸エチルエステル、ベンズアミド

8・2　酸性条件下：エタノール中、触媒量の硫酸を作用させる。

　　　塩基性条件下：アセトン中、炭酸カリウムの存在下、臭化エチルを反応させる。

8・3　塩化メチレン中、触媒量の硫酸の存在下、プロピオン酸にイソブテンを反応させる。

8・4

(a) （構造式） (b) （構造式） (c) （構造式） (d) （構造式）

8・5　(a) ギ酸エチルに C_6H_5MgBr を反応させる。(b) プロピオン酸エチルに C_6H_5MgBr を反応させる。(c) 安息香酸エチルに C_2H_5MgBr を反応させる。

カルボン酸エステルに還元剤 ($LiAlH_4$) を作用させると第一級アルコールが生成する（ギ酸エステルの場合はメタノール）。グリニャール試薬 ($RMgX$) を反応させると、R が 2 個導入された第三級アルコールが得られる。ただし、ギ酸エステルの場合は、第二級アルコールが得られる。

(a), (b) の場合はフェニル基が 2 個結合しているので、C_6H_5MgBr を反応させる。(c) の場合はエチル基が 2 個結合しているので、C_2H_5MgBr を反応させる。

8・6

(a) （構造式） (b) （構造式） (c) （構造式） (d) （構造式）

ラクトン（エステル）に $LiAlH_4$ や $RMgX$ を反応させると四面体中間体からの脱離が進行し、さらに反応が進行してジオールが得られる。ラクトンに $i\text{-}Bu_2AlH$ を反応させるとヘミアセタールが得られる。ラクタム（アミド）の還元ではアミドの C−N 結合は開裂せず、アミンが得られる。

第9章　カルボニル化合物の α 位での反応

9・1　(f), (e), (d), (a), (b), (c)

9・2

(a) （構造式） (b) （構造式） (c) （構造式） (d) （構造式）

(e) （構造式） (f) （構造式）

演習問題解答 175

9・3

(a) [2-ブロモ-2-メチルシクロヘキサノン] [2,6,6-トリヨード-2-メチルシクロヘキサノン]

(b) C₆H₅-CO-CH₂Br と C₆H₅-CO-OH と CHI₃

(c) [C₆H₅-CO-CHBr-CH₃] [C₆H₅-CO-C(I)₂-CH₃]

酢酸中での臭素（1当量）との反応：2-メチルシクロヘキサノンの場合、置換基のより多いエノールからのブロモ化が進行する。アセトフェノン、プロピオフェノンの場合、エノールは一種類。ブロモ化が進行したα-ブロモケトンのカルボニル酸素の塩基性は低下するので、プロトン化は起こりにくくなり、モノブロモ化で停止する。塩基性条件下でのヨウ素（過剰量）の反応では、ヨウ素化はさらに進む。メチルケトンの場合は、カルボン酸とヨードホルムが生成する。プロピオフェノンの場合は、ジヨード化で停止する。

9・4 (a) アセトンに THF 中で (i) LDA を作用させてエノラートイオンとし、(ii) 臭化プロピルを反応させる。

(b) (i) エタノール中で、NaOEt の存在下、アセト酢酸エチルに臭化プロピルを反応させ、(ii) アルカリ加水分解、(iii) 酸性にして加熱する。

第10章 カルボニル化合物の縮合反応

10・1

(a) $CH_3CH_2-CH(OH)-CH(CH_3)-CHO$　　$CH_3CH_2-CH=C(CH_3)-CHO$

(b) $C_6H_5-C(OH)(CH_2CH_3)-CH(CH_3)-CO-C_6H_5$　　$C_6H_5-C(CH_2CH_3)=C(CH_3)-CO-C_6H_5$

(c) $C_6H_5CH_2-CH(OH)-CH(C_6H_5)-CHO$　　$C_6H_5CH_2-CH=C(C_6H_5)-CHO$

(d) [構造式]

10・2

(a) $CH_3CH_2-CO-CH=C(CH_3)-CH_2CH_3$　　$CH_3-CO-C(CH_3)=C(CH_3)-CH_2CH_3$　　(b) [構造式]

以下の2種類のアルドール付加体からそれぞれ脱水が進行し、対応するエノンが生成する。

$CH_3CH_2-CO-CH_2-C(OH)(CH_3)-CH_2CH_3$　　$CH_3-CO-CH(CH_3)-C(OH)(CH_3)-CH_2CH_3$

以下の2種類のアルドール付加体が生成するが、左のアルドール付加体から脱水が進行する。右のアルドール付加体は脱水が進行せず、原料に戻り、最終的には左のアルドールを経由するエノンを与える。

[構造式]

10・3

(a) [structure] (b) [structure]

10・4

[reaction scheme: マイケル付加 → アルドール縮合]

10・5

[reaction scheme with C₂H₅ONa, then H⁺]

10・6

[four β-ketoester structures]

酢酸エチル由来、プロピオン酸エチル由来の二種類のエノラートイオンが生成し、それぞれ酢酸エチル、プロピオン酸エチルとクライゼン縮合するので、合計四種類のβ-ケトエステルが生成する。

第11章 アミンの反応

11・1

(a) CH₃-NH-CH₂CH₃   CH₃-N(CH₂CH₃)₂   CH₃-N⁺(CH₂CH₃)₃ Br⁻

(b) CH₃-N-CH₂CH₃ / CH₂CH₂CH₃   CH₃-N⁺(CH₂CH₃)₂ / CH₂CH₂CH₃ Br⁻

(c) (CH₃CH₂CH₂)₃N⁺-CH₂CH₃ Br⁻

(d)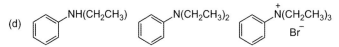

11・2 (a) (CH₃)₂CHCH₂-CH=CH-CH₃ と (CH₃)₂CH-CH=CHCH₂CH₃ (b) C₆H₅-CH=CH-CH₂CH₃
(c) (E)-C₆H₅-CH=C(CH₃)CH₂CH₃ (d) (Z)-C₆H₅-CH=C(CH₃)CH₂CH₃

(a) アンチ脱離可能なプロトンは2位と4位にあり、置換基（メチル基とイソプロピル基）の数は同じなので、5-メチル-2-ヘキセンと5-メチル-3-ヘキセンの二種類のアルケンが生成する。ともにEアルケンが優先的に得られる。(b) Eアルケンが優先的に得られる。(c) および (d) 引き抜かれるプロトンがアンモニウム基とアンチの関係になったときにホフマン脱離が進行する。その結果、(c) は Eアルケンを、(d) はZアルケンを与える（立体特異的反応）。

演習問題解答 177

11・3

(a)

NaN₃ → (azide) → LiAlH₄ or H₂-Pd 炭素 → (amine)

(b)

(phthalimide potassium salt) → (phthalimide product) → 臭化水素酸 or ヒドラジン → (amine product)

アジドイオン、フタルイミドイオンの反応は立体反転を伴う S$_N$2 反応である。したがって、原料のハロゲン化アルキル (たとえばブロモブタン) は、(R)-2-ブロモブタンとなる。

11・4 (a) (i) 安息香酸に塩化チオニルを反応させて酸塩化物に変換 (ii) ピリジンの存在下、酸塩化物にアニリンを反応させる。 (b) (i) 酢酸に五塩化リンを反応させて酸塩化物に変換 (ii) 酸塩化物にジメチルアミン (塩基の分も含めて過剰量) を反応させる。 (c) (i) 桂皮酸に塩化チオニルを反応させて酸塩化物に変換 (ii) 酸塩化物にメチルアミン (塩基の分も含めて過剰量) を反応させる。 (d) 3-メチルブタン酸にベンジルアミンと N,N′-ジシクロヘキシルカルボジイミドを反応させる。

11・5 (a) (i) 安息香酸に塩化チオニルを反応させて酸塩化物に変換 (ii) 酸塩化物にピリジンの存在下にアニリンを反応させる。 (b) (i) ベンゼンに硝酸と硫酸を反応させてニトロベンゼンに変換する。(ii) ニトロベンゼンを還元してアニリンに変換する。(iii) アニリンに硫酸中で亜硝酸ナトリウムを反応させてジアゾニウム塩とし、シアン化銅の存在下シアン化カリウムを反応させてベンゾニトリルとする。(iv) ベンゾニトリルを LiAlH₄ で還元してベンジルアミンに変換する。

第12章 転位反応

12・1

A CH₃-CH(CH₃O)(CH₃)-CHO   B CH₃-C(OH)(CH₃)-C(OTs)(CH₃)(CH₃H)   C CH₃-C(=O)-C(CH₃)(CH₃)H   D (spiro ketone)

(a) 第二級と第三級アルコールからなるジオールである。酸性条件下ではより安定な第三級カルボカチオンを経由する転位が進行する。ピリジン存在下でのトシル化は立体的にすいている第二級のヒドロキシ基で起こる。ヒドロキシ基よりトシルオキシ基の方が良い脱離基なので、この場合は第二級カルボカチオンを経由する転位が進行する。

178 演習問題解答

12・2

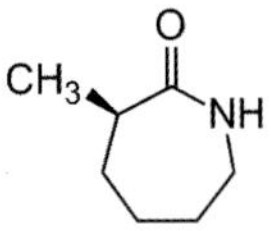

A CH₃ ... (structure: 7-membered lactam with methyl)

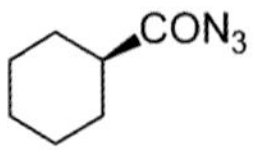

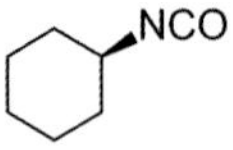

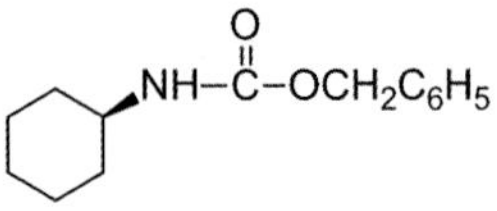

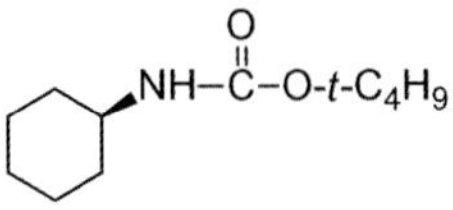

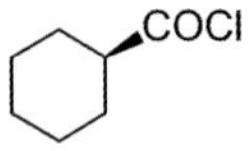

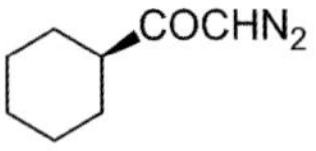

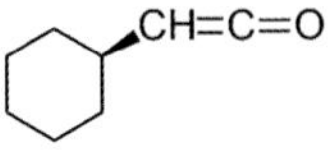

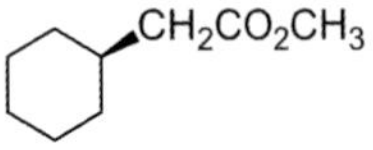

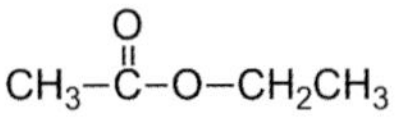

B CON₃ (cyclohexyl)

C NCO (cyclohexyl)

D NH–C(=O)–OCH₂C₆H₅ (cyclohexyl)

E NH–C(=O)–O-t-C₄H₉ (cyclohexyl)

F COCl (cyclohexyl)

G COCHN₂ (cyclohexyl)

H CH=C=O (cyclohexyl)

I CH₂CO₂CH₃ (cyclohexyl)

J CH₃–C(=O)–O–CH₂CH₃

K CH₃ ... (structure: 7-membered lactone with methyl)

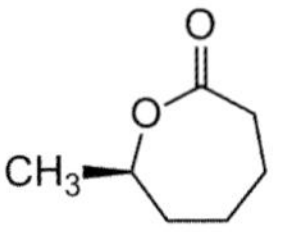

（a）ベックマン転位では、オキシムの OH 基とアンチの炭素が転位する。また、立体化学は保持される。
（b）クルチウス転位、ウォルフ転位では、ともにカルボキシ基の立体化学は保持され、対応するイソシアナート、ケテンを経由した転位生成物を与える。（c）および（d）バイヤー–ビリガー酸化では、置換基の多い炭素側に酸素原子が挿入される。また、その際、炭素原子の立体化学は保持される。

12・3

A （2-allylphenol, OH）

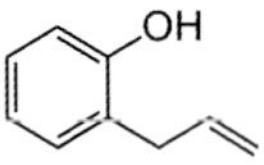

B （2-(2-methylbut-3-en-2-yl)phenol, OH）

C CH₃O–C(CH₃)₂–O–CH(R)–CH=CH₂

D CH₂=C(CH₃)–O–CH(R)–CH=CH₂

E CH₃–C(=O)–CH₂CH₂–CH=CH–R

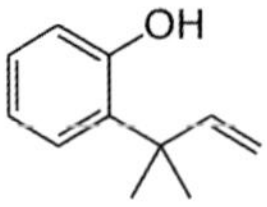

F （cycloheptadiene）

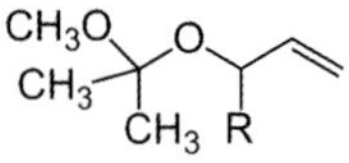

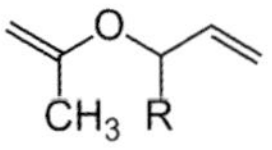

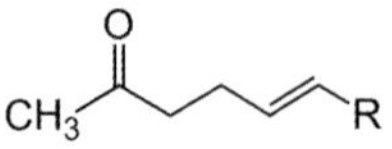

12・4

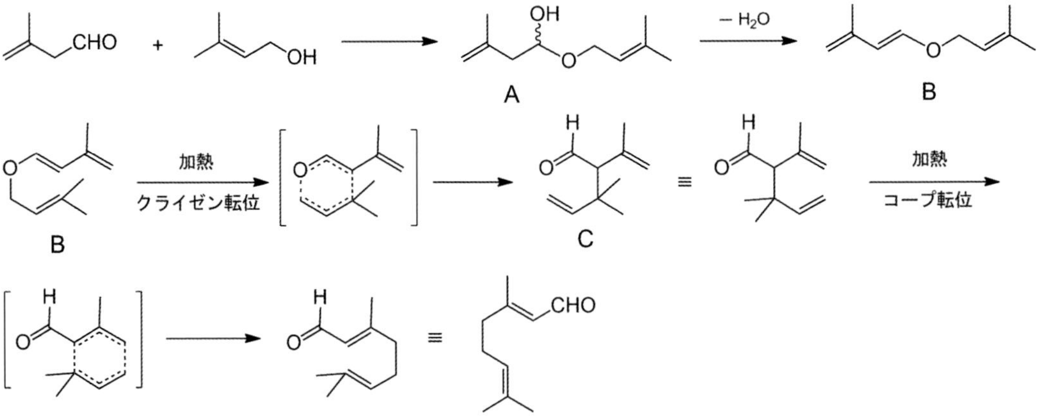

演習問題解答 179

第 13 章　炭素骨格の形成（1）－炭素鎖の伸長－

13・1

(a)

$$C_6H_5CH_2OH \xrightarrow{PBr_3} C_6H_5CH_2Br \xrightarrow[\substack{\text{1) Mg} \\ \text{2) HCHO} \\ \text{3) H}^+}]{} C_6H_5CH_2CH_2OH$$

$$C_6H_5CH_2Br \xrightarrow{KCN} C_6H_5CH_2-CN \xrightarrow{H^+} C_6H_5CH_2-CO_2H \xrightarrow[\substack{\text{1) LiAlH}_4 \\ \text{2) H}^+}]{} C_6H_5CH_2CH_2OH$$

(b)

$$C_6H_5CH_2OH \xrightarrow{PBr_3} C_6H_5CH_2Br \xrightarrow[\substack{CH_2(CO_2C_2H_5)_2 \\ NaOC_2H_5}]{} C_6H_5CH_2-CH(CO_2C_2H_5)_2$$

$$\xrightarrow[\substack{\text{1) OH}^- \\ \text{2) H}^+\text{、加熱}}]{} C_6H_5CH_2CH_2CO_2H \xrightarrow[\substack{\text{1) LiAlH}_4 \\ \text{2) H}^+}]{} C_6H_5CH_2CH_2CH_2OH$$

(c)

$$C_6H_5CH_2OH \xrightarrow{PBr_3} C_6H_5CH_2Br \xrightarrow[\substack{\text{1) Mg} \\ \text{2) CH}_2=CHCO_2C_2H_5,\ CuI \\ \text{3) H}^+}]{} C_6H_5CH_2-CH_2CH_2CO_2C_2H_5$$

$$\xrightarrow[\substack{\text{1) LiAlH}_4 \\ \text{2) H}^+}]{} C_6H_5CH_2CH_2CH_2CH_2OH$$

$$C_6H_5CH_2Br \xrightarrow{HC \equiv CNa} C_6H_5CH_2-C \equiv CH \xrightarrow[\substack{\text{1) NaH} \\ \text{2) HCHO}}]{} C_6H_5CH_2-C \equiv C-CH_2OH \xrightarrow{H_2,\ Pd/c} C_6H_5CH_2CH_2CH_2CH_2OH$$

（a）一炭素伸長する必要がある。臭化ベンジルにシアニドイオンを反応させ、加水分解、還元する方法と、臭化ベンジルをグリニャール試薬としホルムアルデヒドを反応させる方法の二つを示した。（b）二炭素伸長する必要がある。臭化ベンジルにマロン酸ジエチルを反応させ、加水分解、脱炭酸、還元する方法を示した。酢酸エチルのエノラートイオンを反応させる方法もある。（c）三炭素伸長する必要がある。一つは、臭化ベンジルをグリニャール試薬とし、アクリル酸エチル（三炭素に相当）に1,4-付加（触媒量の1価の銅塩が必要）させ、エステルを還元する方法を示した。別の方法として、臭化ベンジルにアセチリドを反応させて3-フェニルプロピンとし、次に末端アセチレンのアニオンとホルムアルデヒドを反応させる方法を示した。

13・2

$$C_2H_5O\text{-}\overset{\overset{\displaystyle O}{\|}}{C}\text{-}(CH_2)_4\text{-}\overset{\overset{\displaystyle O}{\|}}{C}\text{-}OC_2H_5 \xrightarrow[\substack{\text{1) NaOC}_2H_5 \\ C_2H_5OH \\ \text{2) H}^+}]{}$$

（シクロペンタノン環に $CO_2C_2H_5$ が付いた構造）$\xrightarrow[\substack{NaOC_2H_5 \\ CH_3I}]{}$

（シクロペンタノン環に CH_3 と $CO_2C_2H_5$ が付いた構造）$\xrightarrow[\substack{\text{1) OH}^- \\ \text{2) H}^+\text{、加熱}}]{}$ （2-メチルシクロペンタノン）

180 演習問題解答

13・3

A を得るためには、アセトンのエノラートイオンをメチルエチルケトンと反応させればよい。

B を得るためには、メチルエチルケトンのメチル側でエノラートイオンを発生させ、メチルエチルケトンを反応させればよい。メチルエチルケトンに低温下 LDA を作用させると、メチル基のプロトンを引き抜くことができる（速度論支配の反応）。

C を得るためには、メチルエチルケトンのエチル基側でエノラートイオンもしくはその等価体とし、アセトンを反応させる必要がある。メチルエチルケトンに DMF 中、高温で (CH₃)₃SiCl とトリエチルアミンを反応させると、置換基のより多いシリルエノールエーテルとすることができる（熱力学支配の反応）。このシリルエノールエーテルに、TiCl₄ の存在下にアセトンを反応させる。

索　引

ア

アイルランド-クライゼン
　転位　130
アキラル　153
アジ化ナトリウム　118
亜硝酸ナトリウム　120
アセタール　75
アセチリド　20
アセト酢酸エチル　102
アミド　91
C アルキル化　104
O アルキル化　104
アルデヒド　71
アルドール縮合　108,142
アルドール反応　107
アルント-アイステルト
　反応　128
アンチコプラナー　51,
　123
アンチ脱離　51,117
アンチ付加　10
安定イリド　82

イ

E1 反応　48
E2 反応　48
Ei 反応　55
イソシアナート　126
イミン　83

ウ

ウィッティヒ反応　80,
　138,167
ウィーランド-ミッシャー
　ケトン　152
ウィリアムソンのエーテル
　合成　66
ウォルフ-キッシュナー
　還元　84
ウォルフ転位　127

エ

S_N1 反応　42
S_N2 反応　42
S_NAr 反応　36
エステル　90
エナミン　83
エナンチオトピック　153
エノラートイオン　98,
　100,138

エノール　97
エポキシ化　12
エポキシド　13,67
塩化チオニル　59
塩化トリメチルシリル
　103
塩化 p-トルエン
　スルホニル　61
塩素ラジカル　6

オ

O アルキル化　104
オキシ-コープ転位　131
オキシアニオン-コープ
　転位　132
オキシム　84,125
オゾン分解　14
オルト・パラ配向性
　活性化基　28
オルト・パラ配向性
　不活性化基　28
オレフィンメタセシス
　145

カ

活性メチレン化合物　102
カルベン　127
カルボカチオン中間体　7
[2+2] 環化付加　155
還元的アミノ化　84

キ

逆アルドール反応　108
逆合成　4
逆合成解析　136
求核アシル置換反応　87
求核付加反応　78
求電子置換反応　23
求電子付加反応　7
協奏的　11
共鳴構造式　16
共役付加　85
極性転換　141

ク

クライゼン縮合　112
クライゼン転位　129
グリニャール試薬　1,56,
　78
クルチウス転位　126

クロム酸　64
m-クロロ過安息香酸　13,
　128
クロロクロム酸
　ピリジニウム　64

ケ

ケト-エノール互変異性
　98
ケトン　71

コ

コープ転位　131
互変異性　18
コーリーラクトン　160

サ

最高被占軌道　103
ザイツェフ則　50,61
最低空軌道　103
酸塩化物　89
サンガー法　37
三臭化リン　59
ザンドマイヤー反応　120
酸無水物　89

シ

ジアステレオトピック
　153
ジアステレオマー　10
ジアゾニウム塩　120
ジアゾメタン　128
シアノヒドリン　79,164
C アルキル化　104
1,2-ジオール　12
gem-ジオール　74
[3,3] シグマトロピー転位
　129
シクロプロパン　155
四酸化オスミウム　13
ジシクロヘキシルカルボ
　ジイミド　119
ジヒドロキシル化　12
四面体中間体　87
シモンズ-スミス反応
　156
重クロム酸ナトリウム
　64
臭素化　25
周辺環状反応　17

ジョーンズ試薬　64
ジョンソン-クライゼン
　転位　129
シンコプラナー　51
シン脱離　55,63
シン付加　9

ス

水素化アルミニウム
　リチウム　72
水素化ジイソブチル
　アルミニウム　95
水素化ホウ素ナトリウム
　72
スルホン化　26

セ, ソ

遷移金属触媒　12,144
遷移状態　46
速度論支配　139

タ

脱水縮合剤　119
脱保護　77
ダニシェフスキー-北原
　ジエン　153
炭素求核剤　138

チ

チオアセタール　141
チオラートイオン　68
チオール　68
置換反応　2

テ

ディークマン縮合　113
ディールス-アルダー反応
　17,129,153,163
テトラヒドロピラニル
　エーテル　167
電気陰性度　33

ニ, ネ

ニトリル　94
ニトレン　127
ニトロ化　25
熱力学支配　140

ハ

配向性　27

索　引

バイヤー–ビリガー酸化
　128,163
バージェス試薬　55,62
バーチ還元　19,40
ハロホルム反応　100
ハロラクトン化反応　163

ヒ
PCC 酸化　65
ヒドラゾン　84
ヒドロホウ素化　9
ピナコール転位　124

フ
不安定イリド　82
フィッシャー–エステル化
　反応　90
1,2-付加　85
1,4-付加　85
付加反応　3,7
フタルイミド　118
フリーデル–クラフツ
　アシル化反応　31
フリーデル–クラフツ
　アルキル化反応　30
プロスタグランジン　159
ブロモニウムイオン　11
ブロモヒドリン　11

分子内アルドール反応
　110

ヘ
ヘイオース–パリッシュ
　ケトン　153
ベックマン転位　84,125
ヘミアセタール　75,167
ベンザイン　37
変旋光　75

ホ
芳香族求核置換反応　36
保護　77
保護基　77,146
ホスフェタン　80
ホスホニウムイリド　80
ホーナー–ワズワース–
　エモンズ反応　82,166
ホフマン則　117
ホフマン脱離　117
HOMO　103

マ, メ
マルコウニコフ則　8
マロン酸エステル合成
　105
マロン酸ジエチル　102

メタ配向性不活性化基
　28

ヨ
ヨードラクトン　11

ラ
ラジカル開始剤　39
ラジカル還元　164

リ
リチウムジイソプロピル
　アミド　100
律速段階　43
立体選択的反応　21
立体特異的反応　21
立体反転　60
立体保持　60

ル, ロ
ルイス酸　154
LUMO　103
ロビンソン環化　111,

ワ
ワーグナー–メーヤワイン
　転位　123

アルファベットなど
1,2-ジオール　12
1,2-付加　85
1,4-付加　85
[2＋2] 環化付加　155
[3,3] シグマトロピー転位
　129
anti 脱離　51
C アルキル化　104
E1 反応　48
E2 反応　48
Ei 反応　55
gem-ジオール　74
HOMO　103
LUMO　103
m-クロロ過安息香酸　13,
　128
O アルキル化　104
PCC 酸化　65
S_N1 反応　42
S_N2 反応　42
S_NAr 反応　36
syn 脱離　55,63

著者略歴

小林　進
（こばやし　すすむ）

1948年　神奈川県に生まれる
1970年　東京工業大学理学部化学科卒業
1975年　東京工業大学理工学研究科化学専攻博士課程修了
1975年　東京大学理学部助手
1977年　東京大学薬学部助手～助教授
1992年　（財）相模中央化学研究所主席研究員
1995年　東京理科大学薬学部教授
2016年　東京理科大学名誉教授
専門　有機合成化学　理学博士

有機化学スタンダード　有機反応・合成

2018年5月20日　第1版1刷発行

検印省略	著作者	小林　進
	発行者	吉野和浩
定価はカバーに表示してあります．	発行所	東京都千代田区四番町 8-1 電話　03-3262-9166(代) 郵便番号　102-0081 株式会社　裳華房
	印刷所	三報社印刷株式会社
	製本所	牧製本印刷株式会社

社団法人
自然科学書協会会員

JCOPY　〈(社)出版者著作権管理機構 委託出版物〉
本書の無断複写は著作権法上での例外を除き禁じられています．複写される場合は，そのつど事前に，(社)出版者著作権管理機構（電話03-3513-6969, FAX 03-3513-6979, e-mail: info@jcopy.or.jp）の許諾を得てください．

ISBN 978-4-7853-3424-6

ⓒ 小林　進, 2018　　Printed in Japan

有機化学スタンダード 　各B5判, 全5巻

裾野の広い有機化学の内容をテーマ（分野）別に学習することは，有機化学を学ぶ一つの有効な方法であり，専門基礎の教育にあっても，このようなアプローチは可能と思われる．本シリーズは，有機化学の専門基礎に相当する必須のテーマ（分野）を選び，それぞれについて，いわばスタンダードとすべき内容を盛って，学生の学びやすさと教科書としての使いやすさを最重点に考えて企画した．

基礎有機化学
小林啓二 著　184頁／定価（本体2600円＋税）

有機反応・合成
小林 進 著　192頁／定価（本体2800円＋税）

有機スペクトル分析
小林啓二・木原伸浩 共著　2019年刊行予定

立体化学
木原伸浩 著　154頁／定価（本体2400円＋税）

生物有機化学
北原 武・石神 健・矢島 新 共著
2018年刊行予定

（未刊書籍の書名は変更する場合がございます）

化学の指針シリーズ　各A5判　既刊10巻 以下続刊

有機反応機構
加納航治・西郷和彦 共著　262頁／定価（本体2600円＋税）

反応機構別の章立てをとらず，反応試剤別に分類・章立てし，その反応機構を解説した．工夫された演習問題を多数配し，具体的な有機反応機構を学べるように配慮されている．
【主要目次】1. 有機反応機構の基礎知識　2. 求核剤による反応　3. 求電子剤による反応　4. ペリ環状反応とウッドワード-ホフマン則

生物有機化学 ―ケミカルバイオロジーへの展開―
宍戸昌彦・大槻高史 共著　204頁／定価（本体2300円＋税）

化学の知識に基づいて分子レベルで生命機能を理解し，人工分子の有機化学について学ぶことを目標とする．細胞中における人工分子の化学反応や相互作用を解説し，診断，治療，創薬への応用を提案．

有機工業化学
井上祥平 著　248頁／定価（本体2500円＋税）

合成物質の枚挙的な記述は避け，構造と活性相関，作用機構，合成法などよく知られた事例を挙げながら解説しているので，有機工業化学の本質を無理なく理解できる．

少しはやる気がある人のための自学自修用 有機化学問題集
粟野一志・瀬川 透 共編　B5判／248頁／定価（本体3000円＋税）

全国の大学3年編入学試験問題を中心とした多数の問題を，一般的な有機化学の教科書の章立てにあわせて編集した．ごく基本的なものから応用力が試されるものまで多彩な問題が集められ，また各問題にはヒントおよび丁寧な解説がついている．

最新の有機化学演習
―有機化学の復習と大学院合格に向けて―
東郷秀雄 著　A5判／274頁／定価（本体3000円＋税）

有機化学の基本から応用まで幅広く学習できるように演習問題を系統的に網羅し，有機化学全般から出題した総合演習書．特に反応機構や，重要な有機人名反応，および合成論を幅広く取り上げているので，有機合成の現場でも参考になる．

裳華房ホームページ　https://www.shokabo.co.jp/

代表的な官能基

構造式	示性式	官能基の名称	化合物の名称	置換基として接頭語に置く場合の命名
$\diagup$C=C$\diagdown$		二重結合	アルケン $\Big\}$	炭化水素骨格の中で接尾語として組み込まれて命名される
-C≡C-		三重結合	アルキン	
R-X	R-X	ハロゲン	ハロゲン化合物	フルオロ、クロロ、ブロモ、ヨード
R-O-H	R-OH	ヒドロキシ	アルコール	ヒドロキシ
R-O-R′	R-O-R′	R－オキシ（アルコキシ）	エーテル	R－オキシ（アルコキシ）
R-C-H ‖ O	R-CO-H	アルデヒド（ホルミル）	アルデヒド	ホルミル
R-C-R′ ‖ O	R-CO-R′	カルボニル	ケトン	オキソ
R-C-O-H ‖ O	R-CO₂H	カルボキシ	カルボン酸	カルボキシ
R-C-N$\diagup^H_{\diagdown H}$ ‖ O	R-CO-NH₂	カルバモイル	アミド	カルバモイル
R-N$\diagup^{+O}_{\diagdown O^-}$	R-NO₂	ニトロ	ニトロ化合物	ニトロ
R-N$\diagup^H_{\diagdown H}$	R-NH₂	アミノ	アミン	アミノ
O ‖ R-S-O-H ‖ O	R-SO₃H	スルホ	スルホン酸	スルホ
R-C≡N	R-CN	シアノ	ニトリル	シアノ

表の注：　†1：官能基以外の炭化水素部分を R、R′で表している。
　　　　　†2：カルボキシ基、アルデヒド基、アミド基などの $\diagup$C=O をまとめてカルボニル基という。